高等职业教育土木建筑类专业教材

建筑工程施工组织

主　编　李学泉

副主编　毕建军

参　编　李鹏飞　刘　萍

北京理工大学出版社

BEIJING INSTITUTE OF TECHNOLOGY PRESS

内 容 提 要

　　本书打破传统建筑工程施工组织教材的理论体系，采用"任务驱动教学方法"的教材编写思路，围绕就业岗位，基于实际工程施工组织设计的内容，涵盖施工组织认知、流水施工、网络计划技术、单位工程施工组织设计、施工组织设计案例5个学习情境（教学模块），构成了一个完整的工作过程。每个学习情境下均设计工作任务，以实践训练项目的完成引导学生学习必备的施工组织知识，训练学生的单项技能，便于教师运用行动导向教学法，融"教、学、做"为一体的方法开展教学活动。

　　本书可作为高等职业院校建筑工程技术等相关专业的教材，也可作为工程技术管理人员的参考用书。

图书在版编目(CIP)数据

建筑工程施工组织/李学泉主编.—北京：北京理工大学出版社，2017.2（2020.7重印）
ISBN 978-7-5682-0308-1

Ⅰ.①建…　Ⅱ.①李…　Ⅲ.①建筑工程－施工组织－高等学校－教材　Ⅳ.①TU721

中国版本图书馆CIP数据核字(2017)第005639号

出版发行 / 北京理工大学出版社有限责任公司
社　　址 / 北京市海淀区中关村南大街5号
邮　　编 / 100081
电　　话 / (010)68914775(总编室)
　　　　　 (010)82562903(教材售后服务热线)
　　　　　 (010)68948351(其他图书服务热线)
网　　址 / http://www.bitpress.com.cn
经　　销 / 全国各地新华书店
印　　刷 / 天津久佳雅创印刷有限公司
开　　本 / 787毫米×1092毫米　1/16
印　　张 / 15
字　　数 / 368千字
版　　次 / 2017年2月第1版　2020年7月第3次印刷
定　　价 / 42.00元

责任编辑 / 江　立
文案编辑 / 瞿义勇
责任校对 / 周瑞红
责任印制 / 边心超

前　言

　　"建筑工程施工组织"是高等职业教育建筑工程技术专业的一门主要专业课，对学生职业能力的培养和职业素质的养成起主要支撑作用，其所研究的内容是建筑施工项目管理科学的重要组成部分，对统筹建筑施工项目全过程，推动建筑企业技术进步和优化建筑施工项目管理起到核心作用。

　　本书打破传统建筑施工组织教材的理论体系，采用"任务驱动教学法"的教材编写思路，围绕就业岗位，基于实际工程施工组织设计的内容和工作过程，以《建筑施工组织设计规范》（GB/T 50502—2009）为参考，采用项目式课程结构，以典型工作任务作为载体设计教学内容，注重与岗位能力的对接，紧扣国家、行业制定的新法规、规范和标准，汇集编者长期教学实践和经验，具有较强的适用性、实用性、实践性和可操作性。

　　本书每个学习任务均设计实践训练项目（工作任务），以实践训练项目引导学生学习必备的施工组织知识、训练学生的单项技能，便于教师运用行动导向教学法，融"教、学、做"为一体的方法开展教学活动。

　　本书由辽宁建筑职业学院李学泉担任主编，辽宁建筑职业学院毕建军担任副主编，辽宁建筑职业学院李鹏飞、刘萍参加了本书的编写工作。具体编写分工为：项目一、项目四由李学泉编写；项目二由李鹏飞编写；项目三由毕建军编写；项目五由刘萍编写。

　　本书在编写过程中参考了大量文献资料，在此谨向原作者致以诚挚的谢意。

　　由于本书编写时间仓促，编者水平有限，书中难免有不足之处，恳请读者批评指正。

编　者

目 录

项目一　施工组织认知

知识目标

1. 掌握单位工程施工组织设计的应用。
2. 了解施工组织设计的作用与分类。
3. 掌握基本建设的定义与基本建设项目的定义。
4. 了解基本建设的程序与施工程序。
5. 掌握会审图纸的步骤与方法。
6. 掌握单位工程施工组织设计的内容。
7. 了解三通一平及临时设施的含义。
8. 掌握项目组织机构的组成。
9. 掌握施工队伍的组织与技术培训。

能力目标

1. 能够对施工组织设计进行分类。
2. 能够明确建筑产品与建筑施工的特点。
3. 能够理解基本建设与基本建设项目的含义。
4. 能够掌握基本建设程序。
5. 能够掌握会审图纸的步骤与方法。
6. 能够编制施工组织设计与预算。
7. 掌握搭设临时的设施。
8. 熟悉项目组织机构建设的要求与原则。
9. 能够组织精干的施工队伍。

教学重点

1. 基本建设的定义与基本建设项目的定义。
2. 熟悉会审图纸的步骤与方法。
3. 编制施工组织设计。

教学难点

基本建设程序。

建议学时

16 学时。

任务一 基本建设程序的认知

🖳 任务描述

理解基本建设与基本建设项目的含义；掌握基本建设程序；认知建筑产品的特点与建筑施工的特点。

📄 任务分析

基本建设是现代化大生产，一项工程从计划建设到建成投产，要经过许多阶段和环节，有其客观规律性。这种规律性与基本建设自身所具有的技术经济特点有着密切的关系。首先，基本建设工程具有特定的用途。任何工程，无论建设规模大小、工程结构繁简，都要切实符合既定的目的和需要。其次，基本建设工程的位置是固定的。

在哪里建设，就在哪里形成生产能力，也就始终在哪里从物质技术条件方面对生产发挥作用。因此，工程建设受矿藏资源和工程地质、水文地质等自然条件的严格制约。基本建设的这些技术经济特点，决定了任何项目的建设过程，一般都要经过计划决策、勘察设计、组织施工、验收投产等阶段，每个阶段又包含着许多环节。

这些阶段和环节有其不同的工作步骤和内容，它们按照自身固有的规律，有机地联系在一起，并按客观要求的先后顺序进行。前一个阶段的工作是进行后一个阶段工作的依据，没有完成前一个阶段的工作，就不能进行后一个阶段的工作。项目建设客观过程的规律性，构成基本建设科学程序的客观内容。

📄 相关知识

在我国，按照基本建设主管部门的规定进行基本建设，必须严格执行程序。遵循基本建设程序，先规划研究，后设计施工，有利于加强宏观经济计划管理，保持建设规模和国力相适应；还有利于保证项目决策正确，又快、又好、又省地完成建设任务，提高基本建设的投资效果。20 世纪 70 年代末期以来，我国的有关部门重申按基本建设程序办事的重要性，先后制定和颁布了有关按基本建设程序办事的一系列管理制度，把认真按照基本建设程序办事作为加强基本建设管理的一项重要内容。

一、基本建设应遵循的程序

(一)基本建设的概念

基本建设(capital construction)是指建设单位利用国家预算拨款、国内外贷款、自筹基金以及其他专项资金进行投资，以扩大生产能力、改善工作和生活条件为主要目标的新建、扩建、改建等建设经济活动。如工厂、矿山、铁路、公路、桥梁、港口、机场、农田、水利、商店、住宅、办公用房、学校、医院、市政基础设施、园林绿化、通信等建造性工程。

基本建设是指以固定资产扩大再生产为目的，国民经济各部门、各单位购置和建造新的固定资产的经济活动以及有关的工作，是形成新的固定资产的过程。基本建设为国民经济的发展和人民物质文化生活水平的提高奠定了物质基础。基本建设主要是通过新建、扩建、改建和重建工程，特别是新建和扩建工程的建造以及有关工作来实现的。因此，建筑施工是完成基本建设的重要活动。

(二)基本建设程序

基本建设程序是指一个建设项目在整个建设过程中各项工作必须遵循的先后顺序。它是客观存在的自然规律和经济规律的正确反映，是经过多年实践的科学总结。

基本建设程序是对基本建设项目从酝酿、规划到建成投产所经历的整个过程中的各项工作开展先后顺序的规定。它反映工程建设各个阶段之间的内在联系，是从事建设工作的各有关部门和人员都必须遵守的原则。基本建设程序是建设项目从筹划建设到建成投产必须遵循的工作环节及其先后顺序。

在我国，按照基本建设的技术经济特点及其规律性，规定基本建设程序主要包括四个阶段、八个步骤。

1. 四个阶段

(1)计划任务书阶段。这个阶段主要是根据国民经济的规划目标，确定基本建设项目的内容、规模和地点，编制计划任务书。该阶段要做大量的调查、研究、分析和论证工作。

(2)设计和准备阶段。这个阶段主要是根据批准的计划任务书，进行建设项目的勘察和设计，做好建设准备，安排建设计划，落实年度基本建设计划，做好设备订货等工作。

(3)施工和生产阶段。这个阶段主要是根据设计图纸进行土建工程施工、设备安装工程施工和做好生产或使用的准备工作。

(4)竣工验收和交付使用阶段。这个阶段主要是指单项工程或整个建设项目完工后，进行竣工验收工作，移交固定资产，交付建设单位使用。

2. 八个步骤

基本建设程序八个步骤的顺序不能任意颠倒，但可以合理交叉。这些步骤的先后顺序如下：

(1)开展可行性研究和编制设计任务书。对建设项目的必要性和可行性进行初步研究，提出拟建项目的轮廓设想。可行性研究具体论证和评价项目在技术和经济上是否可行，并对不同方案进行分析比较；可行性研究报告作为设计任务书(也称计划任务书)的附件。设计任务书对是否上这个项目，采取什么方案，选择什么建设地点，作出决策。

(2)进行设计。从技术和经济上对拟建工程作出详尽规划。大中型项目一般采用两段设计，即初步设计与施工图设计。技术复杂的项目，可增加技术设计，按三个阶段进行。

(3)安排计划。可行性研究和初步设计，送请有条件的工程咨询机构评估，经认可，报计划部门，经过综合平衡，列入年度基本建设计划。

(4)进行建设准备。包括征地拆迁，搞好"三通一平"(水通、电通、路通、场地平整)，落实施工力量，组织物资订货和供应，以及其他各项准备工作。

(5)组织施工。准备工作就绪后，提出开工报告，经过批准，即开工兴建；遵循施工程序，按照设计要求和施工技术验收规范，进行施工安装。

(6)生产准备。生产性建设项目开始施工后，及时组织专门力量，有计划、有步骤地开展生产准备工作。

(7)验收投产。按照规定的标准和程序,对竣工工程进行验收(见基本建设工程竣工验收),编制竣工验收报告和竣工决算(见基本建设工程竣工决算),并办理固定资产交付生产使用的手续。小型建设项目,建设程序可以简化。

(8)项目后评价。项目完工后对整个项目的造价、工期、质量、安全等指标进行分析评价或与类似项目进行对比。

二、建设项目及建设工程施工程序

1. 建设项目及其组成

基本建设项目,简称建设项目。按一个总体设计组织施工,建成后具有完整的系统,可以单独形成生产能力或使用价值的建设工程,称为一个建设项目。在工业建设中,一般以拟建的厂矿企事业单位为一个建设项目,如一个工厂;在民用建设中,一般以拟建的企事业单位为一个建设项目,如一所学校。

基本建设项目可以从不同的角度进行划分:按建设项目性质可分为新建、扩建、改建、恢复和迁建项目;按建设项目的用途可分为生产性建设项目、非生产性建设项目;按建设项目的规模可分为大型、中型、小型建设项目。

建设工程项目按其复杂程度可分为单项工程、单位(子单位)工程、分部(子分部)工程和分项工程。

(1)单项工程。单项工程是指在一个建设工程项目中,具有独立的设计文件,竣工后可以独立发挥生产能力或效益的一组配套齐全的工程项目。单项工程是建设工程项目的组成部分,一个建设工程项目有时可以仅包括一个单项工程,也可以包括多个单项工程。

(2)单位(子单位)工程。单位工程是指具备独立施工条件并能形成独立使用功能的建筑物及构筑物。对于建筑规模较大的单位工程,可将其能形成独立使用功能的部分作为一个子单位工程。具有独立施工条件和能形成独立使用功能是单位(子单位)工程划分的基本要求。

单位工程是单项工程的组成部分。按照单项工程的构成,又可将其分解为建筑工程和设备安装工程。如工业厂房工程中的土建工程、设备安装工程、工业管道工程等分别是单项工程中所包含的不同性质的单位工程。

(3)分部(子分部)工程。分部工程是单位工程的组成部分,应按专业性质、建筑部位确定。一般工业与民用建筑工程的分部工程包括地基与基础工程、主体结构工程、装饰装修工程、屋面工程、给水排水及采暖工程、电气工程、智能建筑工程、通风与空调工程、电梯工程。

(4)分项工程。分项工程是分部工程的组成部分,一般按主要工程、材料、施工工艺、设备类别等进行划分。如平整场地、人工挖土方、回填土、基础垫层、内墙砌筑、外墙抹灰、地面找平层、外保温节能墙体、内墙大白乳胶漆、外墙涂料、塑钢窗制作安装、防盗门安装等。

2. 建设工程施工程序

建设工程施工程序是拟建工程项目在整个施工阶段中必须遵循的先后顺序,这个顺序反映了整个施工阶段必须遵循的客观规律,他一般包括以下几个阶段:

(1)承接施工任务。施工单位承接施工任务的方式有两种,即投标方式与议标方式。招投标方式是最具有竞争机制,较为公平、合理的承接施工任务的方式,在我国已得到广泛普及。

（2）签订施工合同。承接施工任务后，建设单位与施工单位应根据有关规定及要求签订施工合同。明确合同双方应承担的义务和职责，以及应完成的施工准备工作。

（3）做好施工准备，提出开工报告。首先调查收集有关资料，进行现场勘查，熟悉图纸，编制施工组织总设计。然后根据批准后的施工组织总设计，施工单位与建设单位密切配合，抓紧落实各项施工准备工作，如图纸会审，编制单位工程施工组织设计，落实劳动力、材料、施工机械及现场"三通一平"。具备开工条件后，提出开工报告并经总监理工程师审查批准，即可正式开工。

（4）组织全面施工，加强管理。施工单位应按照施工组织设计精心组织施工。一方面，应从施工现场的全局出发，加强各个单位、部门的配合与协作，协调解决各方面问题，使施工活动顺利开展。另一方面，应加强技术、材料、质量、安全、进度等各项管理工作，落实施工单位内部承包经济责任制，全面做好各项经济核算与管理工作，严格执行各项技术、质量检验制度，抓紧工程收尾和竣工。

（5）竣工验收，交付使用。竣工验收是施工的最后阶段。在竣工验收前，施工企业内部应先进行预验收，检查各分部分项工程的施工质量，整理各项竣工验收的技术经济资料。在此基础上，由建设单位或委托监理单位组织竣工验收，经有关部门验收合格后，办理验收签证书，并交付使用。

三、建筑产品与建筑施工的特点

建筑产品和其他工农业产品一样，具有商品的属性。但从其产品和生产的特点来看，却具有与一般商品不同的特点，具体表现在以下几个方面。

1. 建筑产品的固定性

建筑产品从形成的那一天起，便与土地牢固地结合为一体，形成了建筑产品最大的特点，即产品的固定性。这个特点，使工程建设地点的气象、工程地质、水文地质和技术经济条件，直接影响工程的造价。

2. 建筑产品的单件性、多样性

建筑产品的单件性表现在每幢建筑物、构筑物都必须单件设计、单件建造并单独定价。

建筑产品根据工程建设业主（买方）的特定要求，在特定的条件下单独设计。因而建筑产品的形态、功能多样，各具特色。每项工程都有不同的规模、结构、造型、功能、等级和装饰，需要选用不同的材料和设备，即使同一类工程，各个单件也有差别。由于建设地点和设计的不同，必须采用不同的施工方法，单独组织施工。因此，每个工程所需的劳动力、材料、施工机械等各不相同，直接费、间接费均有很大差异，每个工程必须单独定价。即使是在同一个小区内建筑相同的两栋楼房，由于建设时间的不同产生建筑材料的差价，也会造成两栋楼房造价的差异。

3. 建筑产品体积庞大、生产周期长且露天作业

建筑产品体积庞大，大于任何工业产品。建筑产品又是一个庞大的整体，由土建、水、电、热力、设备安装、室外市政工程等各个部分组成一个整体而发挥作用。由此决定了它的生产周期长、消耗资源多、露天作业等特点。

建筑产品生产过程要经过勘察、设计、施工、安装等很多环节，涉及面广，协作关系复杂，施工企业内部要进行多工种综合作业，工序繁多，往往长期大量地投入人力、物力、

财力，致使建筑产品生产周期长。由于建筑产品价格随时间变化，工期长，价格因素变化大，如国家经济体制改革出现的一些新的费用项目，材料设备价格的调整等，都会直接影响建筑产品的价格。

此外，由于建筑施工露天作业，受自然条件、季节影响较大，也会造成防寒、防冻、防雨等费用的增加，影响到工程的造价。

建筑施工的特点主要由建筑产品的特点所决定。与其他工业产品相比较，建筑产品具有体积庞大、复杂多样、整体难分、不易移动等特点，从而使建筑施工除一般工业生产的基本特性外，还具有以下主要特点。

1. 生产的流动性

一是施工机构随着建筑物或构筑物坐落位置变化而转移整个生产地点；二是在一个工程的施工过程中施工人员和各种机械、电气设备随着施工部位的不同而沿着施工对象上下左右流动，不断转移操作场所。

2. 产品的形式多样

建筑物因其所处的自然条件和用途的不同，工程的结构、造型和材料也不同，施工方法必将随之变化，很难实现标准化。

3. 施工技术复杂

建筑施工常需要根据建筑结构情况进行多工种配合作业，多单位（土石方、土建、吊装、安装、运输等）交叉配合施工，所用的物资和设备种类繁多，因而施工组织和施工技术管理的要求较高。

4. 露天和高处作业多

建筑产品的体形庞大、生产周期长，施工多在露天和高处进行，常常受到自然气候条件的影响。

5. 机械化程度低

目前，我国建筑施工机械化程度还很低，仍要依靠大量的手工操作。

任务实施

任务实施1　基本建设程序和有关政策法规

基本建设是以资金、材料、设备为条件，通过勘察设计、建筑安装等一系列的脑力和体力的劳动，建设各种工厂、矿山、医院、学校、商店、住宅、市政工程、水利设施等，形成扩大再生产的能力。基本建设这个词是20世纪50年代从苏联学来的，一直沿用至今，资本主义国家一般都叫作资本投资。自20世纪50年代起，基本建设这个概念，我国长期沿用的定义是：基本建设是形成固定资产的综合性经济活动，它包括国民经济各部门的生产性和非生产性固定资产的更新、改建、扩建、新建、恢复建设，一句话概括，基本建设就是固定资产的再生产。

基本建设程序是固定资产投资项目建设全过程各阶段和各步骤的先后顺序，对于生产性基本建设而言，基本建设程序也是形成综合性生产能力过程的规律的反映。对于非生产建设而言，基本建设程序是顺利完成建设任务，获得最大社会经济效益的工程建设的科学方法。我国现行的基本建设程序是根据多年的实践经验总结出来的，现行基本建设程序包括项目建议书、可行性研究报告、初步设计、年度计划、招标投标、开工建设、交付使用前准备、竣工验收环节。

具体工作程序如下：

第一步：项目建议书。对建设项目进行初步可行性研究，提出项目建议书，报经济发展局申报审批。

第二步：可行性研究报告。根据批准的项目建议书，进行可行性研究、预选建设地址、编制可行性研究报告，报经济发展局申报审批。

第三步：根据批准的可行性研究报告，选定建设地址，进行初步设计，提出工程总概算。

第四步：列入基本建设计划。按照批准的初步设计文件，各项目前期准备工作就绪后，到经济发展局报批基本建设年度投资计划。

第五步：项目招标投标。依据批准的投资计划，办理招标投标事宜。按照国务院批准国家发展计划委员会2015年发布的《工程建设项目招标范围和规模标准规定》，项目的勘察、设计、施工、监理以及与工程建设有关的重要设备、材料等的采购，达到以下标准的必须进招标：

（1）施工单项合同估算价在200万元人民币以上的；

（2）重要设备、材料等货物的采购，单项合同估算在100万元人民币以上的；

（3）勘察、设计、监理等服务的采购，单项合同估算价在50万元人民币以上的；

（4）单项合同估算低于第(1)、(2)、(3)项规定的标准，但项目总投资额在3 000万元人民币以上的。

第六步：施工阶段。施工单位持中标通知书，开工前审计决定书，到城建部门签订施工合同，办理施工许可证。工程建设要坚持先勘察、后设计、再施工的原则，严禁"边勘察、边设计、边施工"的三边工程。

第七步：进行生产或交付使用前的准备。工程施工完成后，要及时做好交付使用前的竣工验收准备工作。

第八步：竣工验收。工程完工后，建设单位组织规划、建管、设计、施工、监理、消防、环保等部门进行质量、消防等初步验收，建设行政主管部门进行竣工结算审查，财政部门进行竣工决算审查签证，审计部门进行竣工决算审计，工程档案部门进行档案审查等。以上工作完成后向计划部门提出申请，计划部门将组织有关部门进行全面的竣工验收。

以上八个方面的内容，也就是基本建设程序的八个主要环节。每个环节又包括若干小环节。我们说基本建设程序包括八个主要环节，并不是说所有项目都要做到这八个方面的工作。对于零星增建、商业网点等一般民用项目，不再编制项目建议书和可行性研究报告，只需根据财力和物力情况，经过综合平衡后列入基本建设计划，就可以进行设计、招标、施工。一般来说，工业项目、交通运输项目、水利建设及重要的民用项目，都要做好以上八个方面的工作。

任务实施2 基本建设项目审批程序

按照建设项目审批权限的规定需由省发改委审批的基本建设项目(含限上技改项目)，应按项目隶属关系划分来进行上报和审批：

（1）省属基本建设项目由建设单位按基本建设程序将项目分阶段经主管部门同意后，转报省发改委审批。

(2)地、县属基本建设项目由建设单位按基本建设程序将项目分阶段经地(州、市)、县级计划部门同意后,逐级上报省发改委审批。

基本建设程序的主要阶段包括项目建议书阶段、可行性研究报告阶段、设计阶段、建设准备阶段、建设实施阶段和竣工验收阶段。

一、项目建议书阶段

项目建议书是要求建设某一具体项目的建议文件,是基本建设程序中最初阶段的工作,是投资决策前对拟建的轮廓设想,项目建议书的主要作用是为了推荐一个拟今昔功能建设项目的初步说明,论述其建设的必要性、条件的可行性和获利的可能性,以确定是否进行下一步工作。

项目建议书的内容一般应包括以下几个方面:

(1)建设项目提出的必要性和依据。

(2)产品方案、拟建规模和建设地点的初步设想。

(3)资源情况、建设条件、协作关系等的初步分析。

(4)投资估算和资金筹措设想。

(5)经济效益和社会效益的估计。

各部门、地区、企事业单位根据国民经济和社会发展的长远规划、行业规划、地区规划等要求,经过调查、预测分析后,提出项目建议书。有些部门在提出项目建议书之前还增加了初步可行性研究工作,对拟建的项目初步论证后,再进行编制项目建议书。项目建议书按要求编制完成后,按照现行的建设项目审批权限进行报批。

二、可行性研究报告阶段

项目建议书批准后,即可进行可行性研究,对项目在技术上是否可行和经济上是否合理进行科学的分析和论证。承担可行性研究工作应是经过资格审定的规划、设计和工程咨询等单位。通过对建设项目在技术、工程和经济上的合理性进行全面分析论证和多种方案比较,提出评价意见。凡可行性研究未被通过的项目,不得编制、报送可行性研究报告和进行下一步工作。

1. 可行性研究报告的编制

可行性研究报告是确定建设项目、编制设计文件的重要依据。所有基本建设项目都要在可行性研究通过的基础上,选择经济效益最好的方案编制可行性研究报告。由于可行性研究报告是项目最终决策和进行初步设计的重要文件,要求它必须有相当的可靠度和准确性。

可行性研究及可行性研究报告一般要求具备以下基本内容:

(1)项目提出的前提和依据。

(2)根据经济预测、市场预测,确定建设规模、产品方案,提供必要的确定依据。

(3)技术工艺、主要设备选型、建设标准和相应的技术经济指标。

(4)资源、原材料、燃料供应、动力、运输、供水等协作配合条件。

(5)建设条件,确定选址方案、总平面布置方案、占地面积等。

(6)项目设计方案,主要单项工程、公用辅助设施、协作配套工程。

（7）环境保护、城市规划、土地规划、防震、防洪、节能等要求和采取的相应措施方案。

（8）企业组织、劳动定员、管理制度和人员培训。

（9）建设工期和实施进度。

（10）投资估算和资金筹措方式。

（11）经济效益和社会效益。

（12）建立建设项目法人制度。

2. 可行性研究报告的审批

编制完成的项目可行性研究报告，需有资格的工程咨询机构进行评估并通过，按照现行的建设项目审批权限进行报批。可行性研究报告经批准后，不得随意修改和变更。如果在建设规模、产品方案、建设地点、主要协作关系等方面确需变动以及突破控制数时，应经原批准机关同意。经过批准的可行性研究报告，是确定建设项目和编制设计文件的依据。

三、设计阶段

设计是对拟建工程的实施在技术和经济上所进行的全面而详尽的安排，是基本建设计划的具体化，是把先进技术和科研成果引入建设的渠道，是整个工程的决定性环节，是组织施工的依据。它直接关系着工程质量和将来的使用效果。已批准可行性研究报告的建设项目应通过招标投标择优选定具有相关设计等级资格的设计单位，按照所批准的可行性研究报告的内容和要求进行设计，编制设计文件。设计过程一般分为初步设计和施工图设计两个阶段。

初步设计是设计的第一阶段，它根据批准的可行性研究报告和必要而准确的设计基础资料，对设计对象进行通盘研究，阐明在指定的地点、时间和投资控制数内，拟建工程在技术上的可能性和经济上的合理性。通过对设计对象作出的基本技术规定，编制项目的总概算。根据国家文件规定，如果初步设计提出的总概算超过可行性研究报告确定的总投资估算 10％以上或其他主要指标发生变更时，要重新报批可行性研究报告。

初步设计的内容一般应包括以下几个方面：

（1）设计依据和设计的指导思想。

（2）建设规模、产品方案、原材料、燃料和动力的用量及来源。

（3）工艺流程、主要设备选型和配置。

（4）主要建筑物、构筑物、公用辅助设施和生活区的建设。

（5）占地面积和土地使用情况。

（6）总体运输。

（7）外部协作配合条件。

（8）综合利用、环境保护和抗震措施。

（9）生产组织、劳动定员和各项技术经济指标。

（10）总概算。

初步设计编制完成后，按照现行的建设项目审批权限进行报批。初步设计文件经批准后，总平面布置、主要工艺过程、主要设备、建筑面积、建筑结构、总概算等不得随意修改和变更。

四、建设准备阶段

项目在开工建设之前要切实做好各项准备工作，其主要内容包括：

(1)征地、拆迁和场地平整。

(2)完成施工用水、电、路、通信等工程。

(3)通过设备、材料公开招标投标订货。

(4)准备必要的施工图纸。

(5)通过公开招标投标，择优选定施工单位和工程监理单位。

项目在报批新开工前，必须由审计机关对项目的有关内容进行开工前审计。审计机关主要是对项目的资金来源是否正当、落实，项目开工前的各项支出是否符合国家的有关规定，资金是否按有关规定存入银行专户等进行审计。新开工的项目还必须具备按施工顺序所需要的、至少有三个月以上的工程施工图纸。

建设准备工作完成后，编制项目开工报告，按现行的建设项目审批权限进行报批。

五、建设实施阶段

1. 新开工建设时间

建设项目经批准新开工建设，项目即进入了建设实施阶段。项目新开工时间，是指建设项目设计文件中规定的任何一项永久性工程(无论生产性或非生产性)第一次正式破土开槽开始施工的日期。不需要开槽的工程，以建筑物的正式打桩作为正式开工。铁道、公路、水库需要进行大量土石方工程的，以开始进行土石方工程作为正式开工。

2. 年度基本建设投资额

基本建设计划使用的投资额指标，是以货币形式表现的基本建设工作量，是反映一定时期内基本建设规模的综合性指标。

3. 生产准备

生产准备是项目投产前的准备，其主要内容包括：

(1)招收和培训人员。

(2)生产组织准备。

(3)生产技术准备。

(4)生产物资准备。

六、竣工验收阶段

竣工验收是工程建设过程的最后一个环节，是全面考核基本建设成果、检验设计和工程质量的重要步骤，也是基本建设转入生产或使用的标志。

1. 竣工验收的范围和标准

根据国家现行规定，所有建设项目按照批准的设计文件所规定的内容和施工图纸的要求全部建成，工业项目经负荷试运转和试生产考核能够生产合格产品，非工业项目符合设计要求，能够正常使用，都要及时组织验收。

建设项目竣工验收、交付生产和使用，应达到下列标准：

(1)生产性工程和辅助公用设施已按设计要求建完，能满足生产要求。

（2）主要工艺设备已安装配套，经联动负荷试车合格，构成生产线，形成生产能力，能够生产出设计文件中规定的产品。

（3）生产福利设施能适应投产初期的需要。

（4）生产准备工作能适应投产初期的需要。

2. 申报竣工验收的准备工作

申报竣工验收的准备工作主要包括：

（1）整理技术资料。

（2）绘制竣工图纸。

（3）编制竣工决算。

（4）审计部门出具的竣工决算审计意见。

3. 竣工验收的程序和组织

竣工验收的程序和组织按国家有关规定执行。

4. 竣工和投产日期

各建设项目视其重要程度，可对其审批内容和条件等进行适当调整，具体由省发改委确定。

任务实施3 审批项目申报材料及相关要求

一、项目建议书的批准

（1）项目单位需向发展和改革局报送《关于×××项目的建议书的请示》一式五份，并附磁盘等电子文档一份。简述拟建项目的必要性、可行性、建设规模及内容、投资额及来源等。

（2）编制《关于×××项目建议书》一式五份，并附磁盘等电子文档一份。

（3）相关附件：

1）城市规划行政主管部门出具的规划意见；

2）国土资源行政主管部门出具的项目用地初步意见；

3）环境保护行政主管部门出具的环境影响评价文件；

4）资金来源（财政拨款、银行贷款等）的意向意见；

5）法律、法规或者规章制度规定应当提交的其他文件。

二、项目可行性研究报告的批准

（1）项目单位需向发展和改革局报送《关于×××项目的可行性研究报告的请示》一式五份，并附磁盘等电子文档一份。简述拟建项目的必要性、可行性、建设规模及内容、投资额及来源等。

（2）编制《关于×××项目可行性研究报告》一式五份，并附磁盘等电子文档一份。

（3）相关附件：

1）城市规划行政主管部门出具的规划选址意见；

2）国土资源行政主管部门出具的项目用地预审意见；

3）环境保护行政主管部门出具的环境影响评价文件的审批意见；

4）资金来源（财政拨款、银行贷款等）的证明材料（贷款合同）；

5）法律、法规或者规章制度规定应当提交的其他文件。

三、项目初步设计的批准

(1)项目单位需向发展和改革局报送《关于×××项目的初步设计的请示》一式五份，并附磁盘等电子文档一份。

(2)编制《关于×××项目的初步设计》一式五份，并附磁盘等电子文档一份。

(3)相关部门对《关于×××项目可行性研究报告》的审批意见。

(4)相关附件：

1)城市规划行政主管部门出具的规划用地许可证；

2)国土资源行政主管部门出具的项目用地预审意见；

3)环境保护行政主管部门出具的环境影响评价文件的审批意见；

4)资金来源(财政拨款、银行贷款等)的证明材料(贷款合同)；

5)法律、法规或者规章制度规定应当提交的其他文件。

四、项目开工报告的批准

(1)项目单位需向发展和改革局报送《关于×××项目的初步设计的请示》一式五份，并附磁盘等电子文档一份。

(2)相关部门对《关于×××项目初步设计》的审批意见。

(3)审计部门对《关于×××项目初步设计概算》的审核意见。

(4)相关附件：

1)城市规划行政主管部门出具的规划工程许可证；

2)国土资源行政主管部门出具的项目用地使用证；

3)环境保护行政主管部门出具的环境影响评价文件的审批意见；

4)建设资金到账单(银行对账单)；

5)法律、法规或者规章制度规定应当提交的其他文件。

五、核准项目的申报材料及相关要求

(1)项目单位需向当地发展和改革局报送《关于×××项目的核准申请》一式五份，并附磁盘等电子文档一份。简述拟建项目的必要性、可行性、建设规模及内容、投资额及来源等。

(2)编制《关于×××项目的申请报告》一式五份，并附磁盘等电子文档一份。

编制要求：

1)依法应当由国务院投资主管部门核准的项目，项目申请报告应由具备相应专业、服务范围的甲级工程咨询资格的机构编制；

2)依法应当由省级投资主管部门核准的项目，项目申请报告应由具备相应专业、服务范围的乙级及以上工程咨询资格的机构编制；

3)依法应当由市、县级投资主管部门核准的项目，项目申请报告应由具备相应专业、服务范围的丙级及以上工程咨询资格的机构编制。

内容要求：

1)项目申报单位情况：企业名称、经营期限、投资方基本情况等；

2）拟建项目情况：项目总投资、注册资本及各方出资额、出资方式及融资方案，需要进口设备明细和价格，建设规模、主要建设内容及产品，采用的主要技术和工艺，产品目标市场，计划用工人数等；

3）建设用地及相关规划：项目建设选址地点，对土地、水、能源的需求以及原材料的消耗量等；

4）生态环境影响分析；

5）经济和社会效益分析；

6）法律、法规或者规章制度规定的其他内容。

全部使用国有资金投资的项目、国有资金投资占控股或者主导地位的项目还应当增加有关招投标的内容。

（3）相关附件：

1）城市规划行政主管部门出具的规划选址意见；

2）国土资源行政主管部门出具的项目用地预审意见；

3）环境保护行政主管部门出具的环境影响评价文件的审批意见；

4）法律、法规或者规章制度规定应当提交的其他文件。

六、备案项目的申报材料及相关要求

（1）项目单位需向发展和改革局报送《项目备案申请表》一式五份，并附磁盘等电子文档一份。项目单位应当对其提交的所有材料真实性负责。

（2）相关附件：

1）项目法人证书或项目业主的营业执照副本及复印件；

2）属于国家规定实行许可证生产、经营管理的项目，需提交相关部门出具的初审意见；

3）根据有关法律、法规或者规章制度规定应当提交的其他文件。

核准项目转报的申报材料及相关要求，同核准项目的申报材料及相关要求相同并附转报意见，项目单位应当对其提交的所有材料真实性负责。

拓展实训

一、简答题

1. 简述基本建设程序的主要内容。

2. 建筑施工包括哪些程序？

3. 建筑产品的特点有哪些？

4. 建筑施工的特点主要有哪些？

二、选择题

1. 建筑施工企业的（　　）是发展社会生产，为社会积累更多资金，提供更多更好的建筑产品。

    A. 基本任务　　　　B. 主要业务　　　　C. 经营活动　　　　D. 生产任务

2. 由于建筑产品的（　　）决定了施工生产的流动性。

    A. 庞大性　　　　　B. 固定性　　　　　C. 复杂性　　　　　D. 多样性

3. 由于建筑产品的( )决定了每一建筑产品的施工准备工作、施工工艺和施工方法也不相同。

    A. 固定性和庞体性   B. 地方性和民族性

    C. 技术性和经济性   D. 多样性和复杂性

4. 建设单位、施工单位、监理单位是( )的三大主体。

    A. 交易市场   B. 物资市场   C. 建筑市场   D. 建设领域

5. ( )指建造、购置和安装固定资产的活动以及与此相联系的其他工作。

    A. 建筑施工   B. 基本建设   C. 固定资产   D. 施工生产

任务二　施工组织设计认知

📑 任务描述

认知施工组织设计的作用与分类；掌握施工组织设计编制的原则。

📝 任务分析

施工组织设计是用来指导施工项目全过程各项活动的技术、经济和组织的综合性文件，是施工技术与施工项目管理有机结合的产物，它能保证工程开工后施工活动有序、高效、科学合理地进行。

要想组织管理好一个工程项目，首先是要有一本先进合理、切实可行的施工组织设计。

施工组织设计的编制现状与不足。任何工程项目都有一本施工组织设计，由于规范及范本对施工组织设计的编制只是建议书类型，而业主在招投标过程中对编写施工组织设计的格式要求又各不相同，再加上编制施工组织设计人员的水平参差不齐，使得施工组织设计在格式和内容上、深度和广度上千姿百态、极其混乱，严重制约着施工组织设计作用的发挥。

不足之处主要表现在以下两个方面：

(1)时效性差。编制的施工组织设计必须对每个工程逐个进行编写，以适应不同工程的特点。但不同编制人员对同类型的施工工艺在进行编制工作的同时，做了大量不必要的重复劳动，降低了工作效率。施工组织设计编制完成往往在工程进展到相当的程度，其统筹部署的指导作用丧失。

(2)针对性差。编制的施工组织设计为了迎合业主及招标文件的要求，把企业最好的或者全部的都编写上去，结果中标后人员或者设备不能到场而受罚；编制中只是对技术规范进行照抄，不能紧紧围绕具体工程的特点和个性进行有针对性的规划和设计，分不清重点、难点与常规工序的要求差别，没有起到指导施工的作用。

📄 相关知识

一、施工组织设计及作用

建筑工程施工组织设计是规划和指导整个建筑工程从工程投标、签订承包合同、施工准备，一直到全部施工过程完成及竣工验收的一个综合性技术经济文件。

建筑工程的施工组织设计是一个非常重要、不可缺少的技术经济文件，是合理组织施工和加强施工管理的一项重要措施。它对保质、保量、按时完成整个建筑工程的施工任务起决定性的作用。

具体而言，建筑工程施工组织设计的作用，主要表现在以下几个方面：

(1)它是沟通设计、施工和监理各方面之间的桥梁。既要充分体现建筑工程设计和使用功能的要求，又要符合建筑工程施工的客观规律，对施工的全过程起到战略部署和战术安排的作用。

(2)它是施工准备工作的重要组成部分，对及时做好各项施工准备工作起到促进作用。

(3)对于拟建工程，从施工准备到竣工验收全过程的各项活动起指导作用。

(4)它能协调施工过程中各工种之间、各项资源供应之间的合理关系。

(5)它是对施工全过程所有活动进行科学管理提供的重要手段。

(6)它是编制工程概算、施工图预算和施工预算的主要依据之一。

(7)它是施工企业整个生产管理工作的重要组成部分。

(8)它是施工基层单位编制施工作业计划的主要依据。

二、施工组织设计的分类

建筑工程施工组织设计是一个总的概念。根据建筑工程的规模大小、结构类型、技术复杂程度和施工条件的不同，建筑工程施工组织设计通常又分为施工组织设计大纲、建筑工程施工组织总设计、单位建筑工程施工组织设计、分部(分项)建筑工程作业设计。

1. 施工组织设计大纲

施工组织设计大纲是以一个投标工程项目为对象编制的，用以指导其投标全过程各项实施活动的技术、经济、组织、协调和控制的综合性文件。它是编制工程项目投标书的依据，其目的是中标。主要内容包括项目概况、施工目标、施工组织和施工方案、施工进度、施工质量、施工成本、施工安全、施工环节和施工平面图等计划，以及施工风险防范。它是编制施工组织总设计的依据。

2. 建筑工程施工组织总设计

施工组织总设计是以整个建设项目或民用建筑群为对象编制的。它是对整个建设工程的施工过程和施工活动进行全面规划，统筹安排，据以确定总工期，各单位工程开展的顺序及工期、主要工程的施工方案、工种物质的供需计划、全工地暂设工程及准备工作、施工现场的布置和编制年度施工计划。

建筑工程施工组织总设计是以民用建筑群以及结构复杂、技术要求高、建设工期长、施工难度大的大型公共建筑和高层建筑为对象编制的。在有了批准的初步设计或扩大初步设计之后才进行编制。它是对整个建筑工程在组织施工中的通盘规划和总的战略部署，是修建全工程、大型临时工程和编制年度施工计划的依据。

建筑工程施工总设计一般是以主持工程的总承包单位(总包)为主，有建设单位、设计单位及其他承包单位(分包)参加共同编制。

3. 单位建筑工程施工组织设计

单位建筑工程施工组织设计是以一个单位工程或一个不复杂的单项工程，即一座公共建筑、一栋高级公寓或一个合同内所含项目作为施工组织对象而编制的。在有了施工图设计并列入年度计划后，由直接组织施工的基层单位编制。它是单位建筑工程施工的指导性文件，并可作为编制季、月、旬施工计划的依据。

4. 分部(分项)建筑工程作业设计

分部(分项)建筑工程作业设计是以某些主要的或新结构、技术复杂的或缺乏施工经验的分部(分项)工程为对象而编制的，它是直接指导现场施工的技术性文件，并可作为编制月、旬作业计划的依据。

施工组织设计的繁简，一般要根据工程规模大小、结构特点、技术复杂程度和施工条件的不同而定，以满足不同的实际需要。复杂和特殊工程的施工组织设计需较为详尽，小型建设项目或具有较丰富施工经验的工程则可较为简略。施工组织总设计是为解决整个建设项目施工的全局问题，要求简明扼要，重点突出，要安排好主体工程、辅助工程和公用工程的相互衔接和配套。

三、施工组织设计的编制原则

由于施工组织设计是指导施工的技术经济性文件，对保证顺利施工、确保工程质量、降低工程投资均起着重要的作用。因此，应十分重视施工组织设计的编制，在编制过程中应遵循以下原则。

1. 认真贯彻执行国家的基本建设方针和政策

在编制建筑工程施工组织设计时，应充分考虑国家有关的方针政策，严格按基本建设程序办事，严格执行建筑施工的管理规定，认真执行建筑工程及相关专业的有关规范、规程和标准，遵守施工合同所规定的条文。

2. 合理安排建筑工程的施工程序和顺序

建筑工程的施工，特别是对规模较大、工期较长、技术复杂的工程，必须遵守一定的程序和顺序，合理安排、分期分段地进行，以早日发挥投资的经济效益。建筑工程施工程序和顺序反映施工的客观规律要求，实行搭接施工则体现争取时间的主动性，在组织施工时，必须合理地安排施工程序和顺序，避免不必要的重复、返工、窝工，以加快施工，争取早日发挥建筑物的作用。

3. 采用先进的技术、科学地选择施工方案

在建筑工程施工中，采用先进的施工技术是提高劳动生产率、提高工程质量、加快施工进度、降低工程成本的重要手段。在选择施工方案时，要积极采用新工艺、新技术、新设备、新材料，结合建筑工程的特点，满足设计效果，符合施工验收规范及操作规程的要求，使技术的先进性、适用性和经济性有机地结合在一起。

4. 用流水施工和网络计划技术安排施工进度

采用流水施工方法组织施工，是保证建筑工程施工连续、均衡、有节奏进行的重要措施。在编制建筑工程施工进度计划时，选用先进的网络计划技术，对于合理使用人力、物力和财力，减少各项资源的浪费，合理安排工序搭接和必要的技术间歇，做好人力、物力的综合平衡，将起到非常重要的作用。

5. 坚持质量第一、重视安全施工的基本原则

编写建筑工程施工组织设计，应贯彻"百年大计、质量第一"和"预防为主"的方针。在具体编写的过程中，以我国现行有关建筑施工质量标准、验收规范及操作规程为依据，使施工质量符合国家或合同中的检验评定标准。从人员、机械、材料、法规和环境等方面制定保证质量的措施，预防和控制影响建筑工程质量的各种因素，确保工程达到预定目标。

编制建筑工程施工组织设计，应特别重视施工过程中的安全，建立健全各项安全管理制度，尤其是施工中的安全用电、防火措施、污染中毒、高空作业等，应作为安全工作的重点。

四、施工组织设计的编制与实施

1. 施工组织设计的编制

为使施工组织设计更好地起到组织和指导施工的作用，在编制内容上必须简明扼要，突出重点，在编制方法上必须紧密结合现场施工实际情况，进行不断调整和补充，并严格按照施工组织设计组织施工。

要编制出高质量的施工组织设计，必须注意以下几个问题：

(1)在编制施工组织设计时，对施工现场的具体情况，要进行充分的调查了解，进行仔细的推敲研究。召开基层技术和施工人员参加的技术交流会，邀请建设单位、设计单位进行设计交底，根据合同工期与技术条件，发动现场各专业技术人员和工人提意见，定措施，并进行反复讨论，提出初稿，最后由承担施工的项目经理、技术负责人参加审定，以保证施工组织设计的顺利实施。

(2)对工程内容多而复杂、施工难度大及采用新材料、新技术、新工艺的项目，应组织专业性的讨论和必要的专题考察，并邀请有经验的专业技术人员和技术工人参加，使编制的内容符合实际，便于执行。

(3)在施工组织设计编制过程中，还要充分发挥其他职能部门(如设备、材料、预算、劳资、行政等)的作用，吸收他们参与编制或参加审定会议，以求编制的施工组织设计更全面、更广泛、更完善。这里需要指出的是，建筑工程施工组织设计涉及专业多，施工工种多，在编制时千万不能只追求形式，造成主次不清、脱离工程实际，起不到真正的指导、督促和控制作用，那样就失去了施工组织设计的实际意义。

2. 施工组织设计的实施

建筑工程施工组织设计已经批准，即成为工程施工准备和组织整个施工活动的指导性文件，必须严肃对待，认真贯彻执行。

在建筑工程施工组织设计实施的过程中，要做好以下几项工作：

(1)做好施工组织设计的交底工作。在工程正式施工前，根据编制好的施工组织设计，有关技术负责人要组织召开各级生产、技术会议，详细介绍工程的情况，施工关键、技术难点、易发生的质量问题和保证措施，以及各专业、各工种配合协作措施，并要求相关人员和部门制定具体的实施计划和技术细则。

(2)制定保证顺利施工的各项规章制度。管理工作实现规范化、制度化，是进行科学管理的一项重要措施。大量工程施工实践证明，制定严格、科学、健全、可行的规章制度，施工组织设计才能顺利实施，才能建立正常的施工顺序，才能确保装饰工程的施工质量和经济效益。

(3)大力推行技术经济承包责任制。根据中国的基本国情，在建筑装饰业大力推行技术经济承包责任制，是提高企业、职工积极性的有效措施。全面实施技术经济承包责任制的重要措施之一，就是把工程与质量、企业与职工的经济利益挂起钩来，以便相互促进、相互监督、相互约束，以利于调动干部职工的积极性。在有些施工企业中，推行节约材料奖、技术进步奖、工期提前奖和工程优良奖等，取得了很好的效果。

(4)实现工程施工的连续性和均衡性。根据施工组织设计的要求，在工程正式开工后，及时做好人力、物力和财力的统筹安排，使建筑工程能保持均衡、有节奏地进行。在具体实施的过程中，要通过月、旬作业计划，及时分析产生不均衡的因素，综合多方面的施工条件，不断进行各专业、各工种之间的综合平衡，进一步完善和调整施工组织设计文件，真正做到建筑装饰工程施工的节奏性、连续性和均衡性。

任务实施

任务实施1　认知施工组织设计的作用

施工组织设计是用来组织工程施工的指导性文件。在工程设计阶段和工程施工阶段分别由设计、施工单位负责编制。

施工组织设计是对施工活动实行科学管理的重要手段，其具有战略部署和战术安排的双重作用。它体现了实现基本建设计划和设计的要求，提供了各阶段的施工准备工作内容，协调施工过程中各施工单位、各施工工种、各项资源之间的相互关系。

施工组织设计一般包括四项基本内容：①施工方法与相应的技术组织措施，即施工方案；②施工进度计划；③施工现场平面布置；④有关劳力施工机具、建筑安装材料，施工用水、电、动力及运输、仓储设施等暂设工程的需要量及其供应与解决办法。前两项指导施工，后两项则是施工准备的依据。

施工组织设计的繁简，一般要根据工程规模大小、结构特点、技术复杂程度和施工条件的不同而定，以满足不同的实际需要。复杂和特殊工程的施工组织设计需较为详尽，小型建设项目或具有较丰富施工经验的工程则可较为简略。施工组织总设计是为解决整个建设项目施工的全局问题，要求简明扼要、重点突出，要安排好主体工程、辅助工程和公用工程的相互衔接和配套。单位工程的施工组织设计是为具体指导施工服务的，要具体明确，解决好各工序、各工种之间的衔接配合，合理组织平行流水作业和交叉作业，以提高施工效率。施工条件发生变化时，施工组织设计须及时修改和补充，以便继续执行。施工组织设计是施工现场组织施工的纲领性文件，整个施工现场布置部署、人员配备、机械设备安排、材料组织、环境保护、施工方法的确定、关键工序的施工方法等，都需要施工组织设计文件的指导，是施工现场很核心的文件。

施工组织设计的重要性：施工组织是项目建设和指导工程施工的重要技术经济文件。能调节施工中人员、机器、原料、环境、工艺、设备、土建、安装、管理、生产等矛盾，对施工组织设计进行监督和控制，才能科学合理地保证工程项目高质量、低成本、少耗能的完成。

施工组织设计是项目建设和指导工程施工的重要文件，是建筑施工企业单位能以高质量、高速度、低成本、少消耗完成工程项目建筑的有力保证措施，是加强管理、提高经济效益的重要手段，也是正确处理施工中人员、机器、原料、方法、环境及工艺与设备，土建与安装，消耗与供应，管理与成产等各种各样的矛盾，科学合理地、计划而有序地均衡地组织项目施工生产的重要保障。

施工组织设计在施工全过程乃至工程预结算中占有重要地位,组织设计不仅仅是组织施工、指导生产的作用,在客观上已成为经济管理工作中不可忽视的非常重要的组成部分。施工组织设计不仅是指导生产经营活动的重要文件,也是编制施工图预算的重要依据。因此,施工单位领导在单位工程开工前要组织工程技术、材料设备、预算定额、经济计划、工程造价等人员认真熟读图纸、深入现场进行实地勘察,研究各项技术经济组织措施。

施工组织文件是技术经济文件。在项目的施工中,一定要对施工组织设计进行监督和控制,确保项目的施工有序,防止施工组织设计流于形式。施工组织设计是工程质量、安全、进度保障的有力措施。

通过施工组织设计的编制,可以全面考虑拟建工程的各种具体施工条件,扬长避短地拟定合理的施工方案,确定施工顺序、施工方法和劳动组织,合理地统筹安排拟定施工进度计划;为拟建工程的设计方案在经济上的合理性,在技术上的科学性和在实施工程上的可能性进行论证提供依据;为建设单位编制基本建设计划和施工企业编制施工工作计划及实施施工准备工作计划提供依据;可以把拟建工程的设计与施工;技术与经济、前方与后方和施工企业的全部施工安排与具体工程的施工组织工作更紧密地结合起来;可以把直接参加的施工单位与协作单位、部门与部门、阶段与阶段、过程与过程之间的关系更好地协调起来。

施工企业的现代化管理主要体现在经营管理素质和经营管理水平两个方面。施工企业的经营管理素质主要是竞争能力、应变能力、技术开发能力和扩大再生产能力等;施工企业的经营管理水平和计划与决策、组织与指挥、控制与协调和教育与激励等职能有关。经营管理素质和水平是企业经营管理的基础,也是实现企业目标、信誉目标、发展目标和职工福利目标的保证;同时,经营管理又是发挥企业的经营管理素质和水平的关键过程。无论是企业经营管理的素质,还是企业经营管理水平的职能,都必须通过施工组织设计的编制、贯彻、检查和调整来实现。这充分体现了施工组织设计对施工企业现代化管理的重要性。

任务实施2　施工组织设计的内容

施工组织设计一般包括五项基本内容。

1. 工程概况

(1)项目的性质、规模、建设地点、结构特点、建设期限、分批交付使用的条件、合同条件。

(2)项目所在地的地区地形、地质、水文和气象情况。

(3)施工力量,劳动力、机具、材料、构件等资源供应情况。

(4)施工环境及施工条件等。

2. 施工部署及施工方案

(1)根据工程情况,结合人力、材料、机械设备、资金、施工方法等条件,全面部署施工任务,合理安排施工顺序,确定主要工程的施工方案。

(2)对拟建工程可能采用的几个施工方案进行定性、定量的分析,通过技术经济评价,选择最佳方案。

3. 施工进度计划

(1)施工进度计划反映了最佳施工方案在时间上的安排,采用计划的形式,使工期、成本、资源等方面,通过计算和调整达到优化配置,符合项目目标的要求。

（2）施工进度计划使工序有序地进行，使工期、成本、资源等通过优化调整达到既定目标，在此基础上编制相应的人力和时间安排计划、资源需求计划和施工准备计划。

4. 施工平面图

施工平面图是施工方案及施工进度计划在空间上的全面安排。它把投入的各种资源、材料、构件、机械、道路、水电供应网络、生产、生活活动场地及各种临时工程设施合理地布置在施工现场，使整个现场能有组织地进行文明施工。

5. 主要技术经济指标

主要技术经济指标用以衡量组织施工的水平，它是对施工组织设计文件的技术经济效益进行全面评价。

施工组织设计的主要技术经济指标包括施工工期、施工质量、施工成本、施工安全、施工环境和施工效率，以及其他技术经济指标。

施工组织设计的内容要结合工程对象的实际特点、施工条件和技术水平进行综合考虑，一般包括以下基本内容：

第一章 编制说明

第二章 工程概况及特点

第三章 施工部署和施工准备工作

第四章 施工现场平面布置

第五章 施工总进度计划

第六章 各分部分项工程的主要施工方法

第七章 拟投入的主要物资计划

第八章 工程投入的主要施工机械设备情况

第九章 劳动力安排计划

第十章 确保工程质量的技术组织措施

第十一章 确保安全生产的技术组织措施

第十二章 确保文明施工的技术组织措施

第十三章 确保工期的技术组织措施

第十四章 质量通病的防治措施

第十五章 季节施工保证措施

第十六章 成品保护措施

第十七章 创优综合措施

第十八章 项目成本控制

第十九章 回访保修服务措施

第二十章 施工平面总图、施工总进度图、施工网络图

➤ 拓展实训

一、简答题

1. 施工组织设计的作用有哪些？

2. 建筑工程施工组织设计如何分类？

3. 建筑工程施工组织设计如何编制实施？

二、选择题

1. 凡是按一个总体设计组织施工，建成后具有完整的系统，可以独立地形成生产能力或使用价值的建设工程称为一个（　　）。
   A. 单项工程　　　　B. 单位工程　　　　C. 分部工程　　　　D. 建设项目

2. 凡是具有独立的设计文件，竣工后可以独立发挥生产能力或效益的工程称为一个（　　）。
   A. 单位工程式　　　B. 建设项目　　　　C. 单项工程　　　　D. 分部工程

3. 凡是具有单独设计，可以独立施工，但完工后不能独立发挥生产能力或效益的工程称为一个（　　）。
   A. 单项工程　　　　B. 单位工程　　　　C. 分部工程　　　　D. 建设项目

4. （　　）是建设项目在整个建设过程中各项工作必须遵循的先后顺序。
   A. 建筑施工程序　　B. 建设工程程序　　C. 基本建设程序　　D. 工程施工程序

5. （　　）是指工程建设项目在整个施工过程中各项工作必须遵循的先后顺序。
   A. 建筑施工程序　　B. 建设工程程序　　C. 基本建设程序　　C. 工程施工程序

6. 基本建设程序可以分为（　　）。
   A. 四个阶段、八个步骤　　　　　　　B. 三个阶段、七个步骤
   C. 五个阶段、八个步骤　　　　　　　D. 三个阶段、八个步骤

7. 建筑施工程序，大致按（　　）进行。
   A. 三个步骤　　　　B. 四个步骤　　　　C. 五个步骤　　　　D. 六个步骤

8. 建筑施工企业是指依法自主经营、自负盈亏、独立核算，从事建筑商品生产经营具有法人地位的（　　）。
   A. 社会团体　　　　B. 经济组织　　　　C. 经营单位　　　　D. 施工单位

9. （　　）是指从事工程建设项目全过程承包活动的智力密集性企业。
   A. 工程总承包企业　　　　　　　　　　B. 施工总承包企业
   C. 专项分包企业　　　　　　　　　　　D. 劳务分包企业

10. （　　）是指从事工程建设项目施工阶段承包活动的企业。
    A. 工程总承包企业　　　　　　　　　　B. 施工总承包企业
    C. 专项分包企业　　　　　　　　　　　D. 劳务分包企业

11. （　　）是指从事工程建设项目施工阶段专项分包和承包限额以下小型工程活动的企业。
    A. 工程总承包企业　　　　　　　　　　B. 施工总承包企业
    C. 专项分包企业　　　　　　　　　　　D. 劳务分包企业

12. 作为工程承包经营者必须具备的基本条件，反映承包商的资格和素质的标准是（　　）。
    A. 工程总承包企业资质等级　　　　　　B. 建筑工程施工企业资质等级
    C. 建筑装饰工程施工企业资质等级　　　D. 施工企业资质等级

13. 通过招标选定建筑工程承包单位的一种经营方式是（　　）。
    A. 招标投标制　　　　　　　　　　　　B. 招标投标法
    C. 公开招标邀标议标　　　　　　　　　D. 招标承包制

任务三　施工技术资料准备工作

任务描述

熟悉和审查施工图纸；编制施工图预算与施工预算；编制中标后的施工组织设计。

任务分析

施工准备工作的重要性，基本建设是人们创造物质财富的重要途径，是我国国民经济的主要支柱之一。基本建设工程项目总的程序是按照计划、设计和施工三个阶段进行。施工阶段又分为施工准备、土建施工、设备安装、竣工验收阶段。

由此可见，施工准备工作的基本任务是为拟建工程的施工建立必要的技术和物质条件，统筹安排施工力量和施工现场。施工准备工作也是施工企业搞好目标管理，推行技术经济承包的重要依据。同时，施工准备工作还是土建施工和设备安装顺利进行的根本保证。因此，认真地做好施工准备工作，对于发挥企业优势、合理供应资源、加快施工速度、提高工程质量、降低工程成本、增加企业经济效益、赢得企业社会信誉、实现企业管理现代化等具有重要的意义。

实践证明，凡是重视施工准备工作，积极为拟建工程创造一切施工条件，其工程的施工就会顺利地进行；凡是不重视施工准备工作，就会给工程的施工带来麻烦和损失，甚至给工程施工带来灾难，其后果不堪设想。

相关知识

一、熟悉、审查设计图纸和有关的设计资料

1. 熟悉、审查设计图纸的依据

(1)建设单位和设计单位提供的初步设计或扩大初步设计(技术设计)、施工图设计、建筑总平面、土方竖向设计和城市规划等资料文件。

(2)调查、收集的原始资料。

(3)设计、施工验收规范和有关技术规定。

2. 熟悉、审查设计图纸的目的

(1)为了能够按照设计图纸的要求顺利地进行施工，生产出符合设计要求的最终建筑产品(建筑物或构筑物)。

(2)为了能够在拟建工程开工之前，便于从事建筑施工技术和经营管理的工程技术人员充分地了解和掌握设计图纸的设计意图、结构与构造特点和技术要求。

(3)通过审查发现设计图纸中存在的问题和错误，使其在施工开始之前改正，为拟建工程的施工提供一份准确、齐全的设计图纸。

3. 熟悉、审查设计图纸的内容

(1)审查拟建工程的地点、建筑总平面图，同国家、城市或地区规划是否一致，以及建

筑物或构筑物的设计功能和使用要求是否符合卫生、防火及美化城市方面的要求。

(2)审查设计图纸是否完整、齐全，以及设计图纸和资料是否符合国家有关工程建设的设计、施工方面的方针和政策。

(3)审查设计图纸与说明书在内容上是否一致，以及设计图纸与其各组成部分之间有无矛盾和错误。

(4)审查建筑总平面图与其他结构图在几何尺寸、坐标、标高、说明等方面是否一致，技术要求是否正确。

(5)审查工业项目的生产工艺流程和技术要求，掌握配套投产的先后次序和相互关系，以及设备安装图纸与其相配合的土建施工图纸在坐标、标高上是否一致，掌握土建施工质量是否满足设备安装的要求。

(6)审查地基处理与基础设计同拟建工程地点的工程水文、地质等条件是否一致，以及建筑物或构筑物与地下建筑物或构筑物、管线之间的关系。

(7)明确拟建工程的结构形式和特点，复核主要承重结构的强度、刚度和稳定性是否满足要求，审查设计图纸中的工程复杂、施工难度大和技术要求高的分部分项工程或新结构、新材料、新工艺，检查现有施工技术水平和管理水平能否满足工期和质量要求并采取可行的技术措施加以保证。

(8)明确建设期限、分期分批投产或交付使用的顺序和时间，以及工程所用的主要材料、设备的数量、规格、来源和供货日期；明确建设、设计和施工等单位之间的协作、配合关系，以及建设单位可以提供的施工条件。

4. 图纸审查的步骤

图纸审查主要包括学习图纸、初审图纸、图纸会审和综合会审四个阶段。

(1)学习图纸。施工队及各专业班组的各级技术人员，在施工前应认真学习、熟悉有关图纸，了解本工种、本专业设计要求达到的技术标准，明确工艺流程、质量要求等。

(2)初审图纸。初审图纸是指各专业工种对图纸的初步审查，即在认真学习、熟悉图纸的基础上，详细核对本专业工程图纸的详细情节，如节点构造、尺寸等。初审图纸一般由工程项目部进行组织。

(3)图纸会审。图纸会审是指各专业工种之间的施工图审查，即在初审图纸的基础上，各专业之间核对图纸，消除差错，协商配合施工事宜，如装饰与土建之间、装饰与室内给水排水之间、装饰与建筑强电、弱电之间的配合审查。

(4)综合会审。综合会审是指总承包商与各分包商或协作单位之间的施工图审查，即在图纸会审的基础上，核对各专业之间配合事宜，寻求最佳的合作方法。综合会审一般由承包商进行组织。

5. 学习、审查图纸的重点

施工企业在审查图纸之前，应首先对图纸进行学习和熟悉，并将学习熟悉图纸和审查图纸有机地结合起来。学习、审查图纸的重点有以下几个方面：

(1)设计施工图必须是由相应设计资质的设计单位正式签署的图纸，不是正式设计单位、设计资质不相符的单位和设计单位没有正式签署的图纸，一律不得施工。

(2)设计计算的假定条件和采用的处理方法是否符合实际情况，施工时有无足够的稳定性，对安全施工有无影响。

(3)核对各专业图纸是否完整齐备，各专业图纸本身和相互之间有无错误和矛盾。如各部位尺寸、平面位置、标高、预留孔洞、预埋件、节点大样和构造说明有无错误和矛盾。如果存在错误和矛盾，应在施工前通知设计单位协调解决。

(4)设计要求的新技术、新工艺、新材料和特殊技术要求是否能做到，实施中的难度有多大，施工前应做到心中有数。

二、编制施工图预算与施工预算

编制工程预算是根据施工图纸和国家或地方有关部门编制的建筑工程施工定额，进行施工预算的编制。它是控制工程成本支出与工程消耗的依据。根据施工预算中分部分项工程量及定额工程用量，对各施工班组下达施工任务，以便实行限额领料及班组核算，从而实现降低工程成本和提高管理水平的目的。

1. 施工图预算

施工图预算是根据施工图、预算定额、各项取费标准、建设地区的自然及技术经济条件等资料编制的建筑安装工程预算造价文件。在我国，施工图预算是建筑企业和建设单位签订承包合同、实行工程预算包干、拨付工程款和办理工程结算的依据；也是建筑企业控制施工成本、实行经济核算和考核经营成果的依据。在实行招标承包制的情况下，是建设单位确定标底和建筑企业投标报价的依据。施工图预算是关系建设单位和建筑企业经济利益的技术经济文件，如在执行过程中发生经济纠纷，应按合同经协商或仲裁机关仲裁，或按民事诉讼等其他法律规定的程序解决。

2. 施工预算

施工预算是施工单位根据施工图纸、施工定额、施工及验收规范、标准图集、施工组织设计(或施工方案)编制的单位工程(或分部分项工程)施工所需的人工、材料和施工机械台班数量，是施工企业内部文件，是单位工程(或分部分项工程)施工所需的人工、材料和施工机械台班消耗数量的标准。

3. 施工图预算与施工预算的区别

(1)施工图预算。施工图预算是确定建筑工程预算造价的文件。

1)任何一个工程均需要编制施工图预算。

2)建设项目划分为工程项目、单位工程、分部工程、分项工程。施工图预算基于单位工程。

3)施工图预算根据施工图设计、施工组织设计、现行建筑工程预算定额与取费标准、建筑材料预算价格和其他取费规定进行计算和编制。

4)施工图预算也称为设计预算。

5)对于施工企业而言，施工图预算计算出来的就是施工企业的项目承包收入，施工图预算计算的工作量一定大于施工预算。

(2)施工预算。

1)施工预算是施工企业内部在工程施工前，以单位工程为对象，根据施工劳动定额与补充定额编制的，用来确定一个单位工程中各楼层、各施工段上每一分部分项工程的人工、材料、机械台班需要量和直接费的文件。

2)施工预算由说明书和表格组成。说明书包括工程性质、范围及地点，图纸会审及现场勘察情况，工期及主要技术措施，降低成本措施以及尚存问题等。表格主要包括施工预算工料分析表、工料汇总表及按分部工程的"两算"对比表等。

3)施工预算可作为施工企业编制工作计划、安排劳动力和组织施工的依据；是向班组签发施工任务单和限额领料卡的依据；是计算工资和奖金、开展班组经济核算的依据；是开展基层经济活动分析，进行"两算"对比的依据。

4)对于施工企业而言，施工预算计算出来项目目标成本。例如，同一个工程，合同造价为500万元，经施工图预算计算后项目结算收入可能为580万元，施工预算计算出来的是480万元，项目利润可能就是100万元。

三、编制中标后的施工组织设计

施工组织设计是指导建筑工程进行施工准备和组织施工的基本技术经济文件，是施工准备和组织施工的主要依据。施工单位在工程正式开工前，应根据工程规模、特点、施工期限及工程所在区域的自然条件、技术经济条件等因素进行编制，并报有关单位批准。

中标后施工组织设计是施工单位在施工准备阶段编制的指导拟建工程从施工准备到竣工验收乃至保修回访的技术经济、组织的综合文件。也是编制施工预算，实行项目管理的依据，还是施工准备工作的主要文件。

任务实施

任务实施1　工程施工技术准备

一、图纸会审

依据建设单位和设计单位提供的初步设计(技术设计)、施工图设计、建筑总平面图、土方竖向设计和城市规划等资料文件，熟悉有关设计、施工质量验收规范、标准图集和技术规定，根据所给图纸审查以下内容：

(1)图纸共有多少张？建筑设计说明、结构设计说明包括哪些主要内容？

(2)熟悉审查建筑施工图：

内容包括：①各立面图；②各层建筑平面图；③各剖面图；④屋顶排水图；⑤节点详图等。

(3)熟悉审查结构施工图：

内容包括：①基础平面图；②楼层结构平面图；③结构构件详图；④楼梯配筋图；⑤混凝土结构平法施工图。

(4)审查设计图纸是否完整、齐全？图纸编号与图名是否符合？设计图纸和资料是否符合国家有关工程建设的设计、施工方面的标准？

(5)审查设计图纸与说明书在内容上是否一致？设计图纸与其各组成部分之间有无矛盾和错误？技术要求是否正确？

(6)在审查上述内容中，有哪些疑问或问题？将其记录下来，以便进行图纸会审。

(7)施工图纸如何会审？

推荐资料：

设计图纸说明中要求的各种资料、规范和标准图集等。

提问问题：

(1)阅读施工图步骤是什么？

(2)建施、结施各包括哪些内容？

(3)如何识读建筑平面图、立面图、剖面图？其包括哪些内容？

(4)建筑说明、设计说明中的重点内容是什么？哪些对工程施工有影响？（提示：混凝土保护层、钢筋搭接长度等）。

(5)如何识读结构平面图和断面图？其包括哪些内容？

(6)混凝土结构平法制图有哪些规定？其包括哪些内容？

(7)图纸会审的要点是什么？

二、施工预算与施工图预算

施工图预算一般统称为土建工程预算，它是根据某单位工程的设计施工图纸与现行预算定额或单位估价表编制而成，是建设单位和施工单位签订合同、银行拨款、结算工程费用的依据，也是施工单位编制施工计划，加强经济核算的依据。它由施工单位编制，经建设单位和建设银行审查定案。

施工预算是施工单位为向队组下达任务、筹备材料、安排劳动力等需要而编制的一种预算，它是在施工图预算的控制下，套用施工定额编制而成的。其主要作为施工单位内部各部门进行备工备料、安排计划、签发任务、进行经济核算的依据。

因此，施工预算与施工图预算的主要区别是使用的定额不同，预算的用途不同。

三、中标前后施工组织设计编写的异同之处

(1)投标前的施工组织设计是投标书的组成部分，是编制投标报价的依据，一般由企业经营部门的管理人员根据招标文件的规定内容进行编写，目的是使招标单位了解投标单位的整体实力以及在本工程中的与众不同之处，而最终得以中标。

投标后施工组织设计是直接指导工程施工的技术经济文件，一般主要由工程项目部的技术负责人组织各专业技术人员进行编写，并且进行讨论研究后，上报企业各主管部门进行评审后实施的，内容具体直观、作业性强。

(2)补充说明：中标后，在施工阶段的施工组织设计，是实施性施工组织设计，是根据工程所在地的实际情况、材料、人工、机械、会审后的图纸、地勘报告等编制的。具体来说，有以下几方面的不同：

1)工程概况不同，投标时，不知道具体的监理单位和监督部门，设计概况及现场特点、地质概况、施工条件等，都有不同的了解；

2)施工部署不同，因为工程概况、施工条件的不同，及编制人员对现场的了解程度不同，因而对工程的具体部署也是不同的；

3)施工方案不同，如深基础施工方案、支护方案等需结合地质勘测报告中的相关数据进行具体的编制；

4)施工组织机构不同，目前，很多投标的项目经理及技术负责人，投标时都是用企业相关极具资历的人员资质进行投标，而实际施工时，却大多都进行了变更，因此，项目管理的规划(计划)也自然大不相同；

5)施工平面布置不同，投标阶段的人员对现场及施工条件理解的偏差而编制的平面布

置，等到施工人员进场时，大多都会重新调整；

6）施工进度计划不同，投标时的施工进度控制计划，大多是根据经验数据进行编制的，而实施性施工进度计划，应根据现场施工条件及具体的方案的不同及施工段的划分、流水段的具体安排及工程量清单的人工、机械台班的具体分析数据，确认各分项工作的持续时间而进行编制的；

7）现场用地、现场加工场地、材料堆放场地、现场的排水措施、水源、电源、一二级配电箱柜的设置等，均与投标时的编制的情况有所不同，还有很多方面均会有所差异，水平较高的工程师，在进入现场后，都将根据现场的实际情况进行重新编制切实可行的施工组织设计。

任务实施2　工程施工技术准备

根据本工程的特点，对施工前的准备工作，必须细致、认真地进行，否则会造成人力、物力的浪费。施工准备的范围可以根据不同的施工阶段划分。

一、调查工作

(1)本工程质量要求高。

(2)物资运至现场的交通条件较好，但需在6月雨期来临前将全部工程材料运至现场达到90％以上，方能够满足工期施工要求。

二、技术准备

(1)组织各专业人员熟悉图纸，对图纸进行自审，熟悉和掌握施工图纸的全部内容和设计意图。土建、安装各专业相互联系对照，发现问题，提前与建设单位、设计单位协商，参加由建设单位、设计单位和监理单位组织的设计交底和图纸综合会审。

(2)编制施工图预算，根据施工图纸，计算分部分项工程量，按规定套用施工定额，计算所需要材料的详细数量、人工数量、大型机械台班数，以便做进度计划和供应计划，更好地控制成本，减少消耗。

(3)做好技术交底工作。本工程每一道工序开工前，均需进行技术交底，技术交底是施工企业技术管理的一个重要制度，是保证工程质量的重要因素，其目的是通过技术交底使参加施工的所有人员对工程技术要求做到心中有数，以便科学地组织施工和按合理的工序、工艺进行施工。

(4)技术交底各专业均采用三级制，即项目部技术负责人→专业工长→各班组长。技术交底均有书面文字及图表，级级交底签字，工程技术负责人向专业工长进行交底要求细致、齐全、完善，并要结合具体操作部位、关键部位的质量要求，操作要点及注意事项等进行详细的讲述交底，工长接受后，应反复详细地向作业班组进行交底，班组长在接受交底后，应组织工人进行认真讨论，全面理解施工意图，确保工程的质量和进度。

(5)项目总工程师负责并同中心试验室迅速对拟采用的原材料进行检验分析，确定工程使用的各项原材料，并同时进行混凝土、砂浆的配合比试配工作，及时开出施工配合比。

 **拓展实训**

一、简答题

1. 如何组织好图纸会审？

2. 图纸会审需要做好哪些准备工作？

二、选择题

1. 施工准备工作的首要任务是（ ）。

    A. 办理各种施工文件的申报与批准手续

    B. 掌握工程的特点和关键环节

    C. 调整各种施工条件

    D. 预测可能发生的变化，提出应变措施

2. 施工准备工作的范围包括两个方面：一是阶段性的施工准备；二是（ ）的施工准备。

    A. 施工条件   B. 局部性的   C. 作业条件   D. 全局性的

3. 施工准备工作的内容一般可归纳为（ ）个方面。

    A. 三   B. 四   C. 五   D. 六

知识拓展

编写施工组织设计

一、一般工程项目施工组织设计的内容

1. 编制依据及说明

2. 工程概况

3. 施工准备工作

4. 施工管理组织机构

5. 施工部署

6. 施工现场平面布置与管理

7. 施工进度计划

8. 资源需求计划

9. 工程质量保证措施

10. 安全生产保证措施

11. 文明施工、环境保护保证措施

12. 雨期、台风及夏季高温季节的施工保证措施

二、单位装饰装修工程施工组织设计的内容

1. 编制依据

2. 工程概况及特点

3. 施工部署

4. 施工准备

5. 主要项目施工方法

6. 主要施工管理措施(质量、进度、安全、消防、保卫、环保、降低成本等)

7. 各项资源需用计划

8. 施工平面图

9. 主要技术措施

10. 紧急情况下的预案等

三、分部(项)工程施工组织设计(方案)的内容

1. 编制依据

2. 分部(项)工程概况

3. 施工安排

4. 施工准备

5. 施工方法

6. 质量标准和验收

7. 施工安全防护(消防、临时用电、环保)等注意事项

四、施工部署的主要内容

1. 确定施工总程序

2. 确定施工起点与流向

3. 确定分项分部工程的施工顺序

4. 合理选择施工方法

5. 重要项目的技术组织措施

五、施工项目管理规划大纲的内容

1. 项目概况

2. 项目实施条件分析

3. 施工项目管理目标

4. 施工项目组织构架

5. 质量目标规划和主要施工方案

6. 工期目标规划和施工总进度计划

7. 施工预算和成本目标规划

8. 施工风险预测和安全目标规划

9. 施工平面图和现场管理规划

10. 投标和签订合同规划

11. 文明施工及环境保护规划

六、施工项目管理实施规划的内容

1. 工程概况

2. 施工部署

3. 施工方案

4. 施工进度计划

5. 资源供应计划

6. 施工准备工作计划

7. 施工平面图

8. 技术组织措施计划

9. 项目风险管理

10. 项目信息管理

11. 技术经济指标分析(表 1-1)

表 1-1 施工项目管理规划大纲与实施规划对照表

施工项目管理规划大纲	施工项目管理实施规划
1. 项目概况	1. 工程概况
2. 项目实施条件分析	2. 施工部署
3. 施工项目管理目标	3. 施工方案
4. 施工项目组织构架	4. 施工进度计划
5. 质量目标规划和主要施工方案	5. 资源供应计划
6. 工期目标规划和施工总进度计划	6. 施工准备工作计划
7. 施工预算和成本目标规划	7. 施工平面图
8. 施工风险预测和安全目标规划	8. 技术组织措施计划
9. 施工平面图和现场管理规划	9. 项目风险管理
10. 投标和签订合同规划	10. 项目信息管理
11. 文明施工及环境保护规划	11. 技术经济指标分析

七、项目管理实施规划的内容

1. 项目概况

2. 总体工作计划

3. 组织方案

4. 技术方案

5. 进度计划

6. 质量计划

7. 职业健康安全与环境管理计划

8. 成本计划

9. 资源需求计划

10. 风险管理计划

11. 信息管理计划

12. 项目沟通管理计划

13. 项目收尾管理计划

14. 项目现场平面布置图

15. 项目目标控制措施

16. 技术经济指标

八、施工项目管理实施规划的详细内容

1. 工程概况

包括：工程地点；建设地点及环境特征；施工条件；项目管理特点及总体要求；施工

项目的工作目录清单。

2. 施工部署

包括：项目的质量、安全、进度、成本目标；拟投入的最高人数和平均人数；分包计划；劳动力使用计划；材料供应计划；机械设备供应计划；施工程序；项目管理总体安排。

3. 施工方案

包括：施工流水和施工顺序；施工段划分；施工方法和施工机械选择；安全施工设计；环境保护内容和方法。

4. 施工进度计划

当建设项目或单项工程施工时，编制施工总进度计划；当单位工程施工时，编制单位工程进度计划。其内容包括施工进度计划说明、施工进度计划图(表)、施工进度管理规划。

5. 资源供应计划

包括：劳动力需求计划；主要材料和周围材料需求计划；机械设备需求计划；预制品订货和需求计划；大型工具、器具需求计划。

6. 施工准备工作计划

包括：施工准备工作组织和时间安排；技术准备和编制质量计划；施工现场准备；作业队伍和管理人员准备；物资准备；资金准备。

7. 施工平面图

包括：施工平面图说明；施工平面图；施工平面图管理规划。

8. 技术组织措施计划

包括：保证进度目标的措施；保证质量和安全目标的措施；保证成本目标的措施；保证季节施工的措施；保证环境的措施；文明施工措施。

9. 项目风险管理

包括：风险因素识别一览表；风险可能出现的概率及损失值估计；风险管理重点；风险防范对策；风险管理责任。

10. 项目信息管理

包括：信息流通系统；信息中心的建立规划；项目管理软件的选择与使用规划；信息管理实施规划。

11. 技术经济指标分析

包括：规划指标；规划指标水平高低的分析和评价；实施难点的对策。规划指标包括总工期、质量标准、质量标准、成本指标、资源消耗指标、其他指标(如机械化水平等)。

九、施工项目管理规划大纲的详细内容

1. 项目概况

主要是项目规模的描述和对承包范围的描述。

2. 项目实施条件分析

包括：发包人条件；相关市场条件；自然条件；政治、法律和社会条件；现场条件；招标条件。

主要应针对招标文件的要求分析上述条件对竞争及项目管理的影响。

3. 施工项目管理目标

包括：施工合同要求的目标，如合同规定的使用功能要求、合同工期、造价、质量标准、合同或法律规定的环境保护标准和安全标准；企业对施工项目的要求，如成本目标、企业形象、对合同目标的调整要求等。

4. 施工项目组织构架

包括：对专业施工任务的组织方案（如怎样进行分包，材料和设备的供应方式等）；项目经理部的人选方案。

5. 质量目标规划和主要施工方案

包括：招标文件（或发包人）要求的总体质量目标、分解质量目标、保证质量目标实现的主要技术组织措施、拟采用的新技术和新工艺、拟选用的主要施工机械设备等。

6. 工期目标规划和施工总进度计划

包括：招标文件的工期要求及工期目标的分解、施工总进度计划主要的里程碑事件、保证工期目标实现的技术组织措施。

7. 施工预算和成本目标规划

包括：编制施工预算和成本计划的总原则、项目的总成本目标、成本目标分解、保证成本目标实现的技术组织措施。

8. 施工风险预测和安全目标规划

包括：主要风险因素预测、风险对策措施、总体安全目标责任、施工中的主要不安全因素、保证安全的主要技术组织措施。

9. 施工平面图和现场管理规划

包括：施工现场情况和特点、施工现场平面布置的原则，现场管理目标、现场管理原则；施工平面图及其说明；施工现场管理的主要技术组织措施。

10. 投标和签订合同规划

包括：投标小组的组成；投标和签约的总体策略和工作原则；投标和签订合同的授权；投标工作的计划安排。

11. 文明施工及环境保护规划

包括：文明施工和环境保护特点、组织体系、内容及其技术组织措施。

任务四　施工技术现场准备工作

📋 任务描述

施工现场测量；"三通一平"的准备；临时设施准备的技术交底。

📄 任务分析

施工准备工作是建筑施工管理的一个重要组成部分，是组织施工的前提，是顺利完成建筑工程任务的关键。按施工对象的规模和阶段，可分为全场性和单位工程的施工准备。全场性施工准备指的是大、中型工业建设项目、大型公共建筑或民用建筑群等带有全局性的部署，包括技术、组织、物资、劳力和现场准备，是各项准备工作的基础。单位工程施工准备是全场性施工准备的继续和具体化，要求做得细致，预见到施工中可能出现的各种问题，能确保单位工程均衡、连续和科学、合理地施工。

一、施工现场测量

按照建筑总平面图和建设方提供的水准控制基桩以及桩基施工承包方已经设置的本建设区域水准基桩和工程测量控制网进行校对、复核验收并做好补设，加强保护工作；按建筑施工平面图由基准点引测至龙门桩，符合施工规范，经验收符合要求后方可开工，进行土方开挖和基坑围护等施工工作。

按照设计单位提供的建筑总平面图和城市规划部门给定的建筑红线桩或控制轴线桩及标准水准点进行测量放线，在施工现场范围内建立平面控制网、标高控制网，并对其桩位进行保护；同时，还要测定出建筑物、构筑物的定位轴线、其他轴线及开挖线等，并对其桩位进行保护，以此作为施工的依据。其工作的进行一般是在土方开挖之前，在施工场地内设置坐标控制网和高程控制点来实现的，这些网点的设置应视工程范围的大小和控制的精度而定。

测量放线是确定拟建工程的平面位置和标高的关键环节，施测中必须认真负责，确保精度，杜绝差错。为此，施测前应对测量仪器、钢尺等进行检验校正，并了解设计意图，熟悉并校核施工图，制定出测量放线方案，按照设计单位提供的建筑总平面图及给定的永久性经纬坐标控制网和水准控制基桩，进行施工测量，设置施工测量控制网。同时，对规划部门给定的红线桩或控制轴线桩和水准点进行校核，如发现问题，应提请建设单位迅速处理。建筑物在施工场地中的平面位置是依据设计图中建筑物的控制轴线与建筑红线之间的距离测定的，控制轴线桩测定后应提交有关部门和建设单位进行验线，以便确保定位的准确性。沿建筑红线的建筑物控制轴线测定后，还应由规划部门进行验线，以防建筑物压红线或超出红线。

二、"三通一平"准备

土地开发整理建设用地"三通一平"的规定如下：三通指的是水通、电通和路通，即业主要提供施工用水、用电和进出场地的道路；一平指的是红线范围内的场地平整。操作模式一般是业主到供水公司、电力公司办理开户，并施工一条进出场地的简易道路，达到三通一平的条件后，与乙方（开发方）进行三通一平验收，并报国土局建工科备案，以申请施工许可证。房地产开发、新建工厂、住宅小区、文化体育场馆、工业园区、科技园区、经济开发区、商业街区以及涉外宾馆饭店、写字楼、构筑物等。公共建筑与民用建筑工程，投资方首先要委托做好落实工程场地，即红线内的"三通一平"（水通、电通、路通、场地平整）。这也是招标工程必须具备条件中的重要组成部分。

1. 水通

施工企业根据建筑规模、结构、檐高、工程地点（城近郊区以内不允许现场搅拌混凝土）计算出生产用水，根据民工进驻工地施工的人数计算出生活用水以及消防用水等，累计算出日需用水量，要求建设单位提供几吋（直径多少毫米）的水管安装到红线以内，施工企业的项目经理（建造师）依据施工工程的实际需要以及拟定的施工组织设计（施工方案）安装临时管网。在安装临时水管时，尽量利用红线内的正式管网，如果可以利用宜取而代之，应在破土动工之前先把红线内室外管线铺设到室外检查井再接通临时管网，以便节约现场管理费中的临时设施费用。

施工现场的水通包括给水和排水两个方面。施工用水包括生产与生活用水，其布置应按施工总平面图的规划进行安排。施工给水设施应尽量利用永久性给水线路。临时管线的铺设，既要满足生产用水点的需要和方便使用，也要尽量缩短管线。施工现场的排水也是十分重要的，尤其在雨期，排水有问题会影响施工的顺利进行。因此，要做好有组织的排水工作。

2. 电通

施工企业在施工组织设计中，根据施工工期，建筑物的高度和跨度，建筑构配件或设备的最大重量，确定安装几台什么型号的大型垂直运输机械以及施工现场需要设置的中小型机械和施工方案中计划使用的施工电动机具，施工照明计算出生产用电，根据施工企业进驻施工现场办公，操作(干活)人数计算照明，生活用电等累计出多少千瓦供电量，要求建设单位提供满足需求的变压器或电闸总表，施工企业项目负责人按照标后设计(中标后的施工组织设计)，布线接通电源安装临时电线或电缆，也可把红线的室外线路铺设安装到位，再接通临时线路，节省费用开支。临时线路要用合格产品，防止漏电，确保生产安全。

根据各种施工机械用电量及照明用电量，计算选择配电变压器，并与供电部门联系，按施工组织设计的要求，架设好连接电力干线的工地内外临时供电线路及通信线路。应注意对建筑红线内及现场周围不准拆迁的电线、电缆加以妥善保护。此外，还应考虑到因供电系统供电不足或不能供电时，为满足施工工地的连续供电要求，此时应考虑使用备用发电机。

3. 路通

公路交通(汽车或火车)能否直通施工现场以满足施工机械、建筑材料、设备的运输以及施工劳务的进出厂。如果建筑物建在山丘上或半山腰或湖泊中，公路不能直通，施工组织设计中就要充分考虑不通距离的运输方案。如果通往施工现场有段道路松软，难以承载车辆通行，则应该在开工前将松软地段采取加固技术措施以满足道路通畅。以上诸多因素造成的活动物化劳动的消耗，施工企业要在商务标(经济标)的开办费用中或在投资方登记的技术经济洽商中给予量化并用货币形式计取出来。

施工现场的道路是组织大量物资进场的运输动脉，为了保证建筑材料、机械、设备和构件早日进场，必须先修通主要干道及必要的临时性道路。为了节省工程费用，应尽可能利用已有的道路或结合正式工程的永久性道路。为使施工时不损坏路面和加快修路速度，可以先做路基，施工完毕后再做路面。

4. 场地平整

场地内的障碍物已经全部拆除，满足施工企业在标后设计中(中标后的施工组织设计)的生产区、生活区在施工活动中的平面布置，以及测量建筑物的坐标、标高、施工现场抄平放线的需要。

施工现场的平整工作是按建筑总平面图进行的。首先，通过测量计算出挖土及填土的数量，设计土方调配方案，组织人力或机械进行平整工作。

如拟建场地内有旧建筑物，则须拆迁房屋。同时，要清理地面上的各种障碍物，如树根等。还要特别注意地下管道、电缆等情况，对它们必须采取可靠的拆除或保护措施。

三、临时设施的搭设

为了施工方便和安全，对于指定的施工用地的周界，应用围栏围挡起来，围挡的形式和材料应符合所在地部门管理的有关规定和要求。在主要出入口处设明标牌，标明工程名称、施工单位、工地负责人等。施工现场所需的各种生产、办公、生活、福利等临时设施，均应报请规划、市政、消防、交通、环保等有关部门审查批准，并按施工平面图中确定的位置、尺寸搭设，不得乱搭乱建。

各种生产、生活须用的临时设施，包括各种仓库、混凝土搅拌站、预制构件场、机修站、各种生产作业棚、办公用房、宿舍、食堂、文化生活设施等，均应按批准的施工组织设计规定的数量、标准、面积、位置等要求组织修建。大、中型工程可分批分期的修建。此外，在考虑施工现场临时设施的搭设时，应尽量利用原有建筑物，尽可能减少临时设施的数量，以便节约用地并节省投资。

四、做好施工现场的补充勘探

对施工现场做补充勘探的目的是进一步寻找枯井、防空洞、古墓、地下管道、暗沟和枯树根以及其他问题等，以便准确地探清其位置，及时地拟定处理方案。

五、做好建筑材料、构(配)件的现场储存和堆放

应按照材料及构(配)件的需要量计划组织进场，并应按施工平面图规定的地点和范围进行储存和堆放。

六、组织施工机具进场，并安装和调试

按照施工机具需要量计划，组织施工机具进场，根据施工总平面图将施工机具安置在规定的地点或仓库。对于固定的机具要进行就位、搭棚、接电源、保养和调试等工作。对所有施工机具，都必须在开工之前进行检查和试运转。

七、做好冬期施工的现场准备，设置消防、保安设施

按照施工组织设计要求，落实冬雨期施工的临时设施和技术措施，并根据施工总平面图的布置，建立消防、保安等机构和有关规章制度，布置安排好消防、保安等措施。

☑ **任务实施**

任务实施1 施工测量放线

根据国家标准《工程测量规范》(GB 50026—2007)编制。

施工测量是建筑工程施工中的基础工作，是各施工阶段中的先导性工序，也是各阶段验收的主要内容，是保证工程的平面位置、高程、竖向和几何形状符合设计要求与施工的依据，并为工程设计、工程施工与工程运行管理提供必要的测绘资料。因此，要求施工测量人员必须持岗位合格证方可上岗。施工测量所用仪器应符合精度要求，并在有效检测期内。

(一)主楼施工步骤

基础土方开挖；验槽；垫层及防水；基础底板；地下结构施工；地上主体结构施工；围护结构；抹灰工程；门窗工程；室内装修；清理；交付使用。

(二)测量与放线

1. 测量放线的步骤

(1)依据钉桩成果、现场条件编制测量放线施工方案。

(2)对钉桩(红线桩)成果进行复测(包括平面及水准)。

(3)确定建筑物轴线定位桩。

(4)监理单位现场复测验收。

(5)确定轴线控制网桩位。

(6)基础底板放线。

(7)监理单位验收。

(8)各楼层放线。

(9)监理单位逐层验线。

(10)测量竣工报告。

(11)监理单位验收收。

对红线桩的复核:根据现场条件及建设单位提供的定位控制线,制定复核测量方案。

2. 建筑物轴线定位控制线与控制主轴线的关系

根据复核结果绘制控制线与主轴线的几何关系,并绘制关系示意图。制定控制轴线与现场平面轴线控制网平面布置图。

3. 测量精度要求

建筑物的平面控制网和主轴线,其测距精度不低于 1/10 000,测角精度不低于 20 s(激光仪可达到 1/40 000,5″)。层间垂直度测量偏差不应超过 3 mm。建筑全高垂直度测量偏差不应超过 $3H/10\ 000$(H 为建筑总高度),且不大于 15 mm。建筑的标高控制网其闭合差不应超过 ±5 mm(n 为测站数)。层间标高测量偏差不应超过 ±3 mm。建筑总高测量偏差不应超过 $3H/10\ 000$(H 为建筑总高度),且不应超过 ±10 mm。每层找平,其高度误差范围在 ±5 mm 以内,激光仪为 ±2 mm。

4. 措施要点

地下室及首层平面位置由现场平面轴线控制网控制,每层均应由初始控制桩自下而上投测。当各轴线投到楼板上之后,要用钢尺实量其间距作为校核,其相对误差不应超过允许偏差(1/20 000)。

为保证投测的质量,安置仪器一定要严格对中并整平。为了防止投测时仰角过大,经纬仪距建筑物的水平距离应大于建筑物的高度,否则应采用弯管目镜或激光经纬仪。所有进场使用的测量仪器,必须经有关检测部门校核并出具书面证明后,在有效期内方可使用。严禁使用过期或未检的测量仪器。测量仪器必须专人保管,专人使用,轻拿轻放,不得碰撞,坚持持证上岗制度。

测量的原始记录必须真实、可靠,字迹清楚,不得随意涂抹更改,手续应齐全。

加强自检,关键部位如定位轴线、基础放线、±0.000 顶板、首层放线、第一标准层放线等,均由技术质量有关部门进行复核后报监理再复查。必须认真执行现场测量放线签证的有关程序,未经监理单位验收签证,不得进行下道工序。

建立健全测量放线各级责任制。技术部门负责现场总的管理与协调。技术员负责管理,质检部门检查放线,放线人员实施并自检。用水准仪找平时,至少有两个后视点,并且找平一段时间后视一次，以免出错。

5. 沉降观测

根据设计要求，本工程需对建筑物进行沉降观测，水准基点的设置不少于三个，观测点的设置多于六个。

6. 水准测量

编制沉降观测方案(与勘测部门配合编制)，采用固定人员进行配合，要求用精密水平仪及钢钢尺。精度为Ⅱ级，视线长度 20～30 m，视线高度不低于 0.3 m，采用闭合法。随记气象资料。主体结构施工阶段每施工完两层(包括地下部分)观测一次。装修和设备安装阶段每两个月一次。建筑物竣工后第一年不少于 3～5 次，第二年不少于 2 次，以后每年一次，直到沉降稳定为止。变形观测采用沉降观测法，计算机控制记录，发现异常立即向监理及建设单位报告。教育施工人员对水准基点及观测点进行有效保护，发现损坏，对责任人严厉处罚并立即采取补救措施。沉降观测资料作为竣工验收资料之一移交给建设单位，并按要求进行竣工后观测，以确保建设单位使用。沉降观测应委托有资质的单位实施，以确保使用安全。

任务实施 2 "三通一平"的准备

"三通一平"(水通、电通、路通、场地平整)。

一、"三通一平"的标准

土地平整的标准：土地为自然地貌平整。遇有人工堆土、鱼坑、沟渠等人为造成的地貌变化，由开发区负责将其平整至与自然地貌相平。

通雨水管线的标准：由开发区负责将雨水管线修至用地红线附近的管线支线井。

通污水管线的标准：由开发区负责将污水管线修至用地红线附近的管线支线井。

通电信管道及电缆的标准：电信管道由开发区负责修至用地红线附近的电信支线井；电信电缆由区局负责沿电信管道敷设至用地红线附近的电信管道干线井。

通热力管线的标准：集中供热区域内由开发区负责将热力管沟及供回水管线修至用地附近支线井；非集中供热区域开发区不提供热源，由用地单位采用天然气或其他清洁能源自行解决供热问题。

通电力管线的标准：开发区亦庄供电局负责提供 10 kV 电力至 10 kV 开闭所。

二、"三通一平"的费用

1. 场地平整

挖填土方部分的计算。

(1)小河回填的土方工程量。

(2)山坡要计算石方的爆破平整。

(3)土石方的倒运费用。

2. 水通

(1)要有市政审批用水的文件，用水的增容费用(各地政府都要收的)。

(2)给水管道的铺设费用(按工程量计算，包括材料费、人工费及各种费用)。

3. 电通

(1)要有市政审批用电的文件，用电的增容费用(各地政府都要收的)。

(2)要考虑施工期间的临时用电的费用。

(3)电缆的铺设费用(按工程量计算，包括材料费、人工费及各种费用)。

4. 路通

(1)要有市政审批的道路规划文件及规划图纸、手续的办理，办理的各项费用。

(2)道路的铺设(按工程量计算，包括路基、路面、路牙、路标、电杆、路灯所有的费用)。

 **知识拓展**

知识拓展1　做好施工准备工作的意义

1. 遵循建筑施工程序

"施工准备"是建筑施工程序的一个重要阶段。现代工程施工是十分复杂的生产活动，其技术规律和社会主义市场经济规律要求工程施工必须严格按建筑施工程序进行。只有认真做好施工准备工作，才能取得良好的建设效果。

2. 降低施工风险

就工程项目施工的特点而言，其生产受外界干扰及自然因素的影响较大，因而施工中可能遇到的风险就多。只有充分做好施工准备工作，采取预防措施，加强应变能力，才能有效地降低风险损失。

3. 创造工程开工和顺利施工条件

工程项目施工中不仅需要耗用大量材料，使用许多机械设备、组织安排各工种人力。涉及广泛的社会关系，而且还要处理各种复杂的技术问题、协调各种配合关系，因而需要通过统筹安排和周密准备，才能使工程顺利开工，开工后能连续、顺利地施工且能得到各方面条件的保证。

4. 提高企业经济效益

认真做好工程项目施工准备工作，能调动各方面的积极因素，合理组织资源进度、提高工程质量、降低工程成本，从而提高企业经济效益和社会效益。

实践证明，施工准备工作的好与坏，将直接影响建筑产品生产的全过程。凡是重视和做好施工准备工作，积极为工程项目创造一切有利的施工条件，则该工程能顺利开工，取得施工的主动权；反之，如果违背施工程序，忽视施工准备工作或工程仓促开工，必然在工程施工中受到各种矛盾掣肘、处处被动，以致造成重大的经济损失。

知识拓展2　业主施工现场准备工作

1. 办理土地征用、拆迁补偿、平整施工场地等工作，使施工场地具备施工条件，在开工后继续负责解决以上事项遗留问题。

2. 将施工所需水、电、电信线路从施工场地外部接至专用条款约定地点，保证施工期间的需要。

3. 开通施工场地与城乡公共道路的通道，以及专用条款约定的施工场地内的主要道路，满足施工运输的需要，保证施工期间的畅通。

4. 向承包人提供施工场地的工程地质和地下管线资料，对资料的真实准确性负责。

5. 办理施工许可证及其他施工所需证件、批件和临时用地、停水、停电、中断道路交通、爆破作业等的申请批准手续(证明承包人自身资质的证件除外)。

6. 确定水准点与坐标控制点，以书面形式交给承包人，进行现场交验。

7. 协调处理施工场地周围地下管线和邻近建筑物、构筑物(包括文物保护建筑)、古树名木的保护工作，承担有关费用。

知识拓展3　拆除障碍物

1. 施工现场内的一切地上、地下障碍物，都应在开工前拆除。

2. 对于房屋的拆除，一般只要把水源、电源切断后即可进行拆除。若采用爆破的方法时，必须经有关部门批准，需要由专业的爆破作业人员来承担。

3. 架空电线(电力、通信)、地下电缆(包括电力、通信)的拆除，要与电力部门或通信部门联系并办理有关手续后方可进行。

4. 自来水、污水、煤气、热力等管线的拆除，都应与有关部门取得联系，办好手续后由专业公司来完成。

5. 场地内若有树木，需报园林部门批准后方可砍伐。

6. 拆除障碍物的，留下的渣土等杂物都应清出场外。

任务五　施工现场人员准备工作

任务描述

熟悉项目组织机构建设的要求与原则；组织精干的施工队伍。

任务分析

工程项目是否按照目标完成，很大程度上取决于承担这一工程的施工人员的素质。劳动力组织准备(包括施工管理层和作业层)主要内容包括：项目组织机构建设；组织精干的施工队伍；优化劳动组合与技术培训；建立健全各项管理制度；做好分包安排；组织好科研攻关六个方面。

相关知识

一、项目组织机构建设

1. 项目组织机构的设置应遵循的原则

(1)目的性原则。施工项目组织机构的设置是为了产生组织功能，实现施工项目管理的总目标。从这一根本目标出发，就会因目标设事、因事设机构定编制，按编制设岗位定人员，以职责定制度授权力。

(2)精干、高效原则。施工项目组织机构的人员设置，以能实现施工项目所要求的工作任务为原则，尽量简化机构，做到精干、高效。人员配置要从严控制二三线人员，力求一专多能、一人多职。同时，还要增加项目管理班子人员的知识含量，着眼于使用和学习锻炼相结合，以提高人员素质。

(3)管理跨度和分层统一的原则。管理跨度也称管理幅度，是指一个主管人员直接管理的下属人员数量。跨度大，管理人员的接触关系增多，处理人与人之间关系的数量随之增大。项目经理在组建组织机构时，必须认真设计切实可行的跨度和层次，画出机构系统图，以便讨论、修正、按设计组建。

(4)业务系统化管理原则。由于施工项目是一个开放的系统，由众多子系统组成一个大系统，各子系统之间，子系统内部各单位工程之间，不同组织、工种、工序之间，存在着大量结合部，这就要求项目组织也必须是一个完整的组织结构系统，恰当分层和设置部门，以便在结合部上能形成一个相互制约、相互联系的有机整体，防止产生职能分工、权限划分和信息沟通上相互矛盾或重叠。要求在设计组织机构时以业务工作系统化原则作指导，周密考虑层间关系、分层与跨度关系、部门划分、授权范围、人员配备及信息沟通等；使组织机构自身成为一个严密的、封闭的组织系统，能够为完成项目管理总目标而实行合理分工及协作。

(5)弹性和流动性原则。工程建设项目的单件性、阶段性、露天性和流动性是施工项目生产活动的主要特点，必然带来生产对象数量、质量和地点的变化，带来资源配置的品种和数量变化。于是，要求管理工作和组织机构随之进行调整，以使组织机构适应施工任务的变化。这就是说，要按照弹性和流动性的原则建立组织机构，不能一成不变。要准备调整人员及部门设置，以适应工程任务变动对管理机构流动性的要求。

(6)项目组织与企业组织一体化原则。项目组织是企业组织的有机组成部分，企业是它的母体。归根结底，项目组织是由企业组建的。从管理方面来看，企业是项目管理的外部环境，项目管理的人员全部来自企业，项目管理组织解体后，其人员仍回企业。即使进行组织机构调整，人员也是进出于企业人才市场。施工项目的组织形式与企业的组织形式有关，不能离开企业的组织形式去谈项目的组织形式。

2. 项目经理部设立的步骤

(1)根据招标文件要求和企业总部批准的"项目管理规划大纲"确定项目经理部的组织形式和管理任务。组织形式和管理任务的确定已充分考虑项目特点、规模以及企业管理水平和人员素质等综合因素。组织形式和管理任务的确定是项目经理部设置的前提和依据，对项目经理部的结构和层次起着决定性的作用。

(2)确定项目经理部的层次，设立职能部门与工作岗位。根据项目经理部的组织形式和管理任务确定项目经理部的结构层次。在职能部门和工作岗位的设置时，除适应企业已有的管理模式外，同时还考虑了命令传递的高效化和项目经理部成员工作途径的适应性。

(3)根据部门和岗位设置确定管理人员、岗位职责，明确沟通途径和指令渠道。

(4)在组织分工确定后，项目经理根据"项目管理目标责任书"对项目管理目标进行分解、细化，使得目标落实到岗、到人。

(5)在项目经理的领导下，进一步制定项目经理部的管理制度，做到责任具体、权力到位、利益明确。在此基础上，详细制定目标责任考核和奖惩制度，使得勤有所奖、懒有所罚，从而保证项目经理部的运行有章可循。

3. 项目经理部的组织形式

项目经理部机构设置和人员配备要依据项目规模和施工难易程度决定。一般可设三部一室：计财部、工程部、物资部、办公室。由项目经理、副经理、总工程师或技术负责人、部长、经营、技术等专业人员组成。

(1)项目经理是公司法人代表在工程项目上的全权代理人，A、B、C、D类项目经理由建设公司或分公司聘任，E、F类项目经理可由建设公司或委托分公司、专业公司聘任。

(2)大型项目可设项目副经理1～2人，其职责由项目经理确定。部门负责人按一部一长制设置。

(3)项目经理部管理人员，除财务人员实行委派制、总工程师或技术负责人由建设公司总工程师委派(或项目经理提名，建设公司总工程师批准)外，其他人员由项目经理提名，双向选择、竞争上岗。在符合国家规定的专业管理岗位所要求的条件下，经人力资源部资格审定后办理相关手续。

(4)除国家、企业规定必须专职的岗位以外，鼓励兼职、一人多岗。

(5)项目经理应实行亲属回避制，配偶及直系亲属不得在项目经理部担任有直接利害关系的职务，管理人员也不得参与分包或变相分包工程。

(6)项目管理人员在控制总人数的前提下可根据项目的需要进行调整。为保证项目管理工作的连续性，原则上造价、财务、技术、材料等管理人员不宜中途更换。确需调动人员时，经项目经理同意后，报人力资源部办理审批调动手续并报项目管理处备案。

4. 施工作业人员

项目上使用劳务人员应坚持优先选用本企业劳务人员的原则，在本企业劳务人员不能满足的情况下，项目经理部提出用工计划，报项目管理处、人力资源部备案，方可从社会引入具有相应资质等级的成建制施工队伍或招聘劳务人员，并签订工程分包合同、劳务合同或劳务用工合同，对合同应依法公证。

二、组织精干的施工队伍

施工队伍的建立要认真考虑专业、工种的合理配合，技工、普工的比例要满足合理的劳动组织，专业工种工人要持证上岗，要符合流水施工组织方式的要求，确定建立施工队组，要坚持合理、精干、高效的原则；人员配置要从严控制二三线管理人员，力求一专多能、一人多职。同时，制定出该工程的劳动力需要量计划。建筑安装工程施工队伍主要有基本、专业和外包施工队伍三种类型。

基本施工队伍是建筑施工企业组织施工生产的主力，应根据工程的特点、施工方法和流水施工的要求恰当地选择劳动组织形式。土建工程施工一般采用混合施工班组较好，其特点是：人员配备少，工人以本工种为主，兼做其他工作，施工过程之间搭接比较紧凑，劳动效率高，也便于组织流水施工。

专业施工队伍主要用来承担机械化施工的土方工程、吊装工程、钢筋气压焊。

施工和大型单位工程内部的机电安装、消防、空调、通信系统等设备安装工程。也可将这些专业性较强的工程外包给其他专业施工单位来完成。

外包施工队伍主要用来弥补施工企业劳动力的不足。随着建筑市场的开放、用工制度的改革和建筑施工企业的精兵简政，施工企业仅靠自己的施工力量来完成施工任务已远远不能满足需要，因而将越来越多地依靠组织外包施工队伍来共同完成施工任务。外包施工队伍大致有三种形式：独立承担单位工程施工、承担分部分项工程施工和参与施工单位施工队组施工，前两种形式居多。

施工经验证明，无论采用哪种形式的施工队伍，都应遵循施工队组和劳动力相对稳定的原则，以利于保证工程质量和提高劳动效率。

1. 组织劳动力进场，妥善安排各种教育，做好职工的生活后勤服务

施工前，企业要对施工队伍进行劳动纪律、施工质量及安全教育，注意文明施工，而且还要做好职工、技术人员的培训工作，使之达到标准后再上岗操作。

此外，还要特别重视职工的生活后勤服务保障准备，要修建必要的临时房屋，解决职工居住、文化生活、医疗卫生和生活供应之用，在不断提高职工物质文化生活水平的同时，注意改善工人的劳动条件，如照明、取暖、防雨(雪)、通风、降温等，重视职工身体健康，这也是稳定职工队伍、保障施工顺利进行的基本因素。

2. 技术交底

技术交底是施工企业技术管理的一项重要制度。它是指工程正式开工之前，由上级技术负责人就施工中有关技术问题向执行者进行交代的工作。其目的是使参加施工的人员对工程及其技术要求做到心中有数，以便科学地组织施工和按合理的工序、工艺进行作业。要做好技术交底工作，必须明确技术交底的具体内容，并搞好技术交底的分工。

(1)技术交底的内容。技术交底的内容，主要包括施工图纸交底、施工组织设计交底、设计变更和洽商交底以及分项工程技术交底等。

1)施工图纸交底。施工图纸交底是保证工程施工顺利进行的关键，其目的在于使技术人员和施工人员了解工程的设计特点、构造、做法、要求、使用功能等，以便了解和掌握设计意图和设计重点，按图纸施工。

2)施工组织设计交底。施工组织设计交底是将施工组织设计的全部内容向施工人员交代，以便了解和掌握工程特点、施工部署、任务划分、施工方法、施工进度、各项管理措施、质量要求、平面布置等，用先进的技术手段和科学的组织手段完成施工任务。

3)设计变更和洽商交底。将设计变更的结果向施工人员和管理人员做统一的说明，便于统一口径，避免出现差错。同时，也应当算清经济账。

4)分项工程技术交底。分项工程技术交底是各级技术交底的关键，是直接对操作人员的具体交底。主要包括施工工艺、技术安全措施、规范要求、质量标准，新结构、新工艺、新材料工程的特殊要求等。分项工程技术交底的具体内容包括以下几个方面：

①图纸要求。对于图纸要求，主要包括设计施工图(包括设计变更)中的平面位置、标高以及预留孔洞、预埋件的位置、规格大小的数量等。

②材料要求。对于材料的要求，主要包括所用材料的品种、规格和质量要求等。

③施工方法。对于施工方法，主要包括各工序的施工顺序和工序搭接等要求。同时，应说明各施工工序的施工操作方法、注意事项、保证质量措施、安全施工措施和节约材料措施。

④各项制度。各项制度主要包括向施工班组交代清楚施工过程中应贯彻执行的各项制度，如自检、互检、交接检查制度（要求上道工序检查合格后，方可进行下道工序的施工）和样板制、分部分项工程质量评定及现场其他各项管理制度的具体要求。

(2)技术交底的方法。技术交底应根据装饰工程的规模和技术复杂程度不同，而采用不同的技术交底方法。

1)对于重点工程或规模较大、技术复杂的工程，应由公司总工程师组织有关部门（如技术处、质检处、生产处等），向分公司和有关施工单位交底，交底的依据是公司编制的施工组织设计。

2)对于中小型装饰工程，一般由分公司的主任工程师或项目部的技术负责人，向有关职能人员或施工队（或工长）交底，当工长接受交底后，应对关键性项目、部位、新技术推广项目，反复、细致地向操作班组进行交底。必要时，也要示范操作或做样板。

3)班组长在接受交底后，应组织工人进行认真讨论，保证明确设计和施工的意图，按技术交底的要求进行施工。

技术交底分为口头交底、书面交底和样板交底等多种形式。如无特殊情况，各级技术交底工作最好以书面交底为主，口头交底为辅。书面交底应由交接双方签订，作为技术档案归档。对于重点工程或规模较大、技术复杂的工程项目，应以样板交底、书面交底和口头交底相结合。样板交底包括施工分层做法、工序搭接、质量要求、成品保护等内容，待技术交底双方均认可样板操作并签字后，按样板做法施工。

(3)技术交底的要求。技术交底是一项技术性很强的工作，对于保证装饰工程质量至关重要，不但要领会设计意图，而且还要贯彻上一级技术领导的要求。技术交底必须满足施工规范、规程、工艺标准、质量检验评定标准和业主的合理要求。所有技术交底的资料，都是施工中的技术资料，要列入工程技术档案。技术交底最终还是以书面形式进行，经过检查与审核，有签发人、审核人、接受人的签字。在整个装饰工程施工中，各分部分项工程均必须进行技术交底，对于特殊和隐蔽工程，更应当进行认真的技术交底。在技术交底时，应着重强调易发生质量问题与工伤事故的工程部位，防止各类事故的发生。

三、建立健全各项管理制度

根据国家有关安全生产的法律、法规、规范、标准，企业应建立以下几项安全管理基本制度。

1. 建立健全安全生责任制

安全生产责任制是安全管理的核心，是保障安全生产的重要手段，有效地预防事故的发生。

安全生产责任制是根据"管生产必须管安全""安全生产人人有责"的原则，明确各级领导和各职能部门及各类人员在生产活动中应负的安全职责。有了安全生产责任制，就能把安全与生产从组织形式上统一起来，将管生产必须管安全的原则从制度上固定下来，从而增强了各级管理人员的安全责任心，使安全管理纵向到底、横向到边、专管成线、群管成网、责任明确、协调配合、共同努力，真正把安全生产工作落到实处。

安全生产责任制的内容要分级的制定和细化，如企业、项目、班组都应建立安全生产责任制，按其职责分工，确定各自的安全责任，并组织实施和考评，保证安全生产责任制的落实。

2. 制定安全教育制度

安全教育制度是企业对职工进行安全法律、法规、规范、标准、安全知识和操作规程培训教育的规定，是提高职工安全意识的重要手段，是企业安全管理的一项重要内容。

安全教育制度内容应规定：定期和不定期安全教育的时间、应受教育的人员、教育的内容及形式，如新工人、外施队人员等进场前必须接受三级（公司、项目、班组）安全教育。

对危险性较大的特殊工种必须经过专门的培训机构培训合格后持证上岗，每年还必须进行一次安全操作规程的训练和再教育。对采用新工艺、新设备、新技术和变换工种的人员，进行安全操作规程和安全知识的培训与教育。

3. 制定安全检查制度

安全检查是发现隐患、消除隐患、防止事故、改善劳动条件和环境的重要措施，是企业预防安全生产事故的一项重要手段。

安全检查制度内容应包括。安全检查负责人、检查时间、检查内容和检查方式。其包括经常性的检查、专业性的检查、季节性的检查和专项性的检查，以及群众性的检查等。对于检查出的隐患应登记，并采取定人、定时间、定措施的"三定"办法给予解决。同时，对整改情况应进行复查验收，确保隐患彻底的消除。

4. 制定各工种安全操作规程

工种安全操作规程消除和控制劳动过程中的不安全行为，预防伤亡事故，确保作业人员的安全和健康，也是企业安全管理的重要制度之一。

安全操作规程的内容应根据国家和行业安全生产法律、法规、标准、规范，结合施工现场的实际情况制定出各工种的安全操作规程。同时，应根据现场使用的新工艺、新设备、新技术，制定出相应的安全操作规程并监督其实施。

5. 制定安全生产奖罚办法

企业必须制定安全生产奖罚办法，目的是不断提高劳动者进行安全生产的自觉性，调动劳动者的积极性和创造性，防止和纠正违反法律、法规和劳动纪律的行为，也是企业安全管理重要制度之一。

安全生产奖罚办法的内容。规定了奖罚的目的、条件、种类、数额、实施程序等。企业只有建立安全生产奖罚办法，做到有奖有罚、奖罚分明，才能鼓励先进、督促落后。

6. 制定施工现场安全管理规定

施工现场安全管理规定是施工现场安全管理制度的基础，目的是规范施工现场安全防护设施的标准化、定型化。

施工现场安全管理规定的内容包括施工现场一般安全规定、安全技术管理、脚手架工程安全管理（包括特殊脚手架、工具式脚手架等）、电梯井操作平台安全管理、马道搭设安全管理、大模板拆装存放安全管理、水平安全网支搭拆除安全管理、井字架和龙门架安全管理、孔洞临边防护安全管理、拆除工程安全管理和防护棚支搭安全管理等。

7. 制定机械设备安全管理制度

机械设备是指目前建筑施工普遍使用的垂直运输和加工机具，由于机械设备本身存在一定的危险性，如果管理不当可能造成机毁人亡，所以，它是目前施工安全管理的重点。

机械设备安全管理制度应规定，大型设备应到上级有关部门备案，遵守国家和行业有关规定，还应设专人负责定期进行安全检查、保养制度，保证机械设备处于良好的状态，以及各种机械设备的安全管理制度。

8. 制定施工现场临时用电安全管理制度

施工现场临时用电是目前建筑施工现场离不开的一项设备，由于其使用广泛、危险性比较大，因此，它牵涉到每个劳动者的安全，也是施工现场一项重点的安全管理制度。

施工现场临时用电管理制度的内容，应包括外电的防护、地下电缆的保护、设备的接地与接零保护、配电箱的设置及安全管理规定(总箱、分箱、开关箱),现场照明、配电线路、电器装置、变配电装置、用电档案的管理等。

9. 制定生产安全事故报告和调查处理办法

制定生产安全事故报告和调查处理办法,目的是规范生产安全事故的报告和调查处理,主要为查明事故原因,吸取教训,采取改进措施,防止事故重复发生。生产安全事故报告和调查处理办法也是企业安全管理的一项重要内容。

制定生产安全事故报告和调查处理制度的内容:主要是企业内部生产安全事故的报告程序、内容和要求;同时,根据生产安全事故的情况成立事故调查组;生产安全事故的调查程序、调查组人员的组成、调查组人员的分工和职责事故调查报告的时间、内容、要求;以及对事故责任人的处理和采取防止同类事故发生的措施等。

10. 制定劳动防险用品管理制度

劳动防险用品是为了减轻或避免劳动过程中,劳动者受到的伤害和职业危害,是保护劳动者安全健康的一项预防性辅助措施,是安全生产防止职业性伤害的需要,对于减少职业危害起着相当重要的作用。

劳动防险用品管理制度的内容主要包括安全网、安全帽、安全带、绝缘用品、防职业病用品等的采购、验收、发放、使用、维护等的管理要求。

11. 建立应急救援预案

《中华人民共和国安全生产法》规定,生产经营单位必须建立应急救援组织,建立应急救援的目的是保障一旦发生生产安全事故,迅速启动预案,采取有效措施,组织抢救,防止事故扩大,减少人员伤亡和财产损失。

应急救援预案的主要内容应包括应急救援组织机构、应急救援程序、应急救援要求、应急救援器材、设备的配备、应急救援人员的培训、应急救援的演练等,保证应急救援的正常运转。

12. 其他制度

除以上主要的安全管理制度外,企业还应建立有关的安全管理制度,如安全值班制度、班前安全活动制度、特种作业安全管理制度、安全资料管理制度、总(分)包安全管理制度等,使企业安全管理更加完善和有效,达到以制度管理安全。

☑ **任务实施**

(1)项目组织机构建设。
(2)组织精干的施工队伍。
(3)建立健全各项管理制度。

➤ **知识拓展**

知识拓展1 国家发政委关于基本建设大中型项目开工条件的规定

(1)项目法人已经设立。
(2)项目初步设计及总概算已经批复。

(3)项目资本金和其他建设资金已经落实。

(4)项目施工组织设计大纲已经编制完成。

(5)项目主体工程(或控制性工程)的施工单位已经通过招标选定,施工承包合同已经签订。

(6)项目法人与项目设计单位已签订设计图纸交付协议。

(7)项目施工监理单位已通过招标选定。

(8)项目征地、拆迁的施工场地"四通一平"(即水通、电通、路通、通信和场地平整)工作已经完成,有关外部配套生产条件已签订协议。项目主体工程(或控制性工程)施工准备工作已经做好,具备连续施工的条件。

(9)项目建设需要的主要设备和材料已经订货,项目所需建筑材料已落实来源和运输条件,并已备好连续施工三个月的材料用量。需要进行招标采购的设备、材料,其招标组织机构落实,采购计划与工程进度相衔接。

知识拓展2 工程项目开工条件的规定

(1)施工许可证已获政府主管部门批准。

(2)征地拆迁工作能满足工程进度的需要。

(3)施工组织设计已获总监理工程师批准。

(4)施工单位现场管理人员已到位,机具、施工人员已进场,主要工程材料已落实。

(5)进场道路及水、电、通风等已满足开工要求。

拓展实训

1. 项目组织机构建设包括哪些基本内容?

2. 如何组织精干的施工队伍?

3. 怎样建立健全各项规章制度?

项目二 流水施工

1. 了解施工的组织方式、组织流水的条件和要点。
2. 了解工艺参数的概念，掌握施工过程数的确定。
3. 掌握施工段与施工层的确定以及工作面大小的确定。
4. 了解流水节拍的确定。
5. 了解流水步距的计算与工期的计算。
6. 掌握组织流水的条件和要点。
7. 掌握成倍流水施工的组织方式与特点。
8. 了解无节奏流水施工的组织方式与特点。

1. 能合理选择施工组织方式。
2. 能够划分流水施工的施工过程数。
3. 能够确定流水施工的空间参数。
4. 能够确定流水施工的时间参数。
5. 能合理选择流水施工组织方式。
6. 能合理选择成倍流水施工组织方式。
7. 掌握无节奏(分别)流水组织方式。

1. 施工段的划分与施工过程的确定。
2. 流水步距的求解。
3. 无节奏流水施工的组织。

成倍节拍流水施工工期计算。

16学时。

任务一 流水施工原理

任务描述

确定施工的组织方式；组织流水的条件和要点。

任务分析

流水施工为工程项目组织实施的一种管理形式，就是由固定组织的工人在若干个工作性质相同的施工环境中依次连续地工作的一种施工组织方法。工程施工中，可以采用依次施工(也称顺序施工法)、平行施工和流水施工等组织方式。对于相同的施工对象，当采用不同的作业组织方法时，其效果也各不相同。

相关知识

统筹管理是中国著名数学家华罗庚，于1960年左右在中国推行统筹法进行的企业管理。统筹法是通过重组、打乱、优化等手段改变原本的固有办事格式，优化办事效率的一种方法。

"流水线"是20世纪初，美国工程师泰勒(泰勒是科学管理之父)发明的，也称泰勒制。泰勒制(工业管理方法)是管理界最有价值的发明，它可以使作业标准化、规范化，可以提高生产效率——也称科学管理。美国福特汽车公司最先使用流水线生产。

统筹法与流水线在建筑施工中得到应用，合理地进行建筑工程的施工组织与管理，考虑到了几点基本要求：连续性、协调性、均衡性、平行性和适应性。

建筑工程的"流水施工"来源于工业生产安装的"流水作业"，实践证明，它是组织施工的一种行之有效的方法。下面主要叙述建筑工程流水施工的基本概念、基本方法和具体应用。

一、流水施工

1. 施工组织方式

任何一个建筑装饰工程都是由许多施工过程组成的，而每一个施工过程可以组织一个或多个施工班组来进行施工。如何组织各施工班组的先后顺序或平行搭接施工，是组织施工中的一个最基本的问题。通常，组织施工时有依次施工、平行施工和流水施工三种方式，现将这三种方式的特点和效果分析如下：

(1)依次施工组织方式。依次施工又称"顺序施工"，是各施工段或施工过程依次开工、依次完成的一种施工组织方式。它是一种最基本的、最原始的施工组织方式。

优点：每天投入的劳动力较少，机具、设备使用不集中，材料供应较单一，施工现场管理简单，便于组织和安排。

缺点：班组施工及材料供应无法保持连续、均衡，工人有窝工的情况或不能充分利用工作面，工期长。

【例 2-1】 某建筑工程为二层，其室内装饰工程有四个施工过程：天棚抹灰（2 天）、内墙抹灰（1 天）、水泥地面（2 天）、门窗安装（1 天），若采用依次施工，其施工进度安排如图 2-1 和图 2-2 所示。

施工过程	班组人数	施工进度/天											
		1	2	3	4	5	6	7	8	9	10	11	12
天棚抹灰	10												
内墙抹灰	20												
水泥地面	30												
门窗安装	10												

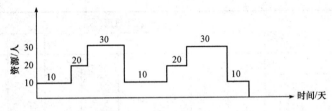

图 2-1 依次施工（按施工段）

施工过程	班组人数	施工进度/天											
		1	2	3	4	5	6	7	8	9	10	11	12
天棚抹灰	10												
内墙抹灰	20												
水泥地面	30												
门窗安装	10												

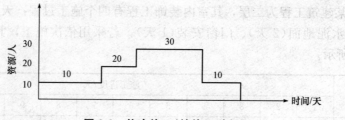

图 2-2 依次施工(按施工过程)

由此可见，采用依次施工不但工期拖得较长，而且在组织安排上也不尽合理。当规模较小且施工工作面又有限时，依次施工是适合的，也是常见的。

（2）平行施工组织方式。平行施工组织方式是指所有工程任务的各施工段同时开工、同时完工的一种施工组织方式。

优点：完全利用了工作面，大大缩短了工期。

缺点：施工的专业工作队数目大大增加，工作队的工作仍然有间歇，劳动力及物资资源的消耗相对集中。

在例 2-1 中，采用平行施工组织方式，其施工进度计划如图 2-3 所示。

施工过程	班组人数	施工进度/天											
		1	2	3	4	5	6	7	8	9	10	11	12
天棚抹灰	10												
内墙抹灰	20												
水泥地面	30												
门窗安装	10												

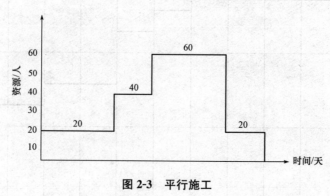

图 2-3 平行施工

由图 2-3 可以看出，平行施工组织方式的特点是充分利用了工作面，完成工程任务的时间最短；施工队组成倍增加，机具设备也相应增加，材料供应集中；临时设施、仓库和堆场面积也要增加，从而造成组织安排和施工管理困难，增加了管理费用。

平行施工一般适用于工期要求紧，大规模建筑群及分期组织施工的工程任务。该方法只有在各方面的资源供应有保障的前提下，才是合理的。

(3)流水施工组织方式。流水施工组织方式是指所有施工过程按一定的时间间隔依次施工。各个施工过程陆续开工、陆续竣工，使同一施工过程的施工班组保持连续、均衡施工，不同的施工过程尽可能采用平行搭接施工的组织方式。

在例 2-1 中，采用流水施工组织方式，其施工进度计划如图 2-4 所示。

施工过程	班组人数	施工进度/天											
		1	2	3	4	5	6	7	8	9	10	11	12
天棚抹灰	10												
内墙抹灰	20												
水泥地面	30												
门窗安装	10												

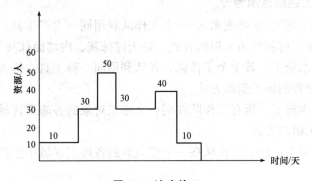

图 2-4　流水施工

由图 2-4 可以看出：流水施工所需的时间比依次施工短，各施工过程投入的劳动力比平行施工少；各施工队组的施工和物资的消耗具有连续性和均衡性，前后施工过程尽可能平行搭接施工，比较充分地利用了施工工作面；机具、设备、临时设施等比平行施工少，节约施工费用支出；材料等组织供应均衡。组织流水施工具有较好的经济效益，其优点如下：

1)充分、合理地利用工作面，减少或避免"窝工"现象，缩短工期。

2)资源消耗均衡，从而降低了工程费用。

3)能保持各施工过程的连续性、均衡性，从而提高了施工管理水平和技术经济效益。

4)能使各施工班组在一定时期内保持相同的施工和连续均衡施工，从而有利于提高劳动生产率。

2. 组织流水施工的条件

流水施工的实质是分工协作与成批生产。在社会化大生产的条件下，分工已经形成，由于建筑装饰产品体型庞大，通过划分施工段可以将单件产品变成假想的多个产品。组织流水施工的条件主要有以下几点：

(1)划分分部分项工程。首先，将拟建装饰工程根据工程特点及施工要求，划分为若干个分部工程，每个分部工程又根据施工工艺要求、工程量大小、施工队组的组成情况，划分为若干个施工过程(即分项工程)。

(2)划分施工段。根据组织流水施工的需求，将所建工程在平面或空间上，划分工程量大致相等的若干个施工区段。

(3)每个施工过程组织独立的施工班组。在一个流水施工中，每个施工过程尽可能组织独立的施工班组。其形式可以是专业队，也可以是混合班组，这样可以使每个施工队组按照施工顺序依次地、连续地、均衡地从一个施工段转移到另一个施工段进行相同的施工操作。

(4)主要施工过程的施工班组必须连续、均衡施工。对工程量较大、施工时间较长的施工过程，必须组织连续、均衡地施工；对其他次要施工过程，可考虑与相邻的施工过程合并或在有利缩短工期的前提下，安排其间断施工。

(5)不同施工过程尽可能组织平行搭接施工。按照施工先后顺序要求，在有工作面的条件下，除必要的技术和组织间歇时间外，尽可能组织平行搭接施工。

二、建筑工程流水施工的分类

建筑工程施工流水作业按不同的分类标准，可分为不同的类型。

1. 按流水施工的组织范围划分

(1)分项工程流水施工(细部流水)。一个工作队利用同一生产工具，依次连续地在各施工区域中完成同一施工过程的施工组织方式，如天棚抹灰、内墙面抹灰等。

(2)分部工程流水施工。若干个工作队，各队利用同一种工具，依次连续地在各施工区域中完成同一施工过程的施工组织方式。

(3)单位工程流水施工。所有工作队在同一个施工对象的各施工区域中依次连续地完成各自同样工作的施工组织方式。

(4)建筑群流水施工。所有工作队在一个建筑群的各施工区域中依次连续地完成各自同样工作的组织方式。

(5)分别流水施工。分别流水是将若干个分别组织的分部工程流水，按照施工工艺顺序和要求搭接起来，组织成一个单位工程或建筑群的流水施工。

前两种流水是流水施工的基本形式，其中以分部工程流水较为普遍，所以，本书主要以分部工程流水为基础来阐明建筑装饰工程施工流水作业的一般原理和组织方法。

2. 按流水节拍的特征划分

(1)节奏性专业流水施工。

(2)非节奏性专业流水施工。

流水施工的表达方式有三种，即横道图、斜线图和网络图。

(1)组织施工的基本方式。

(2)组织流水施工的条件。

(3)组织流水施工的要点。

(4)组织流水施工的经济效果。

组织合理流水，具有较好的经济效果。主要表现为以下几个方面：

1)前后施工过程衔接紧凑，消灭了不必要的时间间歇，使施工得以连续进行，后续工作尽可能提前在不同的工作面上开展，从而加快施工进度，缩短工程工期。根据各施工企业开展流水施工的效果比较，比依次施工总工期可缩短1/3左右；

2)各个施工过程均采用专业班组操作，可提高工人的熟练程度和操作技能，从而提高工人的劳动生产率，同时，工程质量也易于保证和提高；

3)采用流水施工，使得劳动力和其他资源的使用比较均衡，从而可避免出现劳动力和资源的使用出现大起大落的现象，减轻施工组织者的压力，为资源的调配、供应和运输带来方便；

4)由于上述工期缩短、工作效率提高，资源消耗等因素共同作用，可以减少临时设施及其他一些不必要的费用，从而减少工程的直接费而最终降低工程总造价。

上述经济效果都是在不需要增加任何费用的前提下取得的，可见，流水施工是实现施工管理科学化的重要组成内容，是与建筑设计标准化、构配件生产工厂化、施工机械化等现代施工内容紧密联系、相互促成的，是实现施工企业进步的重要手段。

🖥️➤ 拓展实训

1. 组织施工有哪些方式？各自有哪些特点？

2. 组织流水施工的要点和条件有哪些？

3. 某四幢相同的砌体结构房屋的基础工程，划分为基槽挖土、混凝土垫层、砖砌基础、回填土四个施工过程，每个施工过程安排一个施工队组，一般制施工，其中，每幢楼挖土方工作队由16人组成，2天完成；垫层工作队由30人组成，1天完成；砌筑基础工作队由20人组成，3天完成；回填土工作队由10人组成，1天完成。按照依次施工组织方式施工，试组织依次、平行、流水施工。

任务二　流水施工参数

📋任务描述

确定施工过程数；确定空间参数；计算时间参数。

流水施工参数是在组织拟建工程项目流水施工时，用以表达流水施工在工艺流程、空间布置和时间安排等方面开展状态的参数。它主要包括工艺参数、空间参数和时间参数三类。

流水施工参数是在组织拟建工程项目流水施工时，用以表达流水施工在工艺流程、空间布置和时间排列等方面开展状态的参数，且流水施工就是在研究工程特点和施工条件的基础上，通过一系列流水参数的计算来实现的。按其性质不同，流水施工的主要参数有工艺参数、空间参数和时间参数。

一、工艺参数

1. 施工过程

建筑工程的施工，通常由许多施工过程（如挖土、垫层、支模、扎筋、浇筑混凝土等）组成。当然，施工过程所包括的范围可大可小，既可以是分部、分项工程，也可以是单位工程或单项工程。根据工艺性质不同，其可以分为制备类施工过程、运输类施工过程和建筑安装类施工过程。根据具体情况，把一个工程项目划分为若干道具有独自施工工艺特点的个别施工过程，叫作施工过程数（工序），施工过程数一般用字母"n"表示。

将施工对象所划分的工作项目称为施工过程，如室内装饰工程：吊顶→细木装饰→裱糊→电器安装→铺地板→油漆。厨房装饰工程：涂料→砌筑台柜→细木装饰→墙面、柜面→贴饰瓷砖→电器、电热水器安装→铺贴地面材料→油漆→煤气接管等。

施工过程划分的数目多少和粗细程度，一般与下列因素有关（划分施工过程的影响因素）：

(1)施工计划的性质和作用。

(2)施工方案及工程结构。

(3)工程量的大小与劳动力的组织。

(4)施工的内容和范围。

2. 流水强度

流水强度是指某施工过程在单位时间内所完成的工程量，用"V_i"表示。

(1)机械施工过程的流水强度，其计算公式为

$$V_i = \sum R_i S_i \tag{2-1}$$

式中 R_i——i 施工过程的某种施工机械台数；

S_i——i 施工过程的某种施工机械产量定额。

(2)手工操作施工过程的流水强度，其计算公式为

$$V_i = R_i S_i \tag{2-2}$$

式中 R_i——i 施工过程的施工班组人数；

S_i——i 施工过程的施工班组平均产量定额。

二、空间参数

空间参数主要有工作面、施工段和施工层。

1. 工作面

某专业工种的工人在从事建筑产品施工过程中，所必须具备的活动空间，这个活动空间称为工作面。

2. 施工段数

在组织流水施工时，通常把拟建工程项目在平面上划分为劳动量相等或大致相等的若干个施工区段，这些施工区段称为"施工段"。一般用"m"表示。

划分施工段的目的，在于使各施工队(组)能在不同的工作面上平行作业，为各施工队(组)依次进入同一工作面进行流水施工作业创造条件。

划分施工段的一般部位：

(1)设置有伸缩缝、沉降缝的建筑工程，可按此缝为界划分施工段。

(2)单元式的住宅工程，可按单元为界分段。

(3)道路、管线等可按一定长度划分施工段。

(4)多幢同类型建筑，可以以一幢房屋为一个施工段。

(5)装饰工程一般以单元或楼层划分。

划分施工段的原则：

(1)各施工段上所消耗的劳动量相等或大致相等，以保证各施工班组施工的连续性和均衡性。

(2)施工段的数目及分界要合理。

(3)施工段的划分界限要以保证施工质量且不违反操作规程为前提。

(4)当组织楼层结构流水施工时，每一层的施工段数必须大于或等于其施工过程数。即

$$m \geqslant n$$

施工段数与施工过程数的关系，下面来看一个例子。

【例2-2】 某两层结构房屋室内装修，其施工过程为：吊顶→铺设木地板→油漆工程，若各工作队在各施工段上的工作时间均为一天，则施工段与施工过程之间的关系可能有下述三种情况。

(1)当$m < n$时，根据题意画出流水施工指示图，如图2-5所示。

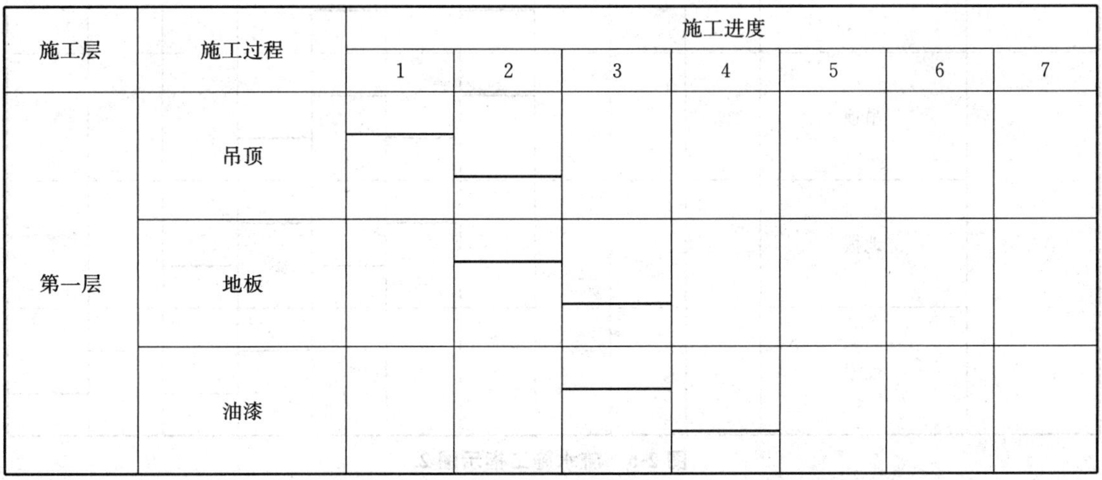

施工层	施工过程	施工进度						
		1	2	3	4	5	6	7
第一层	吊顶							
	地板							
	油漆							

图2-5 流水施工指示图1

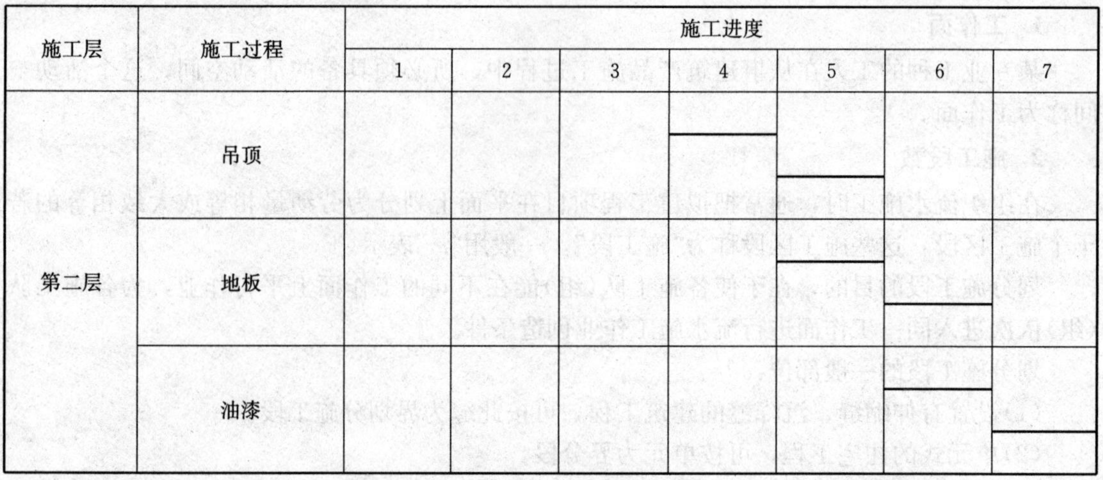

施工层	施工过程	施工进度						
		1	2	3	4	5	6	7
第二层	吊顶				▬	▬		
	地板					▬	▬	
	油漆						▬	▬

图 2-5　流水施工指示图 1(续)

在这种情况下，施工段少于施工过程数，各个施工班组因为没有施工工作面而出现停工现象，施工段上是连续施工的，工作面得到了充分利用。

(2)当 $m>n$ 时，根据题意画出流水施工指示图，如图 2-6 所示。

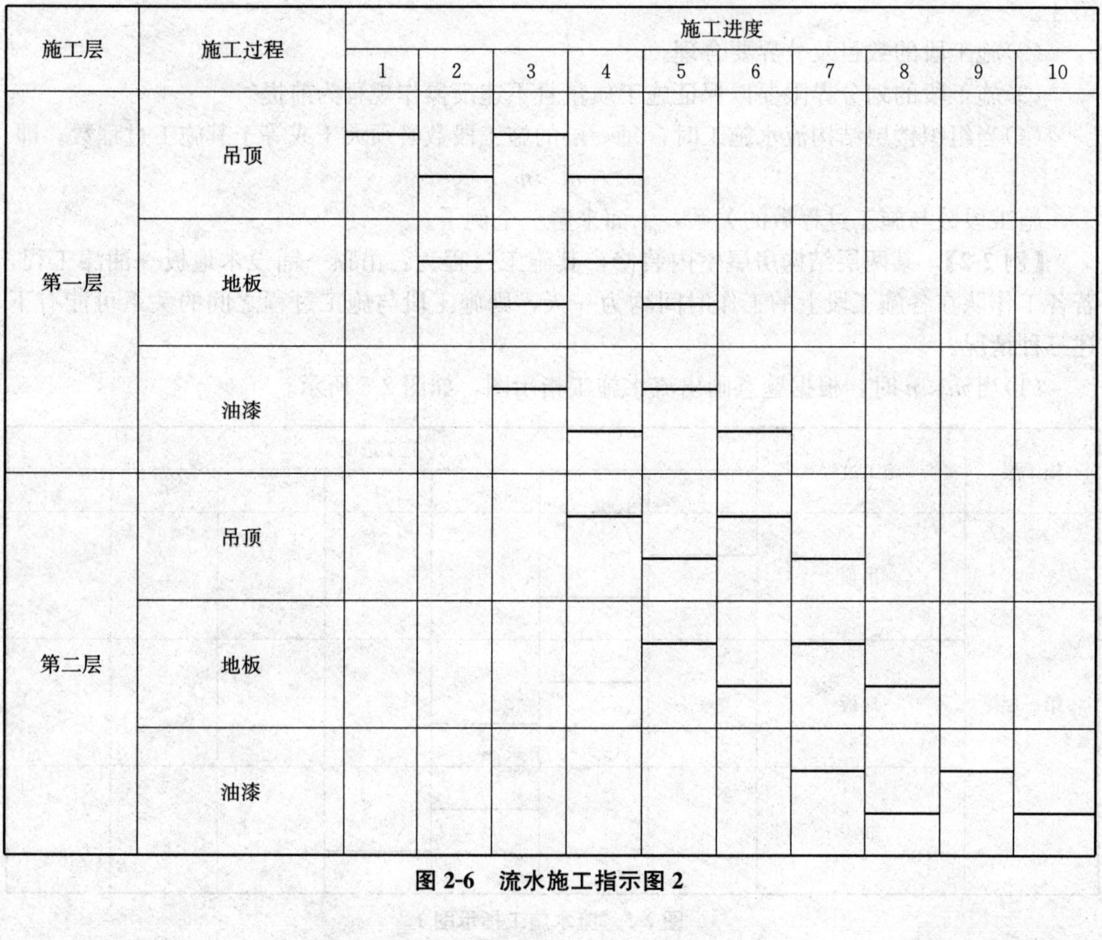

施工层	施工过程	施工进度									
		1	2	3	4	5	6	7	8	9	10
第一层	吊顶	▬	▬								
	地板		▬	▬							
	油漆			▬	▬	▬					
第二层	吊顶				▬	▬	▬				
	地板					▬	▬	▬			
	油漆							▬	▬	▬	▬

图 2-6　流水施工指示图 2

在这种情况下，施工段数多于施工过程数，工作班组都有工作面，工作面有剩余，工作队没有窝工，施工是连续的，但由于施工段数多，工作面小，相对容纳工人数少，影响施工进度。

(3)当 $m=n$ 时，根据题意画出施工指示图表。

在这种情况下，工人既能连续施工，施工段也不出现空闲，是最理想的工作状态。

3. 施工层

为满足竖向流水施工的需要，在建筑物垂直方向上划分的施工区段，称为施工层，一般用"r"表示。

三、时间参数

流水施工的时间参数一般有流水节拍、流水步距、平行搭接时间、技术组织间歇时间、工期等。

1. 流水节拍

流水节拍是指从事某一个施工过程的施工班组在一个施工段上完成施工任务所需的持续时间，称为流水节拍。用符号"t_i"表示。

(1)流水节拍的计算方法。

1)定额计算法。

$$t_i = \frac{Q_i}{S_i R_i N_i} = \frac{P_i}{R_i N_i} \tag{2-3}$$

$$t_i = \frac{Q_i H_i}{R_i N_i} = \frac{P_i}{R_i N_i} \tag{2-4}$$

式中　t_i——某施工过程在 i 施工段上的流水节拍；

　　　Q_i——某施工过程在 i 施工段上要完成的工程量；

　　　S_i——某施工班组的计划产量定额；

　　　H_i——某施工班组的计划时间定额；

　　　N_i——某专业工作队的工作班次；

　　　P_i——某施工班组在第 i 施工段上的劳动量或机械台班量；

　　　R_i——某施工班组的工作人数或机械台数。

2)工期计算法又称倒排进度法，具体步骤如下：

根据工期倒排进度，确定某施工过程的工作延续时间。

确定某施工过程在某施工段上的流水节拍。若同一施工过程的流水节拍不等，则用估算法；若流水节拍相等，则用下式计算：

$$t = T/m \tag{2-5}$$

3)经验估算法。

$$t = (a + 4c + b)/6 \tag{2-6}$$

式中　t——某施工过程在某施工段上的流水节拍；

　　　a——某施工过程在某施工段上的最短估算时间；

　　　b——某施工过程在某施工段上的最长估算时间；

　　　c——某施工过程在某施工段上的最可能估算时间。

(2)确定流水节拍应考虑的因素。

1)施工班组人数要适宜，既要满足最小劳动组合人数的要求，又要满足最小工作面的要求。

最小劳动组合就是指某一施工过程进行正常施工所必需的最低限度的班组人数及其合理组合，如门窗安装就要按技工和普工的最少人数及合理比例组成施工班组，人数过少或比例不当都将引起劳动生产率下降。

最小工作面是指施工班组为保证安全生产和有效操作所必需的工作面。它决定了最高限度可安排多少工人，不能为了赶工期而无限制地增加人数，否则将因为工作面的不足而产生窝工。

2）工作班制要恰当。工作班制的确定要看工期的要求。当工期不紧迫，工艺上又无连续施工要求时，可采用一班制；当组织流水施工时为了给第二天连续施工创造条件，某些施工过程可考虑在夜晚进行，即采用二班制；当工期较紧或工艺上要求连续施工，或为了提高施工机械的使用率时，某些项目考虑三班制。

3）机械的台班效率或机械台班产量的大小。

4）流水节拍值一般取整数或取 0.5 天（台班）的整数倍。

2. 流水步距

两个相邻施工过程的施工班组先后进入同一施工段开始施工的时间间隔，称为"流水步距"。用"$K_{i,i+1}$"表示，即第 $i+1$ 个施工过程必须在第 i 个施工过程开始工作后的 K 天后，再开始与第 i 个施工过程平行搭接。

流水步距一般要通过计算才能确定。

流水步距的大小或平行搭接的多少，对工期影响很大。在施工段不变的情况下，流水步距越小，即平行搭接多，则工期短；反之，则工期长。

流水步距的个数取决于参加流水的施工过程数，如果有 n 个施工过程，则流水步距的总数为 $n-1$ 个。

（1）确定流水步距的原则。

1）始终保持两个相邻施工过程的先后工艺顺序。

2）保证各专业工作队都能连续作业。

3）保证相邻两个专业队在开工时间上最大限度地、合理地搭接。

4）保证工程质量，满足安全生产。

（2）确定流水步距的方法。

1）公式计算法。

$$K_{i,i+1}=\begin{cases} t_i+t_j-t_d & (t_i \leqslant t_{i+1}) \\ mt_i-(m-1)t_{i+1}+t_j-t_d & (t_i > t_{i+1}) \end{cases} \tag{2-7}$$

式中　$K_{i,i+1}$——流水步距；

　　　t_i——第 i 个施工过程的流水节拍；

　　　t_{i+1}——第 $i+1$ 个施工过程的流水节拍；

　　　m——施工段数；

　　　t_d——平行搭接时间；

　　　t_j——技术组织间歇时间。

2）累加数列法。

3. 平行搭接时间（t_d）

在组织流水施工时，有时为了缩短工期，在工作面允许的条件下，如果前一个专业工作队完成部分施工任务后，能够提前为后一个专业工作队提供工作面，使后者提前进入一个施工段，两者在同一个施工段上平行搭接施工。

4. 技术组织间歇时间(t_j)

技术间歇时间，即由于工艺原因引起的等待时间，如砂浆抹面或油漆的干燥时间等。

组织间歇时间，即由于组织技术的因素而引起的等待时间，砌筑墙体之前的弹线、施工人员、机械转移等。

5. 工期

工期是指完成一项工程任务或一个流水组施工所需的时间。其计算公式为

$$T = \sum K_{i,i+1} + T_n \tag{2-8}$$

式中　$K_{i,i+1}$——流水步距；

　　　T_n——最后一个施工过程的施工持续时间。

任务实施

(1)组织施工的基本方式。

(2)组织流水施工的条件。

(3)组织流水施工的要点。

拓展实训

一、简答题

1. 试比较依次施工、平行施工、流水施工各具有哪些特点？

2. 流水施工组织有哪几种类型？

3. 如何绘制流水施工水平指示图和垂直批示图表？

4. 简述流水参数的概念，划分施工段和施工过程的原则。

5. 如何确定流水节拍和流水步距？

6. 试述固定节拍和成倍节拍流水的组织方法。

二、计算题

1. 某工程由A、B、C、D四个分项工程组成，该工程均划分为5个施工段，每个分项工程在各个施工段上的流水节拍均为4 d，要求A完成后，它的相应施工段至少要有组织间歇时间1 d；B完成后，其相应施工段至少要有工艺间歇时间2 d，为缩短计划工期，允许D与C平行搭接时间为1 d。试组织其流水施工。

2. 某项目由Ⅰ、Ⅱ、Ⅲ、Ⅳ等4个施工过程组成，划分2个施工层组织流水施工，施工过程Ⅱ完成后需养护1 d，下一个施工过程才能施工，且层间技术间歇为1 d，流水节拍均为1 d。为了保证工作队连续作业，试确定施工段数，计算工期，绘制流水施工进度。

3. 成倍节拍流水。某构件预制工程有扎筋、支模、浇筑混凝土3个施工过程，分两层叠浇。各施工过程的流水节拍确定为：扎筋时间为4 d；支模时间为2 d；浇筑混凝土时间为2 d。要求模板安装完后，其相应施工段至少应留有2 d检查验收；底层构件混凝土浇筑

后，需养护不少于 2 d，才能进行第二层的施工。在保证各专业工作队连续施工的条件下，求每层施工段数，并编制流水施工方案。

4. 非节奏流水，某项目由 4 个施工过程组成，分别由 4 个专业工作队完成，在平面上划分为 5 个施工段，每个专业工作队在各施工段上的流水节拍见表 2-1，试给出流水施工进度表。

表 2-1　流水施工参数

m＼n	一	二	三	四	五
A	2	3	1	4	7
B	3	4	2	4	6
C	1	2	1	2	3
D	3	4	3	4	3

三、单项选择题

1. 某工程有 6 个施工过程，各组织一个专业队，在 5 个施工段上进行等节奏流水施工，流水节拍为 5 d。其中，第三、第五作业队分别间歇了 2 d、3 d，则该工程的总工期为（　　）d。

A. 35　　　　　　B. 45　　　　　　C. 55　　　　　　D. 65

2. 某工程施工流水节拍见表 2-2，如按分别流水组织施工，则最短工期为（　　）d。

表 2-2　流水施工参数

m＼n	一	二	三	四
A	3	4	3	2
B	2	2	1	2
C	2	2	2	3

A. 18　　　　　　B. 17　　　　　　C. 14　　　　　　D. 16

3. 某工程在第 i 段上的第 j 工程采用了新技术，无现成定额，不便求得施工流水节拍。经专家估算，最短、最长、最可能的时间分别为 12 d、22 d、14 d，则该过程的期望时间应为（　　）d。

A. 14　　　　　　B. 15　　　　　　C. 16　　　　　　D. 18

4. 某工程有三个施工过程，各自的流水节拍分别为 6 d、4 d、2 d；则组织流水施工时，流水步距为（　　）d。

A. 1　　　　　　B. 2　　　　　　C. 4　　　　　　D. 6

5. 某工程相邻两个施工过程的流水节拍分别为Ⅰ过程：2 d、3 d、3 d、4 d。Ⅱ过程：1 d、3 d、2 d、3 d，则Ⅰ、Ⅱ两工程的流水步距为（　　）d。

A. 2　　　　　　B. 4　　　　　　C. 6　　　　　　D. 9

任务三　选择流水施工组织方式

任务描述

选择正确的流水施工组织方式。

任务分析

在流水施工中，根据流水节拍的特征将流水施工分为非节奏流水施工、等节奏流水施工和异节奏流水施工三类。

1. 非节奏流水施工

无节奏流水施工是指在组织流水施工时，全部或部分施工过程在各个施工段上的流水节拍不相等的流水施工。这种施工是流水施工中最常见的一种。

2. 等节奏流水施工

等节奏流水施工是指在有节奏流水施工中，各施工过程的流水节拍都相等的流水施工，也称为固定节拍流水施工或全等节拍流水施工。

3. 异节奏流水施工

异节奏流水施工是指在有节奏流水施工中，各施工过程的流水节拍各自相等而不同施工过程之间的流水节拍不尽相等的流水施工，在组织异节奏流水施工时，又可以采用等步距和异步距两种方式。

相关知识

流水施工根据流水施工节奏的不同分为

$$\begin{cases} \text{有节奏流水施工} \begin{cases} \text{等节奏流水施工} \\ \text{异节奏流水施工} \end{cases} \\ \text{非节奏流水施工} \begin{cases} \text{等节拍等步距流水施工} \\ \text{等节拍不等步距流水施工} \end{cases} \end{cases}$$

一、有节奏流水施工

有节奏流水施工是指同一施工过程在各个施工段上的流水节拍都相等的一种流水施工方式。

等节奏流水施工是指同一施工过程在各个施工段上的流水节拍都相等，并且不同施工过程之间的流水节拍也相等的一种流水施工方式。

根据流水步距的不同可分为

(1)等节拍等步距流水施工(全等节拍专业流水施工)。等节拍等步距流水施工是指在所组织的流水施工范围内，所有施工过程的流水节拍均为相等的常数的一种流水施工方法。

特点：各施工过程的流水节拍都相等；其流水步距均相同且等于一个流水节拍；每个

专业工作队都能连续施工，施工段没有空闲；专业工作队队数等于施工过程数。

其中：
$$K=t$$
$$T=(m+n-1)K \quad 或 \quad T=(m+n-1)t \tag{2-9}$$

【例2-3】 某分部工程划分 A、B、C、D 四个施工过程，每个施工过程分三个施工段，其流水节拍均为 3 d，试组织全等节拍流水施工。

【解】 (1)计算流水步距：
$$K_{A,B}=K_{B,C}=K_{C,D}=3\ d$$

(2)计算工期：
$$T=(m+n-1)t=(3+4-1)\times3=18(d)$$

(3)绘制流水指示图如图 2-7 所示。

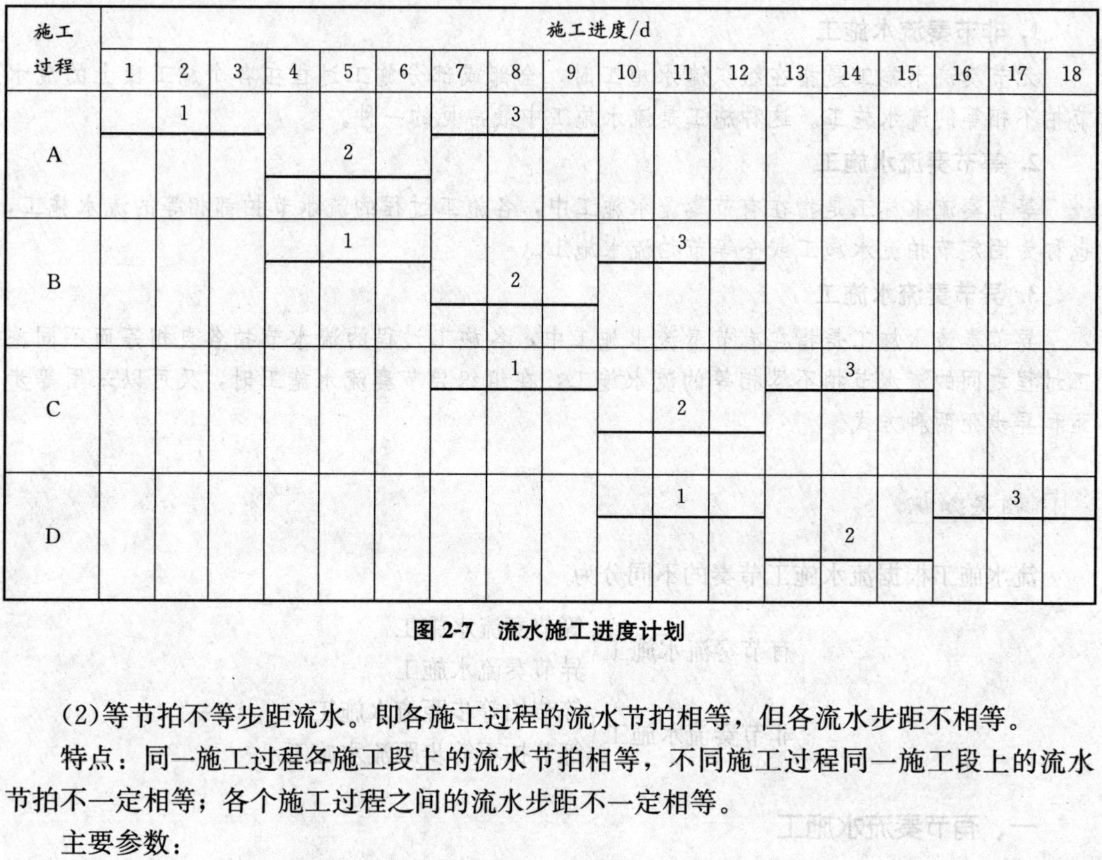

施工过程	施工进度/d																	
	1	2	3	4	5	6	7	8	9	10	11	12	13	14	15	16	17	18
A		1			2			3										
B					1			2			3							
C								1			2			3				
D											1			2			3	

图 2-7 流水施工进度计划

(2)等节拍不等步距流水。即各施工过程的流水节拍相等，但各流水步距不相等。

特点：同一施工过程各施工段上的流水节拍相等，不同施工过程同一施工段上的流水节拍不一定相等；各个施工过程之间的流水步距不一定相等。

主要参数：
$$K_{i,i+1}=\begin{cases} t_i+t_j-t_d & (t_i \leqslant t_{i+1}) \\ mt_i-(m-1)t_{i+1}+t_j-t_d & (t_i > t_{i+1}) \end{cases}$$
$$T=\sum K_{i,i+1}+T_n$$

【例2-4】 某工程划分为 A、B、C、D 四个施工过程，分三个施工段组织流水施工，各施工过程的流水节拍分别为 $t_A=2\ d$、$t_B=3\ d$、$t_C=5\ d$、$t_D=2\ d$，施工过程 B 完成后需 1 d 的技术间歇。试组织流水施工。

【解】 (1)计算流水步距：

因 $t_A < t_B$ $t_j = 0$ $t_d = 0$

故 $K_{A,B} = t_A + t_j + t_d = 2 + 0 - 0 = 2(d)$

因 $t_B < t_C$ $t_j = 1$ $t_d = 0$

故 $K_{B,C} = t_B + t_j + t_d = 3 + 1 - 0 = 4(d)$

因 $t_C > t_D$ $t_j = 0$ $t_d = 0$

故 $K_{C,D} = mt_C - (m-1)t_D + t_j - t_d = 3 \times 5 - (3-1) \times 2 + 0 - 0 = 11(d)$

(2)计算流水工期：

$$T = \sum k + T_n = (2 + 4 + 11) + 3 \times 2 = 23 \, (d)$$

(3)绘制流水指示图，如图 2-8 所示。

施工过程	施工进度/d																						
	1	2	3	4	5	6	7	8	9	10	11	12	13	14	15	16	17	18	19	20	21	22	23
A	1		2		3																		
B			1		2					3													
C					1					2										3			
D																		1		2		3	

图 2-8 流水施工进度计划

(3)成倍节拍流水施工。在组织流水施工时，如果各装饰施工过程在每个施工段上的流水节拍均为其中最小流水节拍的整数倍，为了加快流水施工的速度，可按倍数关系确定相应的专业施工队数目，即构成了成倍节拍流水施工。

特点：不仅所有专业施工队都能连续施工，而且实现了最大限度的合理搭接，从而大大缩短了施工工期。

1)成倍节拍专业流水的概念。成倍节拍专业流水施工是指同一施工过程在各个施工段上的取值节拍彼此相等，不同的施工过程之间流水节拍不完全相等，但各个施工过程的流水节拍均为其中最小流水节拍的整数倍。例如，某分部工程有 A、B、C、D 四个施工过程，其中，$t_A = 2 \, d$、$t_B = 1 \, d$、$t_C = 3 \, d$、$t_D = 1 \, d$，就是一个成倍节拍专业流水。

2)成倍节拍专业流水的特点。

①同一施工过程在各个施工段上的流水节拍彼此相等，不同的施工过程在同一施工段上的流水节拍彼此不相等，但互为倍数关系。

②流水步距彼此相等，且等于流水节拍的最大公约数。

③各专业工作队都能够保证连续施工，施工段没有空闲。

④专业工作队数大于施工过程数，即 $n_1 > n$。

3)成倍节拍专业流水的主要参数的确定。

①流水步距 $K_{i,i+1}$。流水步距均相等，且等于各流水节拍的最大公约数，即

$$K_{i,i+1} = t_{\min} \tag{2-10}$$

②施工段数 m。在确定施工段数以前，必须先确定各施工过程所需的工作队数 b_i：

$$b_i = t_i / t_{\min} \tag{2-11}$$

式中　b_i——施工过程 i 所需要组织的施工队数；

　　　$t_{\min}$——流水节拍(所有流水节拍中最小的流水节拍)。

专业工作队总数 n_1 的计算公式：

$$n_1 = \sum b_i \tag{2-12}$$

$$m = n_1 \tag{2-13}$$

③总工期。

$$T = (m + n_1 - 1)K_{i,i+1} \tag{2-14}$$

【例 2-5】 某分部工程有 A、B、C、D 四个施工过程，$m = 4$，流水节拍 $t_A = 2$ d、$t_B = 16$ d、$t_C = 4$ d、$t_D = 2$ d，试组织成倍节拍流水施工。

【解】 (1)确定流水步距：

$$K_{i,i+1} = t_{\min} = 2 \text{ d}$$

(2)计算同一专业工作队数：

$$b_A = t_A / t_{\min} = 2/2 = 1(个) \qquad\qquad b_B = t_B / t_{\min} = 6/2 = 3(个)$$
$$b_C = t_C / t_{\min} = 4/2 = 2(个) \qquad\qquad b_D = t_D / t_{\min} = 2/2 = 1(个)$$

施工班组总数 $n_1 = \sum b_i = 1 + 3 + 2 + 1 = 7(个)$

(3)计算流水施工工期：

$$T = (m + n_1 - 1)\, K_{i,i+1} = (4 + 7 - 1) \times 2 = 20(\text{d})$$

(4)绘制流水施工指示图，如图 2-9 所示。

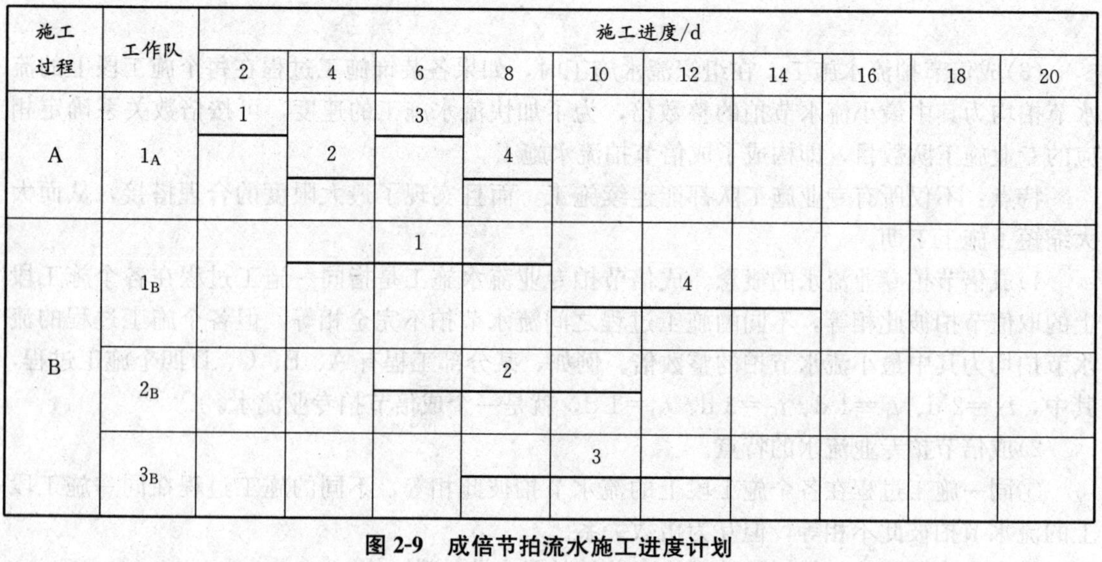

施工过程	工作队	施工进度/d									
		2	4	6	8	10	12	14	16	18	20
A	1A	1	2	3	4						
B	1B			1			4				
	2B				2						
	3B					3					

图 2-9　成倍节拍流水施工进度计划

施工过程	工作队	施工进度/d									
		2	4	6	8	10	12	14	16	18	20
C	1_C					1		3			
	2_C						2		4		
D	1_D							1	3		
								2		4	

图 2-9 成倍节拍流水施工进度计划（续）

二、非节奏流水施工

非节奏流水施工也称无节奏流水施工或分别流水施工，是指同一施工过程在各个施工段上的流水节拍不完全相等的一种流水施工方式。当各施工段的工程量不等，各施工班组生产效率各有差异，并且不可能组织全等节拍式或成倍节拍流水时，则可组织非节奏流水施工。

1. 非节奏流水施工的特点

各施工班组依次在各施工段上可以连续施工，但各施工段上并不经常都有施工班组工作。因为非节奏流水施工中，各工序之间不像组织节拍流水那样有一定的时间约束，所以，在进度安排上比较灵活。

2. 非节奏流水施工的实质

各专业施工班组连续流水作业，流水步距经计算确定，使工作班组之间在一个施工段内互不干扰，或前后工作班组之间工作紧紧衔接。因此，组织非节奏流水施工作业的关键在于计算流水步距。

3. 非节奏流水施工主要参数的确定

(1)计算流水步距。按照"累加数列错位斜减取大差"（简称取大差法）的方法计算。它由苏联专家潘特考夫斯基提出的，所以，又称潘特考夫斯基法，这种方法的具体步骤如下：

第一步：将每个施工过程的流水节拍逐段累加；

第二步：错位相减；

第三步：取差值最大者作为流水步距。

(2)计算工期。

$$T = \sum K_{i,i+1} + T_n$$

(3)应用举例。

【例 2-6】 某工程的流水节拍见表 2-3，试组织流水施工。

施工段 施工过程	1	2	3	4
A	3	2	1	4
B	2	3	2	3
C	1	3	2	3
D	2	4	3	1

表 2-3　各施工过程流水节拍　　　　　　　d

【解】（1）计算流水步距：由于每一个施工过程各施工段上的流水节拍不相等，故采用上述"累加斜减取大差法"计算。

求 $K_{A,B}$

$$
\begin{array}{rrrr}
3 & 5 & 6 & 10 \\
-) & 2 & 5 & 7 & 10 \\
\hline
3 & 3 & 1 & 3 & -10
\end{array}
$$

故　$K_{A,B}=3$ d

求　$K_{B,C}$

$$
\begin{array}{rrrr}
2 & 5 & 7 & 10 \\
-) & 1 & 4 & 6 & 9 \\
\hline
2 & 4 & 3 & 4 & -9
\end{array}
$$

故　$K_{B,C}=4$ d

求　K_C

$$
\begin{array}{rrrr}
1 & 4 & 6 & 9 \\
-) & 2 & 6 & 9 & 10 \\
\hline
1 & 2 & 0 & 0 & -10
\end{array}
$$

故　$K_{C,D}=2$ d

（2）计算工期：

$$T = \sum K_{i,i+1} + T_n = (3+4+2)+(2+4+3+1) = 19 \text{ (d)}$$

📋**任务实施**

流水施工的组织方式

按照流水节拍的节奏特征，流水施工主要包括全等节拍流水施工、成倍节拍流水施工和无节奏流水施工三种方式。

一、全等节拍流水施工

1. 组织全等节拍流水施工的条件

当所有的施工过程在各个施工段上的流水节拍彼此相等，这时组织的流水施工方式称为全等节拍流水施工。组织这种流水施工，首先，尽量使各施工段的工程量基本相等；其次，要先确定主导施工过程的流水节拍；最后，使其他施工过程的流水节拍与主导施工过程的流水节拍相等，做到这一点的办法主要是调节各专业队的人数。

2. 组织方法

(1)确定项目施工起点流向，分解施工过程。

(2)确定施工顺序，划分施工段。

(3)确定流水节拍。根据全等节拍流水要求，应使各流水节拍相等。

(4)确定流水步距，$k=t$。

(5)计算流水施工的工期。

流水施工的工期可按下式进行计算：

$$T = (j \cdot m + n - 1) \cdot k + \sum z_1 - \sum c$$

式中　T——流水施工总工期；

　　　j——施工层数；

　　　m——施工段数；

　　　n——施工过程数；

　　　k——流水步距；

　　　z_1——两施工过程在同一层内的技术组织间歇时间；

　　　c——同一层内两施工过程间的平行搭接时间。

(6)绘制流水施工指示图。

3. 应用举例

【例 2-7】 某分部工程由四个分项工程组成，划分成五个施工段，流水节拍均为 3 d，无技术组织间歇，试确定流水步距，计算工期，并绘制流水施工进度表。

【解】 由已知条件知，宜组织全等节拍流水。

(1)确定流水步距：由全等节拍专业流水的特点知：$k=t=3$ d

(2)计算工期：$T=(m+n-1) \cdot k=(5+4-1) \times 3=24$(d)

(3)绘制流水施工进度表如图 2-10 所示。

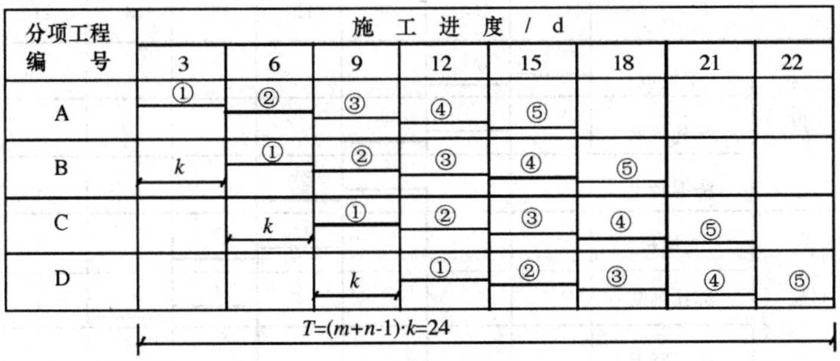

分项工程编 号	施 工 进 度 / d							
	3	6	9	12	15	18	21	22
A	①	②	③	④	⑤			
B	k	①	②	③	④	⑤		
C		k	①	②	③	④	⑤	
D			k	①	②	③	④	⑤

$$T=(m+n-1) \cdot k=24$$

图 2-10　等节拍专业流水施工进度

【例 2-8】 某二层现浇钢筋混凝土工程，有支模板、绑扎钢筋和浇混凝土三个施工过程，即 $n=3$。在竖向上划分为两个施工层，即结构层与施工层相一致。如流水节拍都是 3 d（可通过调整劳动力人数来实现），试分别按以下三种情况组织全等节拍流水：

（1）施工段数 $m=4$；

（2）施工段数 $m=3$；

（3）施工段数 $m=2$。

【解】 按全等节拍流水施工组织方法，则流水施工的开展状况如图 2-11(a)、(b)、(c) 所示。由图 2-11 可以看出：

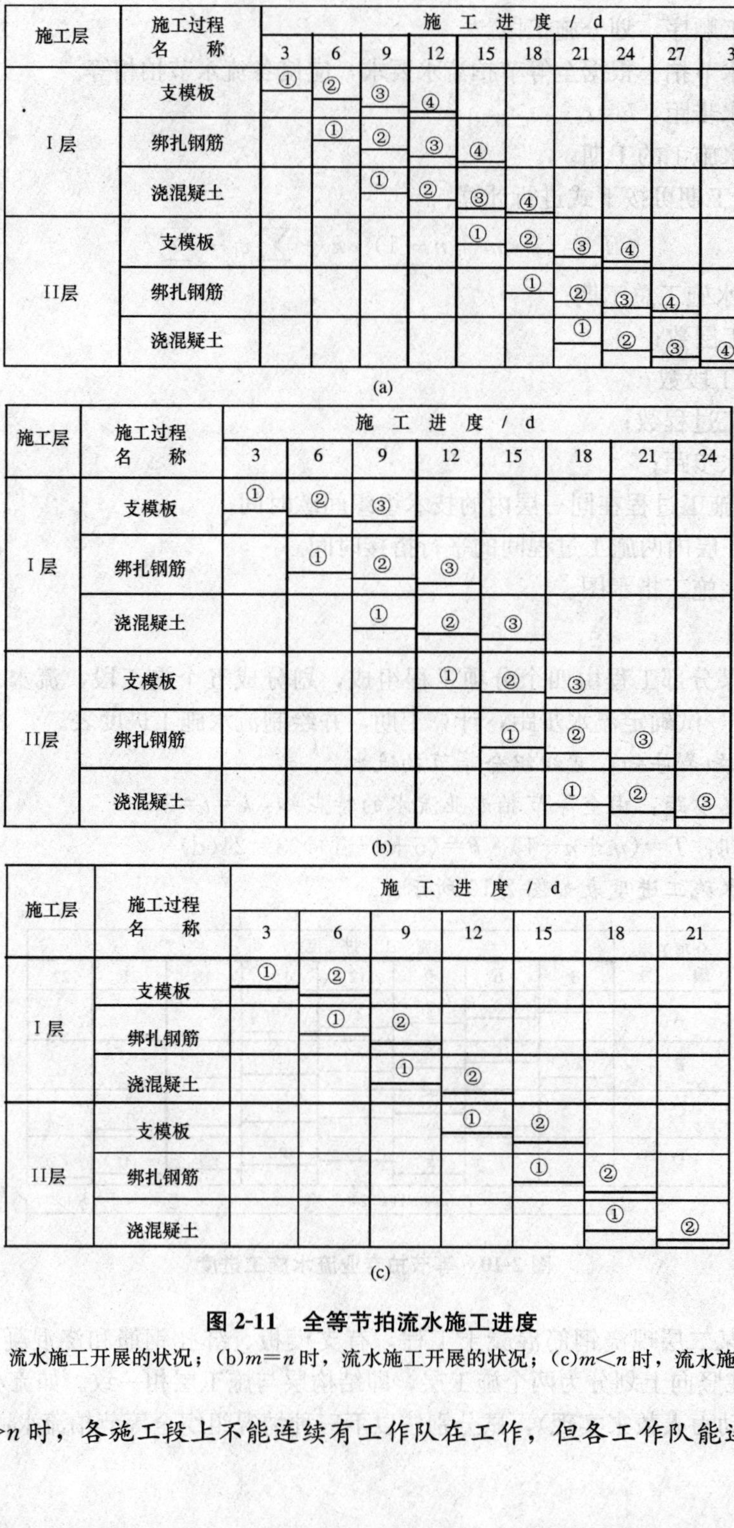

施工层	施工过程名称	施工进度 / d									
		3	6	9	12	15	18	21	24	27	30
I层	支模板	①	②	③	④						
	绑扎钢筋		①	②	③	④					
	浇混疑土			①	②	③	④				
II层	支模板				①	②	③	④			
	绑扎钢筋					①	②	③	④		
	浇混疑土						①	②	③	④	

(a)

施工层	施工过程名称	施工进度 / d							
		3	6	9	12	15	18	21	24
I层	支模板	①	②	③					
	绑扎钢筋		①	②	③				
	浇混疑土			①	②	③			
II层	支模板				①	②	③		
	绑扎钢筋					①	②	③	
	浇混疑土						①	②	③

(b)

施工层	施工过程名称	施工进度 / d						
		3	6	9	12	15	18	21
I层	支模板	①	②					
	绑扎钢筋		①	②				
	浇混疑土			①	②			
II层	支模板				①	②		
	绑扎钢筋					①	②	
	浇混疑土						①	②

(c)

图 2-11　全等节拍流水施工进度

(a)$m>n$ 时，流水施工开展的状况；(b)$m=n$ 时，流水施工开展的状况；(c)$m<n$ 时，流水施工开展的状况

（1）当 $m>n$ 时，各施工段上不能连续有工作队在工作，但各工作队能连续工作，不会

产生窝工现象。

(2)当 $m=n$ 时，各工作队都能连续工作，且各施工段上都能连续有工作队在工作。

(3)当 $m<n$ 时，各工作队不能连续工作，产生窝工现象，但各施工段上能连续地有工作队在工作。

多层建筑物有技术间歇和平行搭接。组织多层建筑物有技术间歇和平行搭接的流水施工时，为保证工作队在层间连续施工，施工段数目 m 应满足下列条件：

$$m = n + \sum z_1/k + \sum z_2/k - \sum c/k$$

式中　$\sum z_1$——一个楼层内各施工过程之间的技术组织间歇时间之和；

z_2——楼层间技术组织之间歇时间；

k——流水步距，为一层内平行搭接时间之和。

【例 2-9】 某项目有Ⅰ、Ⅱ、Ⅲ、Ⅳ四个施工过程，分两个施工层组织流水施工，施工过程Ⅱ完成后需养护一天，下一个施工过程Ⅲ才能施工，且层间技术间歇为 1 d，流水节拍均为 1 d。试确定施工段数，计算工期，绘制流水施工进度表。

【解】 (1)确定流水步距：$k=t=t_i=1$ d

(2)确定施工段数：

$$m = n + \sum z_1/k + \sum z_2/k - \sum c/k = 4 + 1/1 + 1/1 = 6$$

(3)计算工期：

$$T = (j \cdot m + n - 1) \cdot k + \sum z_1 - \sum c = (2 \times 6 + 4 - 1) \times 1 + 1 - 0 = 16(\text{d})$$

(4)绘制流水施工进度表如图 2-12 所示。

施工层	施工过程名称	施工进度 / d															
		1	2	3	4	5	6	7	8	9	10	11	12	13	14	15	16
Ⅰ	Ⅰ	①	②	③	④	⑤	⑥										
	Ⅱ		①	②	③	④	⑤	⑥									
	Ⅲ			z_1	①	②	③	④	⑤	⑥							
	Ⅳ					①	②	③	④	⑤	⑥						
Ⅱ	Ⅰ						z_2	①	②	③	④	⑤	⑥				
	Ⅱ								①	②	③	④	⑤	⑥			
	Ⅲ									z_1	①	②	③	④	⑤	⑥	
	Ⅳ											①	②	③	④	⑤	⑥

$(n\text{-}1)\cdot k+z_1$　　$j\cdot m\cdot t$

图 2-12　分层并有技术、组织间歇时的全等节拍专业流水施工进度

二、成倍节拍流水施工

1. 组织成倍节拍流水施工的条件

当同一施工过程在各施工段上的流水节拍都相等，不同施工过程之间彼此的流水节拍全部或部分不相等但互为倍数时，可组织成倍节拍流水施工。

2. 组织方法

(1)确定施工起点流向,分解施工过程。

(2)确定流水节拍。

(3)确定流水步距 k_b,其计算公式为

$$k_b = 各流水节拍最大公约数$$

(4)确定专业工作队总数,其计算公式为

$$n_1 = \sum b_j = t_j/k_b$$

式中 t_j——施工过程 j 在各施工段上的流水节拍;

b_j——施工过程 j 所要组织的专业工作队数;

n_1——专业工作队总数。

(5)确定施工段数。

1)不分施工层时,可按划分施工段的原则确定施工段数,不一定要求 $m \geqslant n$。

2)分施工层时,施工段数为

$$m = n + \sum z_1/k_b + \sum z_2/k_b - \sum c/k_b$$

(6)确定计划总工期。

$$T = (j \cdot m + n_1 - 1) \cdot k_b + \sum z_1 - \sum c$$

式中 j——施工层数;

n_1——专业施工队数;

k_b——流水步距;其他符号含义同前。

(7)绘制流水施工进度表。

3. 应用举例

【例 2-10】 某项目由Ⅰ、Ⅱ、Ⅲ三个施工过程组成,流水节拍分别为 2 d、6 d、4 d,试组织成倍节拍流水施工,并绘制流水施工的横道图进度表。

【解】 (1)确定流水步距:k_b=最大公约数{2, 6, 4}=2 d

(2)求专业工作队数:

$$b_1 = t_1/k_b = 2/2 = 1$$
$$b_2 = t_2/k_b = 6/2 = 3$$
$$b_3 = t_3/k_b = 4/2 = 2$$
$$n_1 = \sum b_i = (1 + 3 + 2) = 6$$

(3)求施工段数:为了使各专业工作队都能连续有节奏工作,取 $m = n_1 = 6$ 段。

(4)计算工期:$T = (6 + 6 - 1) \times 2 = 22$(d)。

(5)绘制流水施工进度计划如图 2-13 所示。

【例 2-11】 某二层现浇钢筋混凝土工程,有支模板、绑扎钢筋、浇混凝土三道工序,流水节拍分别为 4 d、2 d、2 d。绑扎钢筋与支模板可搭接 1 d。层间技术间歇为 1 d。试组织成倍节拍流水施工。

【解】 (1)确定流水步距:k_b=各流水节拍的最大公约数=2 d

(2)求工作队数:

$$b_1 = t_1/k_b = 4/2 = 2$$

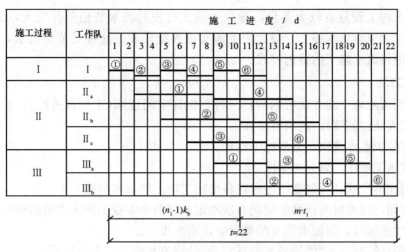

图 2-13 成倍节拍流水施工进度计划

$$b_2 = t_2/k_b = 2/2 = 1$$
$$b_3 = t_3/k_b = 2/2 = 1$$
$$n_1 = \sum b_i = (2+1+1) = 4$$

（3）求施工段数：

$$m = n_1 = 4$$

（4）求总工期：

$$T = (2 \times 4 + 4 - 1) \times 2 - 1 = 21(d)$$

（5）绘制流水施工进度计划如图 2-14 所示。

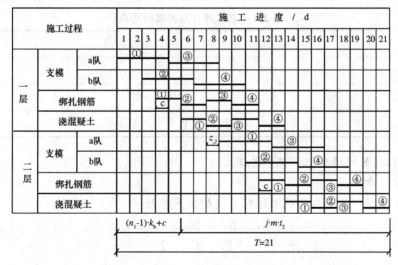

图 2-14　二层现浇钢筋混凝土框架主体结构成倍节拍流水施工进度计划

三、无节奏流水施工（分别流水施工）

1. 组织无节奏流水施工的条件

在组织流水施工时，经常由于工程结构形式、施工条件不同等原因，使得各施工过程在各施工段上的工程量有较大差异，导致各施工过程的流水节拍差异很大，无任何规律。这时，可组织无节奏流水施工，最大限度地实现连续作业。这种无节奏流水，也称分别流水，是工程项目流水施工的普遍方式。

2. 组织方法

组织分别流水施工的方法有两种：一种是保证空间连续（工作面连续）；另一种是保证时间连续（工人队组连续）。组织方法如下：

（1）确定施工起点流向，分解施工过程。

（2）确定施工顺序，划分施工段。

（3）按相应的公式计算各施工过程在各个施工段上的流水节拍。

（4）按空间连续或时间连续的组织方法确定相邻两个专业工作队之间的流水步距。

保证空间连续时，按流水作业的概念确定流水步距。

保证时间连续时，按"潘特考夫斯基定理"计算流水步距，方法如下：

1）根据专业工作队在各施工段上的流水节拍，求累加数列。累加数列是指同一施工过程或同一专业工作队在各个施工段上的流水节拍的累加。

2）根据施工顺序，对所求相邻的两累加数列，错位相减。

3）取错位相减结果中数值最大者作为相邻专业工作队之间的流水步距。

（5）绘制流水施工进度表。

3. 应用举例

【例2-12】 某屋面工程有三道工序：保温层 → 找平层 → 卷材层，分三段进行流水施工，试分别绘制该工程时间连续和空间连续的横道图进度计划。各工序在各施工段上的作业持续时间见表2-4。

表2-4 各工序作业持续时间表

	第一段	第二段	第三段
保温层	3	3	4
找平层	2	2	3
卷材层	1	1	2

【解】 （1）按时间连续组织流水施工。

1）确定流水步距：

首先求保温层与找平层两施工过程之间的流水步距。

$$
\begin{array}{r}
3, \quad 6, \quad 10 \\
-) \quad \quad 2, \quad 4, \quad 7 \\
\hline
3, \quad 4, \quad 6, \quad -7
\end{array}
$$

$$K_{a,b} = \max\{3, 4, 6, -7\} = 6 \text{ d}$$

同理可求出找平层与卷材层之间的流水步距为 5 d。

2）绘制时间连续横道图进度计划，如图2-15所示。

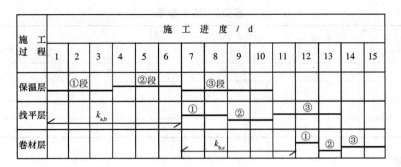

图2-15　时间连续的横道图计划

（2）按空间连续组织施工。

1）确定流水步距。按流水施工概念分别确定。

2）绘制空间连续横道图进度计划，如图2-16所示。

图2-16　空间连续的横道图进度计划

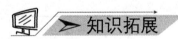

流水施工的组织方式与工期计算

建筑工程的流水施工要求有一定的节拍，才能步调和谐，配合得当。流水施工的节奏是由流水节拍所决定的。由于建筑工程的多样性，各分部分项的工程量差异较大，要使所有的流水施工都组织成统一的流水节拍是很困难的。在大多数情况下，各施工过程的流水节拍不一定相等，甚至一个施工过程本身在各施工段上的流水节拍也不相等。因此，形成了不同节奏特征的流水施工。

在节奏性流水施工中，根据各施工过程之间流水节拍的特征不同，流水施工可分为：等节拍流水施工、异节拍流水施工和无节奏流水施工三大类。

一、等节拍流水施工

定义：等节拍流水施工是指同一施工过程在各施工段上的流水节拍都相等，并且不同施工过程之间的流水节拍也相等的一种流水施工方式，也称为全等节拍流水或同步距流水。

如某工程划分A、B、C、D四个施工过程，每个施工过程分四个施工段，流水节拍均为2 d，见表2-5组织等节拍流水施工，计算工期。

表 2-5 流水参数

m \ n	一	二	三	四
A	2	2	2	2
B	2	2	2	2
C	2	2	2	2
D	2	2	2	2

组织步骤：

(1)确定施工顺序，分解施工过程。

(2)确定项目施工起点流向，划分施工段。

(3)根据等节拍流水施工要求，计算流水节拍数值。

(4)确定流水步距，$k=t$。

(5)计算流水施工的工期。

工期计算：$T=(m+n-1) \times k=(4+4-1) \times 2=14$ (d)

二、异节拍流水施工

定义：异节拍流水施工是指同一施工过程在各施工段上的流水节拍都相等，但不同施工过程之间的流水节拍不完全相等的一种流水施工方式。异节拍流水施工分为一般异节拍流水施工和成倍节拍流水施工。

(一)一般异节拍流水施工

定义：一般异节拍流水施工是指同一施工过程在各施工段上的流水节拍相等，不同施工过程之间的流水节拍不相等也不成倍数的流水施工方式。

如某工程划分为 A、B、C、D 四个施工过程，分四个施工段组织流水施工，各施工过程的流水节拍分别为：$t_A=3$ d、$t_B=4$ d、$t_C=5$ d、$t_D=3$ d，见表 2-6。试求该工程的工期。

表 2-6 流水参数

m \ n	一	二	三	四
A	3	3	3	3
B	4	4	4	4
C	5	5	5	5
D	3	3	3	3

组织步骤：

(1)确定流水施工顺序，分解施工过程。

(2)确定施工起点流向，划分施工段。

(3)确定流水节拍。

(4)确定流水步距。

(5)确定计划总工期。

工期计算：流水步距 $k_{A,B}=t_A=3$ d；$k_{B,C}=t_B=4$ d；$k_{C,D}=m \times t_C-(m-1) \times t_D=4 \times 5-(4-1) \times 3=11$(d)

工期计算：$T=\sum k+t_n=(3+4+11)+(4 \times 3)=30$ (d)

（二）成倍节拍流水施工

定义：成倍节拍流水施工是指同一施工过程在各个施工段上的流水节拍相等，不同施工过程的流水节拍之间存在整数倍关系的流水施工方式。

如某项目由A、B、C三个施工过程组成，流水节拍分别是$t_A=2$ d、$t_B=6$ d、$t_C=4$ d，见表2-7，试组织等步距的异节拍流水施工。

表2-7　流水参数

m＼n	一	二	三
A	2	2	2
B	6	6	6
C	4	4	4

组织步骤：

(1)确定流水施工顺序，分解施工过程。

(2)确定施工起点流向，划分施工段。

(3)确定流水节拍。

(4)确定流水步距。

(5)确定专业工作队数。

(6)确定计划总工期。

工期计算：$b_1=t_1/k=2/2=1$；$b_2=t_2/k=6/2=3$；$b_3=t_3/k=4/2=2$

$n_1=1+2+3=6$ 即 $m=n_1=6$

工期计算：$T=(6+6-1)\times2=22$ (d)

三、无节奏流水施工

定义：无节奏流水施工是指同一施工过程在各施工段上的流水节拍不完全相等的一种流水施工方式，它是流水施工的普遍形式。

如某工程有A、B、C三个施工过程，施工时在平面上划分四个施工段，每个施工过程在各施工段上的流水节拍见表2-8，试组织施工计算工期。

表2-8　流水参数

m＼n	一	二	三	四
A	2	4	3	2
B	3	3	2	2
C	4	2	3	2

组织步骤：

(1)确定流水施工顺序，分解施工过程。

(2)确定施工起点流向，划分施工段。

(3)按相应的公式计算流水节拍。

(4)确定相邻两个专业工作队之间的流水步距。

(5)确定计划总工期。

工期计算：流水步距计算采用累加数列法(潘特考夫斯基法)计算：

$$k_{A,B}: \qquad 2, \quad 6, \quad 9, \quad 11$$
$$-) \qquad 3, \quad 6, \quad 8, \quad 10$$
$$\overline{\qquad\qquad 2, \quad 3, \quad 3, \quad 3, \quad -10}$$

$k_{A,B}=3$ d

同理：$k_{B,C}=3$ d

工期计算：$T=\sum k+t_n=3+3+4+2+3+2=17(d)$

无节奏流水施工不像等节拍流水施工和异节拍流水施工那样有一定的时间约束，在进度安排上比较灵活自由，适用于各种不同结构性质和规模的工程施工组织，实际应用比较广泛。在上述各种流水施工的基本方法中，等节拍和异节拍流水通常在一个分部或分项工程中，组织流水施工比较容易做到，即比较适用于组织专业流水或细部流水。但对于一个单位工程，特别是一个大型的建筑群来说，要求所划分的各分部分项工程采用相同的流水参数组织流水施工，往往十分困难，也不容易达到。因此，到底采用哪一种流水施工的组织形式，除要分析流水节拍的特点外，还要考虑工期要求和项目经理部自身的具体施工条件。

任何一种流水施工的组织形式，仅仅是一种组织管理手段，其最终目的是要实现企业目标，即工程质量好、工期短、成本低、效益高和安全施工。

拓展实训

一、单项选择题（每题的备选答案中，只有一个最符合题意）

1. 相邻两个施工过程进入流水施工的时间间歇称为（　　）。
   A. 流水节拍　　　　B. 流水步距　　　　C. 工艺间歇　　　　D. 流水间歇

2. 在加快成倍节拍流水中，任何两个相邻专业工作队之间的流水步距等于所有流水节拍中的（　　）。
   A. 最大值　　　　　B. 最小值　　　　　C. 最大公约数　　　D. 最小公约数

3. 在组织流水施工时，通常施工段数目 m 与施工过程数 n 之间的关系应该是（　　）。
   A. $m \geqslant n$　　　　B. $m \leqslant n$　　　　C. $m=n$　　　　D. 无关系

4. 在组织加快成倍节拍流水施工时，施工段数 m 与施工队总数 $\sum b_i$ 之间的关系应该是（　　）。
   A. $m \geqslant \sum b_i$　　　B. $m \leqslant \sum b_i$　　　C. $m = \sum b_i$　　　D. 无关系

5. 所谓节奏性流水施工过程，是指施工过程（　　）。
   A. 在各个施工段上的持续时间相等　　　B. 之间的流水节拍相等
   C. 之间的流水步距相等　　　　　　　　D. 连续、均衡施工

6. （　　）是建筑施工流水作业组织的最大特点。
   A. 划分施工过程　　　　　　　　　　　B. 划分施工段
   C. 组织专业工作队施工　　　　　　　　D. 均衡、连续施工

7. 选择每日工作班次，每班工作人数，是在确定（　　）参数时需要考虑的。
   A. 施工过程数　　　B. 施工段数　　　　C. 流水步距　　　　D. 流水节拍

8. 下列参数中，（   ）为工艺参数。

    A. 施工过程数   B. 施工段数   C. 流水步距   D. 流水节拍

9. 在使工人人数达到饱和的条件下，下列说法错误的是（   ）。

    A. 施工段数越多，工期越长

    B. 施工段数越多，所需工人越多

    C. 施工段数越多，越有可能保证施工队连续施工

    D. 施工段数越多，越有可能保证施工段不空闲

10. 在劳动量消耗动态曲线图上允许出现（   ）。

    A. 短期高峰   B. 长期低陷   C. 短期低陷   D. A 和 B

11. 某施工段的工程量为 $200\ m^3$，施工队的人数为 25 人，日产量为 $0.8\ m^3/$人，则该队在该施工段的流水节拍为（   ）d。

    A. 8   B. 10   C. 12   D. 15

12. 某工程划分 4 个流水段，由两个施工班组进行等节奏流水施工，流水节拍为 4 d，则工期为（   ）d。

    A. 16   B. 18   C. 20   D. 24

13. 工程流水施工的实质内容是（   ）。

    A. 分工协作   B. 大批量生产   C. 连续作业   D. 搭接适当

14. 在没有技术间歇和插入时间的情况下，等节奏流水的（   ）与流水节拍相等。

    A. 工期   B. 施工段   C. 施工过程数   D. 流水步距

15. 某工程分三个施工段组织流水施工，若甲、乙施工过程在各施工段上的流水节拍分别为 5d、4 d、1 d 和 3 d、2 d、3 d，则甲、乙两个施工过程的流水步距为（   ）d。

    A. 3   B. 4   C. 5   D. 6

16. 如果施工流水作业中的流水步距相等，则该流水作业是（   ）。

    A. 必定是等节奏流水   B. 必定是异节奏流水

    C. 必定是无节奏流水   D. 以上均不正确

17. 组织等节奏流水，首要的前提是（   ）。

    A. 使各施工段的工程量基本相等   B. 确定主导施工过程的流水节拍

    C. 使各施工过程的流水节拍相等   D. 调节各施工队的人数

18. 流水施工中，流水节拍是指（   ）。

    A. 两相邻工作进入流水作业的最小时间间隔

    B. 某个专业队在一个施工段上的施工作业时间

    C. 某个工作队在施工段上作业时间的总和

    D. 某个工作队在施工段上的技术间歇时间的总和

19. 试组织某分部工程的流水施工，已知 $t_1 = t_2 = t_3 = 2$ d，共计 3 层，其施工段及工期分别为（   ）。

    A. 3 段、10 天   B. 3 段、5 天   C. 2 段、8 天   D. 3 段、22 天

20. 某工程有三个施工过程，各自的流水节拍分别为 6 d、4 d、2 d，则组织流水施工时，流水步距为（   ）d。

    A. 1   B. 2   C. 4   D. 6

21. 某工程有两个施工过程，技术上不准搭接，划分为 4 个流水段，组织两个专业工作

队进行等节奏流水施工，流水节拍为 4 d，则该工程的工期为(　　)d。

 A. 18   B. 20   C. 22   D. 24

22. 流水施工的基本组织方式包括(　　)。

 A. 无节奏流水施工、有节奏流水施工 B. 异节奏流水施工、等节奏流水施工
 C. 无节奏流水施工、异节奏流水施工 D. 等节奏流水施工、无节奏流水施工

23. 流水施工的施工过程和施工过程数属于(　　)。

 A. 技术参数 B. 时间参数 C. 工艺参数 D. 空间参数

24. 某工程有 6 个施工过程各组织一个专业工作队，在 5 个施工段上进行等节奏流水施工，流水节拍为 5 d，其中，第三、第五工作队分别间歇了 2 d、3 d，则该工程的总工期为(　　)d。

 A. 35   B. 45   C. 55   D. 65

25. 建设工程组织流水施工时，其特点之一是(　　)。

 A. 由一个专业工作队在各施工段上完成全部工作

 B. 同一时间只能有一个专业队投入流水施工

 C. 各专业工作队按施工顺序应连续、均衡地组织施工

 D. 现场的组织管理简单，工期最短

26. 某工程流水节拍见表 2-9，如按分别流水组织施工，则最短工期为(　　)d。

表 2-9　流水参数

施工过程编号	一段	二段	三段	四段
甲	3	4	3	2
乙	2	2	1	2
丙	2	2	2	3

 A. 18   B. 17   C. 14   D. 16

27. 某项目组成了甲、乙、丙、丁共 4 个专业队进行等节奏流水施工，流水节拍为 6 周，最后一个专业队(丁队)从进场到完成各施工段的施工共需 30 周。根据分析，乙与甲、丙与乙之间各需 2 周技术间歇，而经过合理组织，丁对丙可插入 3 周进场，该项目总工期为(　　)周。

 A. 49   B. 51   C. 55   D. 56

28. 浇筑混凝土后需要保证一定的养护时间，这就可能产生流水施工的(　　)。

 A. 流水步距 B. 流水节拍 C. 技术间歇 D. 组织间歇

29. 某分部工程其流水节拍见表 2-10，依此安排流水施工组织，则下列说法中正确的是(　　)。

表 2-10　流水参数

施工过程编号	施工段		
	①	②	③
Ⅰ	2	4	3
Ⅱ	3	4	5
Ⅲ	2	4	3

 A. $T=17$ B. $T=21$ C. $T=18$ D. $T=20$

30. 某项目组成甲、乙、丙、丁共 4 个专业队在 5 个段上进行无节奏流水施工，各队的流水节拍分别为：甲队为 3 周、5 周、3 周、2 周、2 周；乙队为 2 周、3 周、1 周、4 周、5 周；丙队为 4 周、1 周、3 周、2 周、5 周；丁队为 5 周、3 周、4 周、2 周、1 周，则该项目总工期为（　　）周。

  A. 31   B. 30   C. 26   D. 24

31. 对一栋 12 层住宅楼组织流水施工，已知 $t_1=t_2=t_3=2$ d，则其施工段及工期分别为（　　）。

  A. 12 段、28 d B. 3 段、28 d C. 12 段、24 d D. 3 段、24 d

32. 某一工程计划工期为 40 d，拟采用等节奏流水施工，施工段数为 5，工作队数为 4，插入时间之和和间歇时间之和各为 3 d，则该工程流水步距应为（　　）d。

  A. 2   B. 3   C. 4   D. 5

33. 专业工作队在一个施工段上的施工作业时间称为（　　）。

  A. 工期   B. 流水步距   C. 自由时差   D. 流水节拍

34. 某工程相邻两个施工过程的流水节拍分别为 I 过程：2 d、3 d、3 d、4 d，II 过程：1 d、3 d、2 d、3 d，则 I、II 两个过程的流水步距为（　　）d。

  A. 2   B. 4   C. 6   D. 9

35. 某工程在第 i 段上的第 j 过程采用了新技术，无现成定额，不便求得施工流水节拍。经专家估算，最短、最长、最可能的时间分别为 12 d、22 d、14 d，则该过程的期望时间应为（　　）d。

  A. 14   B. 15   C. 16   D. 18

36. 有五个熟练木工组成的木工队在异形混凝土浇筑段上制作安装 100 m² 的特殊曲面模板。根据企业的统计资料，已知一般的曲面木模的制作安装每日完成 5 m²，特殊曲面木模的难度系数为 2.0，每天两班工作制，则木工队在该段施工的流水节拍为（　　）d。

  A. 4   B. 6   C. 8   D. 10

37. 建设工程组织非节奏流水施工时，其特点之一是（　　）。

  A. 各专业队能够在施工段上连续作业，但施工段之间可能有空闲时间

  B. 相邻施工过程的流水步距等于前一施工过程中第一个施工段的流水节拍

  C. 各专业队能够在施工段上连续作业，施工段之间不可能有空闲时间

  D. 相邻施工过程的流水步距等于后一施工过程中最后一个施工段的流水节拍

二、多项选择题（每题的备选答案中，有两个或两个以上符合题意，至少有 1 个错误）

1. 为了便于组织管理、实现连续均衡施工，尽可能将流水施工组织成等节奏流水，常采用的措施有（　　）。

  A. 调整施工段数和各施工段的工作面大小

  B. 尽可能分解耗时长的施工过程

  C. 尽可能合并技术上可衔接的短施工过程

  D. 调整各专业工作队的人数和机械数量

  E. 调整各流水步距

2. 划分施工段应注意（　　）。

  A. 组织等节奏流水   B. 合理搭接

C. 有利于结构整体性　　　　　　　　D. 分段多少与主要施工过程相协调

E. 分段大小与劳动组织相适应

3. 组织流水施工时，确定流水步距时应满足的基本要求是(　　)。

A. 满足相邻两个专业工作队在施工顺序上的相互制约关系

B. 相邻专业工作队在满足连续施工的条件下，能最大限度地实现合理搭接

C. 流水步距的数目应等于施工过程数

D. 流水步距的值应等于流水节拍值中的最大值

E. 各施工过程的专业工作队投入施工后尽可能保持连续作业

4. 组织流水施工的基本要素有(　　)。

A. 施工过程数　　　B. 施工区段数　　　C. 施工作业时间　　　D. 施工间隔时间

E. 工程量

5. 关于组织流水施工中时间参数的有关问题，下列说法叙述正确的有(　　)。

A. 流水节拍是某个专业工作队在一个施工段上的施工时间

B. 主导施工过程中的流水节拍应是各施工过程流水节拍的平均值

C. 流水步距是两个相邻的工作队进入流水作业的最小时间间隔

D. 工期是指第一个专业队投入流水施工开始到最后一个专业队完成流水施工止的延续时间

E. 流水步距的最大长度必须保证专业队进场后不发生停工、窝工现象

6. 确定流水步距时应考虑的因素主要是(　　)。

A. 各专业队进场后能连续施工　　　　　B. 有足够的时间间歇

C. 避免技术间歇　　　　　　　　　　　D. 保证每个施工段上施工工序不乱

E. 提前插入越多越好

7. 流水施工作业中的主要参数有(　　)。

A. 工艺参数　　　B. 时间参数　　　C. 流水参数　　　D. 空间参数

E. 技术参数

三、填空题

1. 组织流水施工的三种方式分别为_____、_____和_____。

2. 在施工对象上划分施工段，是以_____施工过程的需要划分的。

3. 确定施工项目每班工作人数，应满足_____和_____的要求。

4. 非节奏流水施工的流水步距计算采用_____的方法。

5. 组织流水施工的主要参数有_____、_____和_____。

6. 根据流水施工节拍特征不同，流水施工可分为_____和_____。

7. 流水施工的空间参数包括_____和_____。

8. 一个专业工作队在一个施工段上工作的持续时间称为_____，用符号_____表示。

9. 常见的施工组织方式有_____、_____和_____。

四、计算题

1. 某工程由三个施工过程组成；它划分为六个施工段，各分项工程在各施工段上的流水节拍依次为：6 d、4 d 和 2 d。为加快流水施工速度，试编制工期最短的流水施工方案。

2. 某工程的流水施工参数为：$m=6$，$n=4$，D_i 见表 2-11，试组织流水施工方案。

表 2-11　流水参数

施工过程编号	流水节拍/d					
	一	二	三	四	五	六
A	4	3	2	3	2	3
B	2	4	3	2	3	4
C	3	3	2	2	3	3
D	3	4	1	2	4	4

3. 某工程由挖土方、做垫层、砌基础和回填土等四个分项工程组成；在砌基础和回填土工程之间，必须留有技术间歇时间 $z=2$ d；现划分为四个施工段。其流水节拍见表 2-12，试编制流水施工方案。

表 2-12　流水参数

施工过程编号	流水节拍/d			
	一	二	三	四
挖土方	3	3	3	3
做垫层	4	2	4	3
砌基础	2	3	3	4
回填土	3	2	4	3

4. 某工程由 Ⅰ、Ⅱ、Ⅲ 等三个施工过程组成；它划分为六个施工段；各个施工过程在各个施工段上的持续时间均为 4 d；施工过程 Ⅱ 完成后，它的相应施工段至少应有技术间歇 2 d。试编制尽可能多的流水施工方案。计算总工期，并画出水平图表。

5. 某工程由 Ⅰ、Ⅱ、Ⅲ、Ⅳ 等施工过程组成；现划分为六个施工段；其流水节拍见表 2-13，要求施工过程 Ⅱ 与 Ⅲ 之间有技术间歇 3 d，试编制流水施工方案。

表 2-13　流水参数

施工过程编号	流水节拍/d			
	一	二	三	四
A	2	3	2	4
B	3	2	3	2
C	4	2	2	4
D	2	3	1	2
E	3	2	2	3
F	2	1	2	1

6. 某住宅小区共有 6 幢同类型的住宅楼基础工程施工，其基础施工划分为挖基槽、做垫层、砌筑砖基础、回填土等四个施工过程，它们的作业时间分别为：$D_1=4$ d、$D_2=2$ d、$D_3=4$ d、$D_4=2$ d。试组织这 6 幢住宅楼基础工程的流水施工。

项目三 网络计划技术

一、网络计划

网络计划技术是一种计划管理方法，在工业、农业、国防和复杂的科学研究等计划管理中有着广泛的应用。网络计划技术是以网络图的形式制定计划，求得计划的最优方案，并据以组织和控制生产，达到预定目标的一种科学管理方法。

建筑工程施工进度计划是通过施工进度图表来表达建筑施工过程、工艺顺序和相互搭接的逻辑关系。我国长期以来一直是应用流水施工基本原理，采用横道图的形式来编制工程项目施工进度计划。这种表达方式简单明了、直观易懂、容易掌握，便于检查和计算资源需求情况。但它在表现内容上有许多不足，例如，不能全面、准确地反映出各项工作之间相互制约、相互依赖、相互影响的关系；不能反映出整个计划中的主次部分，即其中的关键工作；难以在有限的资源下合理组织施工、挖掘计划的潜力；不能准确评价计划经济指标；更重要的是不能应用计算机技术。这些不足从根本上限制了横道图进度计划的使用范围。

网络计划的基本原理：第一，应用网络图来表达一项计划（或工程）中各项工作的开展顺序及其相互之间的关系；第二，通过计算找出计划中的关键工作及关键线路；第三，通过不断改进网络计划，寻求最优方案，并付诸实施；第四，在执行过程中进行有效的控制和监督。

网络计划的作用是用来编制工程项目施工的进度计划和建筑施工企业的生产计划，并通过对计划的优化、调整和控制，达到缩短工期，提高效率、节约劳力、降低消耗的项目施工目标。

1. 横道进度计划与网络计划的特点分析

(1)横道进度计划。

1)横道进度计划的优点：编制比较容易。绘图比较简单，形象表达直观，排列整齐有序，便于对劳动力、材料以及机具的需要量进行统计等。

2)横道进度计划的缺点：

①不能直接反映出施工过程之间的相互联系、相互依赖和相互制约的逻辑关系。

②不能明确地反映哪些施工过程是关键的，哪些施工过程是不关键的。

③不能计算每个施工过程的各个时间参数。

④不能应用电子计算机进行计算，更不能对计划进行科学的调整与优化。

(2)网络计划。

1)网络计划的优点：

①能够明确地反映相互各施工过程之间的逻辑关系，使各个施工过程组成一个有机的、统一的整体。

②由于施工过程之间的逻辑关系明确，便于进行各种时间参数的计算，有利于进行定量分析。

③能在错综复杂的计划中找出影响整个工程进度的关键施工过程。

④利用计算得出的某些施工过程的机动时间，更好地利用和调配人力、物力、以达到降低成本的目的。

⑤可以利用电子计算机对复杂的计划进行计算、调整与优化，实现计划管理的科学化。

2)网络计划的缺点：表达计划不直观、不易看懂，而且不能反映出流水施工的特点及不能直接显示资源的平衡情况。

2. 网络计划的表达方法

网络计划的表达方法就是网络图。所谓网络图，是指由箭线和节点组成，用来表示工作流程的有向、有序的网状图形。

在网络图中，按节点和箭线所表示的含义不同，可分为双代号网络图和单代号网络图两大类。

(1)双代号网络图。以箭线及其两端节点的编号表示工作的网络图，称为双代号网络图。即用两个节点一个箭线代表一项工作，工作名称写在箭线上面，工作持续时间写在箭线下面，在箭线前后的衔接处画上节点，编上号码，并以节点编码 i 到 j 代表一项工作名称，如图 3-1 所示。

将所有施工过程根据施工顺序和相互关系，用"双代号表示法"从左到右绘制成的图形，叫作双代号网络图。

（2）单代号网络图。以节点及其编号表示工作，以箭线表示工作之间的逻辑关系的网络图，称为单代号网络图。即每一个节点表示一项工作，节点所表示的工作名称、持续时间和工作代号等标注在节点内，如图3-2所示。

| 图3-1　双代号网络图表示方法 | 图3-2　单代号网络图表示方法 |

3. 网络计划的分类

用网络图表达任务构成、工作顺序并加注工作时间参数的进度计划称为网络计划。网络计划的种类很多，可以从不同的角度进行分类，具体分类方法如下：

（1）按绘制网络图的代号不同分类。

1）双代号网络计划是以双代号网络表示的计划，双代号网络图是以箭线及其两端节点的编号表示工作的网络图。

2）单代号网络计划是以单代号网络表示的计划，单代号网络图是以节点及其节点编号表示工作，以箭线表示工作之间逻辑关系的网络图。

（2）按肯定与非肯定不同分类。

1）肯定型网络计划。计划形成要素（包括工作、工作之间逻辑关系和工作持续时间）都为确定不变的网络计划，称为肯定型网络计划。

2）非肯定型网络计划。计划形成要素中任一项或多项不确定的网络计划，称为非肯定型网络计划。

（3）按网络计划的目标分类。

1）单目标网络计划。只有一个最终目标的网络计划，称为单目标网络计划。

2）多目标网络计划。由若干个独立的最终目标与其相互有关工作组成的网络计划，称为多目标网络计划。

（4）按网络计划层次分类。

1）局部网络计划。以一个分部工作或施工段为对象编制的网络计划，称为局部网络计划。

2）单位工程网络计划。以一个单位工程为对象编制的网络计划，称为单位工程网络计划。

3）综合网络计划。以一个建设项目或建筑群为对象编制的网络计划，称为综合网络计划。

（5）按网络计划时间表达方式分类。

1）时标网络计划。工作的持续时间以时间坐标为尺度编制的网络计划，称为时标网络计划。

2）非时标网络计划。工作的持续时间以数字形式标注在箭线下面绘制的网络计划，称为非时标网络计划。

二、双代号网络图

1. 双代号网络图的基本符号

双代号网络图的基本符号是箭线、节点及节点编号。

(1)箭线。网络图中一端带箭头的实线即为箭线。在双代号网络图中，它与其两端的节点表示一项工作。箭线表达的内容如下：

1)一根箭线表示一项工作或一个施工过程。根据网络计划的性质和作用的不同，工作既可以是一个简单的施工过程，如挖土、铺贴木地板等分项工程或者基础工程、主体工程、装饰工程等分部工程，也可以是一项复杂的工作任务，如教学楼装修工程等单位工程或者教学楼工程等单项工程。如何确定一项工作的范围取决于所绘制的网络计划的作用。

2)一根箭线表示一项工作所消耗的时间与资源，分别用数字标注在箭线的下方和上方。一般而言，每项工作的完成都要消耗一定的时间和资源，如铝合金门窗安装、砖墙隔断等；也存在只消耗时间不消耗资源的工作，如油漆养护、砂浆找平层干燥等技术间歇，若单独考虑时，也应作为一项工作对待。

3)在无时间坐标的网络图中，箭线的长度不代表时间的长短；在有时间坐标的网络图中，其箭线的长度必须根据完成该项工作所需时间长短按比例绘制。

4)线的方向表示工作进行的方向和前进的路线，箭尾表示工作的开始，箭头表示工作的结束。

5)箭线可以画成直线、折线、和斜线，必要时也可以画成曲线，单应以水平直线为主，一般不宜画成垂直线。

(2)节点。在网络图中，表示工作的开始、结束或连接关系的圆圈，称为节点。在双代号网络图中，它表示工作之间的逻辑关系，节点表达的内容有以下几个方面：

1)节点表示前面工作结束和后面工作开始的瞬间，所以，节点不消耗时间和资源。

2)箭线的箭尾节点表示该工作的开始，箭线的箭头节点表示该工作的结束。

3)根据节点在网络图中的位置不同可以分为起点节点、终点节点和中间节点。起点节点是网络图的第一个节点，表示一项工作的开始。终点节点是网络图的最后一个节点，表示一项任务的完成。除起点节点和终点节点以外的节点，称为中间节点，中间节点都有双重含义，既是前面工作的结束节点，也是后面工作的起点节点，如图3-3所示。

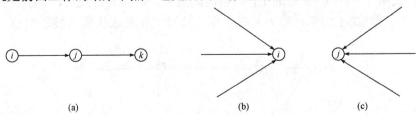

(a)   (b)   (c)

图3-3　内向箭线和外向箭线

(a)起点和终点节点；(b)内向箭线；(c)外向箭线

(3)节点编号。网络图中的每个节点都有自己的编号，以便赋予工作以代号，便于计算网络图的时间参数和检查网络图是否正确。

1)节点编号必须满足两条基本原则。其一,箭头节点编号必须大于箭尾节点编号,因此,节点编号的顺序是:箭尾节点编号在前,箭头节点编号在后;其二,在一个网络图中,所有节点编号不能重复,编号的号码可以按自然数顺序进行,也可以非连续编号,以便适应网络计划调整中增加工作需要,为编号留有余地。

2)节点编号的方法有两种:一种是水平编号法,即从起点开始由上到下逐行编号,每行自左到右顺序编号;另一种是垂直编号法,即从起点开始自左到右逐列编号,每列则根据编号规则的要求进行编号。

2. 紧前工作、紧后工作、平行工作

(1)紧前工作。紧排在本工作之前的工作,称为本工作的紧前工作。双代号网络图中,本工作和紧前工作之间可能有虚工作。

(2)紧后工作。紧排在本工作之后的工作,称为本工作的紧后工作。双代号网络图中,本工作与紧后工作之间可能有虚工作。

(3)平行工作。可与本工作同时进行的工作,称为本工作的平行工作。

3. 内向箭线和外向箭线

(1)内向箭线。指向某个节点的箭线,称为该节点的内向箭线,如图3-3(b)所示

(2)外向箭线。从某节点引出的箭线,称为该节点的外向箭线,如图3-3(c)所示。

4. 虚工作及其应用

双代号网络图中,只表示前后相邻工作之间的逻辑关系,既不占用时间,也不耗用资源的虚拟的工作,称为虚工作。虚工作用虚箭线表示,其表达形式可垂直方向向上或向下,也可水平方向向右,如图3-4所示,虚工作起着联系、区分、断路三个作用。

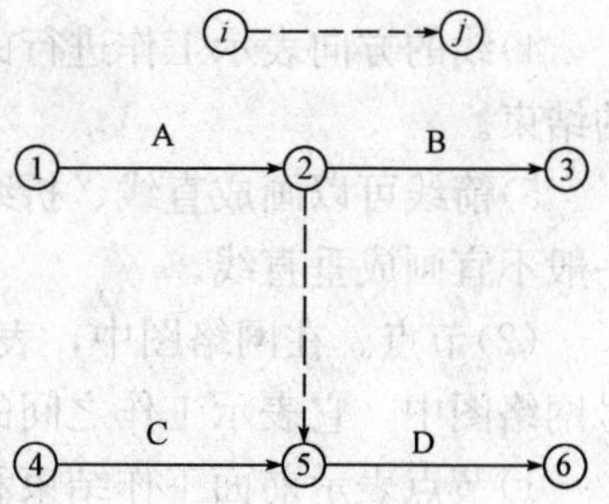

5. 线路、关键线路和关键工作

(1)线路。从网络图的开始节点到终点节点,沿着箭头方向通过一系列箭线与节点的通路。一个网络图中,从起点节点到终点节点,一般都存在着许多条线路,每条线路都包含若干项工作,这些工作的持续时间之和就是该线路的时间长度,即线路上总的工作持续时间。

图3-4 虚工作的表示

(2)关键线路和关键工作。线路上总的工作持续时间最长的线路称为关键线路。如图3-5所示,线路1—3—4—6总的工作持续时间最长,即为关键线路,其余线路称为非关键线路。位于关键线路上的工作称为关键工作。关键工作完成快慢直接影响整个计划工期的实现。

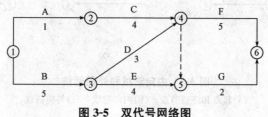

图3-5 双代号网络图

一般来说,一个网络图中至少有一条关键线路。关键线路也不是一成不变的,在一定的条件下,关键线路和非关键线路会相互转化。例如,当采取技术组织措施,缩短关键工

作的持续时间，或者非关键工作持续时间延长，就有可能使关键线路发生转移。网络计划中，关键工作的比重往往不宜过大，网络计划越复杂工作节点越多，则关键工作的比重应该越小，这样有利于抓住主要矛盾。

非关键线路都有若干机动时间（即时差），它意味着工作完成日期尤许适当变动而不影响工期。时差的意义在于可以使非关键工作时差在允许范围内放慢施工进度，将部分人、财、物转移到关键工作上去，以加快关键工作的进程；或者在时差允许范围内改变工作开始和结束时间，以达到均衡施工的目的。

关键线路宜用粗箭线、双箭线或彩色箭线标注，以突出其在网络计划中的重要位置。

任务一　绘制网络图

任务描述

根据工序之间的逻辑关系绘制双代号网络图。

任务分析

双代号网络图又称网络计划技术或箭条图，简称网络图。在我国随着建筑领域投资包干和招标承包制的深入贯彻执行，在施工过程中对进度管理、工期管理和成本监督方面要求更加严格，网络计划技术在这方面将成为有效的工具。借助电子计算机，从计划的编制、优化，到执行过程中调整和控制，网络计划技术突现出它的优势，越来越被人们广泛认识、了解和使用。

相关知识

一、网络图的逻辑关系及其正确表达

1. 网络图的逻辑关系

逻辑关系是指网络计划中所表示的各个施工过程之间的相互制约或依赖的关系。工作之间的逻辑关系包括工艺逻辑关系和组织逻辑关系。

（1）工艺逻辑关系。工艺逻辑关系是由施工工艺所决定的各个施工过程之间客观上存在的先后顺序关系，或者是非生产性工作之间由工作程序决定的先后顺序关系。例如：建筑施工时，先做基础，后做主体；先做结构，后做装修。工艺关系是不能随意改变的。

（2）组织逻辑关系。组织逻辑关系是施工组织安排中，考虑劳动力、机具、材料或工期等影响，在各施工过程之间主观上安排的施工先后顺序关系。也是在不违反工艺关系的关提下，人为安排工作的先后顺序关系，例如，建筑群中各个建筑物的开工顺序先后；施工对象的分段流水作业等。组织顺序可以根据具体情况，按安全、经济、高效的原则统筹安排。

2. 逻辑关系的表达

在网络图中，各施工过程之间有多种逻辑关系。在绘制网络图时，必须正确反映各施

工过程的逻辑关系。

(1)施工过程 A、B、C 依次完成。如图 3-6 所示。

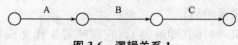

图 3-6　逻辑关系 1

(2)施工过程 B、C 在施工过程 A 完成后同时开始。如图 3-7 所示。

(3)施工过程 C、D 在施工过程 A、B 完成后同时开始。如图 3-8 所示。

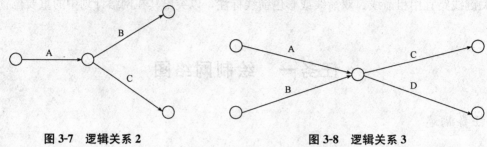

图 3-7　逻辑关系 2　　　　　　　　图 3-8　逻辑关系 3

(4)施工过程 C 在施工过程 A、B 完成之后开始,施工过程 D 在施工过程 B 完成之后开始。如图 3-9 所示。

(5)施工过程 A 完成后施工过程 C、D 开始,施工过程 B 完成后施工过程 E、D 开始。如图 3-10 所示。

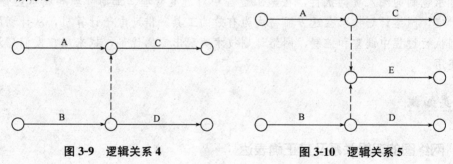

图 3-9　逻辑关系 4　　　　　　　　图 3-10　逻辑关系 5

(6)用网络图表示流水施工时,两个没关系的施工过程之间,有时会产生有联系的错误。

解决办法:用虚箭线切断不合理的联系,以消除逻辑的错误。

例如,某三跨车间地面水磨石工程,现将其分为 A、B、C 三个施工段,按镶玻璃条、铺抹水泥石子浆面层、砂浆面磨光三个施工过程进行搭接施工,其施工持续时间见表 3-1。水磨石工程生产网络图如图 3-11 所示。

表 3-1　施工持续时间

施工过程名称	持续时间		
	A 跨	B 跨	C 跨
镶玻璃条	4	3	4
铺水泥石子	3	2	3
浆面磨光	2	1	2

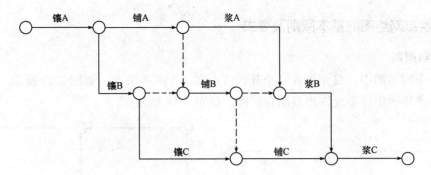

图 3-11　用虚工作表达组织顺序地面水磨石工程生产网络图

二、双代号网络图的绘制方法

正确地绘制双代号网络图是网络计划应用的关键，因此，绘图时必须做到以下几个方面：

(1)正确表示各种逻辑关系。

(2)遵守绘图的基本原则。

(3)选择适当的绘图排列方法。

双代号网络图必须正确表达已定的逻辑关系。例如，已知网络图的逻辑关系见表 3-2。若绘制出网络图如图 3-12(a)所示就是错误的，因为 D 的紧前工作没有 A。此时，可引入虚工作横向断路法或竖向断路法将 D 与 A 的关系断开，如图 3-12(b)、(c)、(d)所示。

表 3-2　逻辑关系

工作	A	B	C	D
紧前工作	—	—	A、B	B

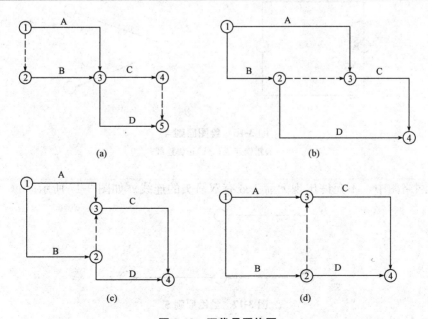

图 3-12　双代号网络图

三、绘制网络图的基本原则及要求

1. 绘制原则

(1)一个网络图中，只允许有一个开始节点和一个终点节点。如图 3-13 所示。

(2)在网络图中，不允许出现闭合回路。如图 3-14 所示。

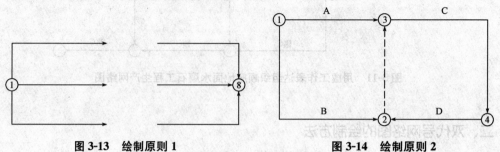

图 3-13　绘制原则 1　　　　　　　　图 3-14　绘制原则 2

(3)一个网络图中，不允许出现一个代号代表两个施工过程。如图 3-15 所示。

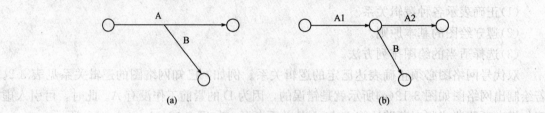

图 3-15　绘图原则 3
(a)错误连线；(b)正确连线

(4)一个网络图中，不允许出现同样编号的节点和箭线。如图 3-16 所示。

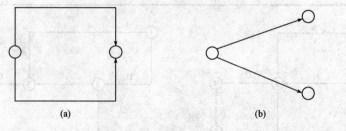

图 3-16　绘图原则 4
(a)错误连线；(b)正确连线

(5)在网络图中，不允许出现无箭头或有双箭头的连线。如图 3-17 所示。

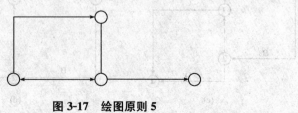

图 3-17　绘图原则 5

(6)在网络图中，应尽量避免交叉箭杆，当确实无法避免时，应采用过桥法或断线法表示。如图 3-18 所示。

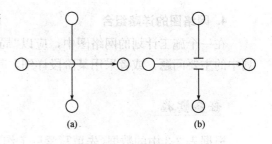

2. 事件编号

(1)从左到右依次进行或从上到下依次进行。

(2)箭头节点编号大于箭尾节点编号。

(3)编号不能重复，但可以隔号。

图 3-18　绘图原则 6
(a)过桥法；(b)断线法

3. 绘制要求

(1)绘制步骤。

1)根据给定的逻辑关系绘制网络草图。

2)根据题意检查和整理网络图，去掉多余的虚工作。

(2)绘制要求。

1)网络图的箭线应以水平线为主，竖线和斜线为辅。

2)在网络图中，箭线应保持从左到右的方向，避开出现"反向箭线"。

3)在网络图中，应尽量减少不必要的虚箭线。

四、网络图的拼图

1. 网络图的排列

(1)按施工过程排列。根据施工顺序把各施工过程按垂直方向排列，施工段按水平方向排列。

例如，某基础工程有挖土、垫层、砌基础墙、回填土等施工过程，分三个施工段组织流水施工，试按施工过程排列绘制网络图。

(2)按施工段排列。是把同一施工段上的有关施工过程按水平方向排列，施工段按垂直方向排列。

例如，某基础工程有挖土、垫层、砌基础墙、回填土等施工过程，分三个施工段组织流水施工，试按施工段排列绘制网络图。

(3)按楼层排列。

例如，五层内装修工程分地面、天棚粉刷、内墙粉刷、安装门窗四个施工过程，按自上而下的顺序组织施工，试按楼层排列绘制网络图。

(4)按工程幢号排列。用于多幢房屋的群体工程施工的网络计划，是将每幢房屋划分为若干个分部工程，并将它们按水平方向排列，幢号按垂直方向排列。

2. 网络图的合并

为了简化网络图，可将较详细的、相对独立的局部网络图变为较概括的少箭线的网络图。

合并的方法：保留局部网络图中与外部工作相联系的节点，合并后箭线所表达的工作持续时间为合并前该部分网络图中相应最长线路的工作时间之和。

3. 网络图的连接

在绘制一个工程规模比较复杂或有多幢房屋工程的网络计划时，一般先按不同的分部工程编制局部网络图，然后根据其相互之间的逻辑关系进行连接，形成一个总体网络图。

4. 网络图的详略组合

在一个施工计划的网络图中，应以"局部详细，整体粗略"的方式来突出重点，说明计划中的主要问题，或者采用某阶段详细，其他阶段粗略的方法使图形简化。

✔️**任务实施**

根据表 3-3 中的数据（先填写紧后工作），绘制双代号网络图。

表 3-3　工作的逻辑关系及持续时间

工作	A	B	C	D	E	F	G	H	I	J
紧前	无	A	B	B	B	C、D	C、E	F、G	F	H、I
紧后	B	D、C、E	F、G	F	G	IH	H	J	J	无

双代号网络图如图 3-19 所示。

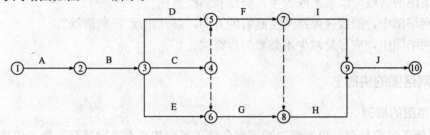

图 3-19　双代号网络图

任务二　确定网络图时间参数

📖**任务描述**

双代号网络时间参数的分析和计算。

📝**任务分析**

时间参数的计算方法很多，可人工计算，也可通过计算机计算。人工计算一般采用图上计算法或表上计算法。不管采用哪种方法，其计算步骤大致相同，具体步骤如下：

(1)计算工作的最早时间。工作的最早时间是从左向右逐项工作进行计算。先定计划的开始时间，网络图中的起始节点一般取相对时间为第 0 天，则第一项工作的最早开始时间为第 0 天，将它与第一项工作的持续时间相加，即为该工作的最早完成时间。逐项进行计算，一直算到最后一项工作，其最早完成时间即为该计划的计算工期。

(2)确定网络计划的计划工期。如果项目的总工期没有特殊的规定，一般取项目的计划工期为计算工期。

(3)计算工作的最迟时间。工作的最迟时间是从右向左逐项进行计算。先定计划工期，最后一项工作的完成时间即为所定的计划工期时间，将它与其持续时间相减，即为最后一项工作的最迟开始时间。逆方向逐项进行计算，一直算到第一项工作。

(4)计算工作的总时差。每一项工作的最迟时间与最早时间之差，即为该工作的总时差。

(5)计算工作的自由时差。某一项工作的自由时差为其紧后工作的最早开始时间最小值减去本工作的最早完成时间。

(6)确定网络计划中的关键线路。总时差为零的工作为关键工作，将这些关键工作首尾相连在一起，即为关键线路，一般用粗箭线或双箭线表示。

相关知识

双代号网络图时间参数计算的目的是为网络计划的执行、调整和优化提供必要的时间依据。

双代号网络图时间参数计算的内容有：计算各个事件最早时间和最迟时间；各项工作的最早开始时间、最迟开始；最早完成、最迟完成时间；各项工作的自由时差、总时差。

双代号网络图时间参数计算的方法有：图上计算法、表上计算法和矩阵法电算法。

1. 时间参数的计算目的

通过网络计划图时间参数的计算可以达到下列目的：

(1)确定完成整个计划的总工期，各项工作的最早可能开始时间和最早可能完成时间。

(2)确定各工作的最迟必须开始时间和最迟必须完成时间，各项工作的各种机动时间与计划中的关键工作及关键线路。

(3)它是绘制时标网络计划图的基础。网络图经过时间参数计算后，才可绘制时间坐标网络计划图，以便为网络计划下达执行提供依据。

(4)它是网络计划调整与优化的前提条件。时间参数计算后发现工期超出合同工期，工程费用消耗过高，由时标图上绘制出的资源调配图可以看出资源供应明显不均衡等，必须对原网络计划图进行必要的调整与优化，以达到既定的计划管理目标。

2. 时间参数的分类

网络计划的时间参数按其特性可分为控制性时间参数和协调性时间参数两类。

(1)控制性时间参数。

1)最早时间系列参数包括：

①工作的最早可能开始时间(ES)；

②工作的最早可能完成时间(EF)；

③节点的最早可能实现时间(ET)。

2)最迟时间系列参数包括：

①工作的最迟必须开始时间(LS)；

②工作的最迟必须完成时间(LF)；

③节点的最迟必须实现时间(LT)。

(2)协调性时间参数。

1)工作的总时差(TF)；

2)工作的局部时差(或称工作的自由时差)(FF)。

这里所说的时差，即为工作的机动时间，它意味着一些工作适当地推迟开始或者推迟完成，并不影响整个计划的完成时间。

3. 时间参数的计算假定

为了使网络图时间参数计算都建立在统一的网络模型上，并共同规定时间计算的起点，必须作出以下计算假定：

(1)网络计划图中工作的持续时间是已知的，即为肯定型网络模型。

(2)工作的可能开始或完成，或者必须开始或完成时间，均以单位时间终了时刻为计算标准。

一、网络计划的时间参数及符号

网络计划的时间参数及符号见表 3-4。

表 3-4 网络计划的时间参数及符号

参数	名称	符号	英文单词
工期	计算工期	T_c	Computer Time
	要求工期	T_r	Require Time
	计划工期	T_p	Plan Time
工作的 时间参数	持续时间	D_{i-j}	Day
	最早开始时间	ES_{i-j}	Earliest Starting Time
	最早完成时间	EF_{i-j}	Earliest Finishing Time
	最迟完成时间	LF_{i-j}	Latest Finishing Time
	最迟开始时间	LS_{i-j}	Latest Starting Time
	总时差	TF_{i-j}	Total Float Time
	自由时差	FF_{i-j}	Free Float Time

1. 工作持续时间

工作持续时间是指一项工作从开始到完成的时间。

计算方法 $\begin{cases} 定额计算法 \\ 经验估算法 \\ 倒排计划法 \end{cases}$

2. 工期

工期是指完成一项任务所需要的时间。一般分为三种工期。

(1)计算工期：是指根据时间参数计算所得到的工期，用 T_c 表示。

(2)要求工期：是指任务委托人提出的指令性工期，用 T_r 表示。

(3)计划工期：是指根据要求工期和计算工期所确定的实施目标的工期，用 T_p 表示。

当规定了要求工期时：$T_p \leqslant T_r$。

当未规定要求工期时：$T_p = T_c$。

3. 节点时间参数

(1)节点最早时间。双代号网络计划中，以该节点为开始节点的各项工作的最早开始时间，称为节点最早时间。用"T_{E-i}"表示。

计算方法：顺着箭线方向相加，逢箭头相撞取大值。

公式：

$$\begin{cases} T_{E-i}=0 & (i=0) \\ T_{E-j}=\max(T_{E-j}+D_{i-j}) & (0<i<j\leqslant n) \end{cases} \tag{3-1}$$

式中　T_{E-i}——任意节点 i 的最早时间；

　　　T_{E-j}——任意节点 i 的紧后节点 j 的最早时间；

　　　D_{i-j}——工作 $i-j$ 的持续时间。

(2)节点最迟时间。双代号网络计划中，以该节点为完成节点的各项工作的最迟完成时间，称为节点最迟时间。用"T_{i-L}"表示。

计算方法：逆着箭线方向相减，逢箭尾相撞取小值。

公式：

$$\begin{cases} T_{L-n}=T_{E-n} \\ T_{L-i}=T_{L-j}-D_{i-j} & (0<i<j\leqslant n) \end{cases} \tag{3-2}$$

4. 工作时间参数

(1)最早开始时间和最早完成时间。最早开始时间是指各紧前工作全部完成后，本工作有可能开始的最早时刻。工作 $i-j$ 的最早开始时间用 ES_{i-j} 表示。

最早完成时间是指各紧前工作全部完成后，本工作有可能完成的最早时刻。工作 $i-j$ 的最早完成时间用 EF_{i-j} 表示。

公式：

$$\begin{cases} ES_{i-j}=T_{E-i} \\ EF_{i-j}=ES_{i-j}+D_{i-j} \end{cases} \tag{3-3}$$

式中　ES_{i-j}——工作 $i-j$ 的最早开始时间；

　　　EF_{i-j}——工作 $i-j$ 的最早完成时间。

(2)最迟开始时间和最迟完成时间。最迟开始时间是指在不影响整个任务按期完成的前提下，工作必须开始的最迟时刻。工作 $i-j$ 的最迟开始时间用 LS_{i-j} 表示。

最迟完成时间是指在不影响整个任务按期完成的前提下，工作必须完成的最迟时刻。工作 $i-j$ 的最迟完成时间用 LF_{i-j} 表示。

公式：

$$\begin{cases} LF_{i-j}=T_{L-j} \\ LS_{i-j}=LF_{i-j}-D_{i-j} \end{cases} \tag{3-4}$$

式中　LF_{i-j}——工作 $i-j$ 的最迟开始时间；

　　　LS_{i-j}——工作 $i-j$ 的最迟完成时间。

(3)总时差与自由时差。

1)总时差是指各项工作在不影响总工期的前提下所具有的机动时间。工作 $i-j$ 的总时差用 TF_{i-j} 表示。

公式：

$$TF_{i-j}=T_{L-j}-(T_{E-i}+D_{i-j}) \tag{3-5}$$

2)自由时差是指各项工作在不影响其紧后工作最早开始时间的情况下所具有的机动时间。工作 $i-j$ 的自由时差用 FF_{i-j} 表示。

公式：

$$FF_{i-j}=T_{E-j}-(T_{E-i}+D_{i-j}) \tag{3-6}$$

式中 FF_{i-j}——工作 $i—j$ 的自由时差。

总时差与自由时差的比较，如图 3-20 所示。

(4)判别关键工作。

1)网络图中所有线路持续时间最长者为关键线路。

2)当 $T_p=T_c$ 时，总时差为 0 者为关键线路。

3)当 $T_p=T_c$ 时，总时差为 T_p-T_c 者为关键线路。

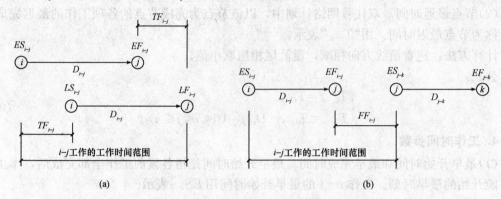

图 3-20 总时差与自由时差的比较

(a)总时差计算示意图；(b)自由时差计算示意图

二、图上法计算实例

【例 3-1】 某双代号网络图如图 3-21 所示，各工作的工作时间标注在箭线下面，请计算各工作的时间参数，并确定关键线路和工期。

【解】 按下列步骤进行：

(1)在每个工作名称的上方画上"草字头"形状的格子。

(2)从左到右计算最早开始时间，用加法计算最早完成时间；将计算结果标注在图例指定的位置，在终点节点的右方用方框标注计算工期。

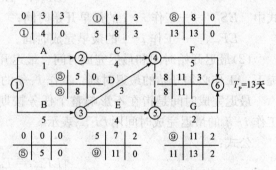

图 3-21 某工程网络图

(3)从右到左计算最迟完成时间，用减法计算最迟开始时间；将计算结果标注在图例指定的位置。

(4)计算总时差和自由时差，将计算结果标注在图例指定的位置。

(5)寻找关键线路，并用实线或双线标注在图上。

此题关键线路为：1—3—4—6，工期为 13 天。

📝 **任务实施**

根据表 3-5 中的逻辑关系，绘制双代号网络图，并采用工作计算法计算各工作的时间参数。

表 3-5   双代号网络图逻辑关系

工作	A	B	C	D	E	F	G	H	I
紧前	—	A	A	B	B、C	C	D、E	E、F	H、G
时间	3	3	3	8	5	4	4	2	2

根据上述逻辑关系绘制的双代号网络图如图 3-22 所示。

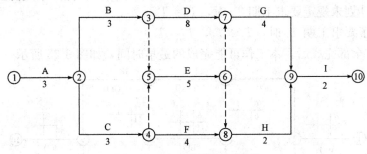

图 3-22   完成的网络图绘制

时间参数计算的表达方式如图 3-23 所示。

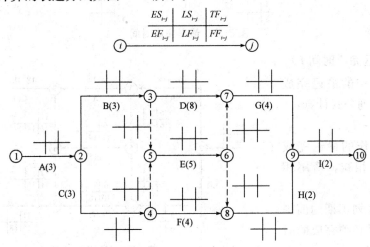

图 3-23   网络图计算表达方式

1. 工作的最早开始时间 ES_{i-j}

工作的最早开始时间，即各紧前工作全部完成后，本工作可能开始的最早时间。

计算结果如图 3-24 所示。

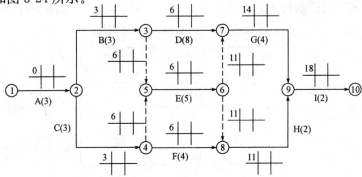

图 3-24   最早开始时间计算

2. 工作的最早完成时间 EF_{i-j}

工作的最早完成时间 EF_{i-j} 按下列公式计算：

$$EF_{i-j} = ES_{i-j} + D_{i-j}$$

(1)计算工期 T_c 等于一个网络计划关键线路所花的时间，即网络计划结束工作最早完成时间的最大值，即 $T_c = \max\{EF_{i-n}\}$。

(2)当网络计划未规定要求工期 T_r 时，$T_p = T_c$。

(3)当规定了要求工期 T_r 时，$T_c \leqslant T_p$，$T_p \leqslant T_r$。

各紧前工作全部完成后，本工作可能完成的最早时间，如图 3-25 所示。

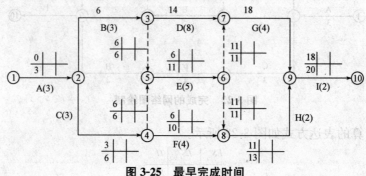

图 3-25 最早完成时间

3. 工作最迟完成时间 LF_{i-j}

(1)结束工作的最迟完成时间 LF_{i-j} 按下列公式计算：

$$LF_{i-j} = T_p。$$

(2)其他工作的最迟完成时间按"逆箭头相减，箭尾相碰取小值"计算。

在不影响计划工期的前提下，该工作最迟必须完成的时间，如图 3-26 所示。

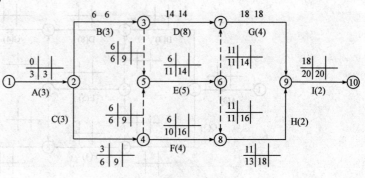

图 3-26 最迟完成时间

4. 工作最迟开始时间 LS_{i-j}

工作最迟开始时间 LS_{i-j} 按下列公式计算：

$$LS_{i-j} = LF_{i-j} - D_{i-j}$$

在不影响计划工期的前提下，该工作最迟必须开始的时间，如图 3-27 所示。

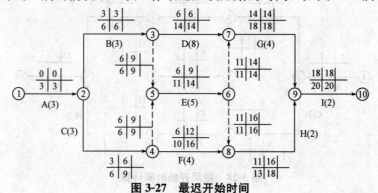

图 3-27 最迟开始时间

5. 工作的总时差 TF_{i-j}

工作的总时差 TF_{i-j} 按下列公式计算：

$$TF_{i-j}=LS_{i-j}-ES_{i-j} \text{或} TF_{i-j}=LF_{i-j}-EF_{i-j}$$

在不影响计划工期的前提下，该工作存在的机动时间。计算结果如图 3-28 所示。

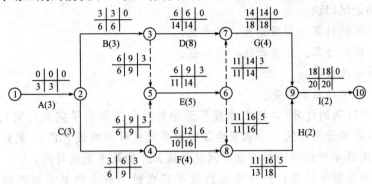

图 3-28　总时差计算

6. 自由时差 FF_{i-j}

自由时差 FF_{i-j} 按下列公式计算：

$$FF_{i-j}=ES_{j-k}-EF_{i-j}$$

在不影响紧后工作最早开始时间的前提下，该工作存在的机动时间，其计算结果如图 3-29 所示。

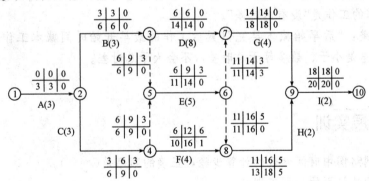

图 3-29　自由时差计算

💻　➤知识拓展

在双代号网络图中怎样根据时间参数确定关键工作和关键线路

总时差（TF）为零的线路即为关键线路，关键线路上的各工作段即为关键工作。

一、双代号网络图 6 个时间参数的计算方法（图上计算法）

从左向右累加，多个紧前取大，计算最早开始结束；

从右到左累减，多个紧后取小，计算最迟结束开始。

紧后左上一自己右下＝自由时差。

上方之差或下方之差是总时差。

计算某工作总时差的简单方法：

(1)找出关键线路，计算总工期；

(2)找出经过该工作的所有线路，求出最长的时间。

二、重要的记忆口诀

工作最早时间的计算：顺着箭线，取大值。

工作最迟时间的计算：逆着箭线，取小值。

总时差：最迟减最早。

自由时差：后早始减本早完。

(1)工作最早时间的计算(包括工作最早开始时间和工作最早完成时间)："顺着箭线计算，依次取大"(最早开始时间——取紧前工作最早完成时间的最大值)，起始节点工作最早开始时间为0。用最早开始时间加持续时间就是该工作的最早完成时间。

(2)网络计划工期的计算：终点节点的最早完成时间最大值就是该网络计划的计算工期，一般以这个计划工期为要求工期。

(3)工作最迟时间的计算(包括工作最迟完成时间和最迟开始时间)："逆着箭线计算，依次取小"(最迟完成时间——取紧后工作最迟开始时间的最小值)。与终点节点相连的最后一个工作的最早完成时间(计算工期)就是最后一个工作的最迟完成时间。用最迟完成时间减去工作的持续时间就是该工作的最迟开始时间。

(4)总时差："最迟减最早"(最迟开始时间减最早开始时间或者最迟完成时间减最早完成时间)。注意这里都是"最迟减最早"。每个工作都有总时差，最小的总时差是零，我们经常说总时差为零的工作是"没有总时差"。

(5)自由时差："后早始减本早完"(紧后工作的最早开始时间减本工作的最早完成时间)。自由时差总是小于、最多等于总时差，不会大于总时差。

拓展实训

1. 双代号网络图中时间参数的计算步骤，正确的顺序是(　　)。

①确定网络计划的计划工期；

②计算工作的最早时间；

③计算工作的最迟时间；

④计算工作的自由时差；

⑤计算工作的总时差；

⑥确定网络计划中的关键线路。

A. ①—②—③—④—⑤—⑥

B. ⑥—①—②—③—④—⑤

C. ②—①—③—⑤—④—⑥

D. ①—②—④—⑤—⑥—③

2. 在工程双代号网络计划中，某项工作的最早完成时间是指(　　)。

A. 开始节点的最早时间与工作总时差之和

B. 开始节点的最早时间与工作持续时间之和

C. 完成节点的最迟时间与工作持续时间之差

D. 完成节点的最迟时间与工作总时差之差

E. 完成节点的最迟时间与工作自由时差之差

3. 在某工程网络计划中，工作 M 的最早开始时间和最迟开始时间分别为第 12 天和第 15 天，其持续时间为 5 天。工作 M 有 3 项紧后工作，它们的最早开始时间分别为第 21 天、第 24 天和第 28 天，则工作 M 的自由时差为（　　）天。

A. 1　　　　　　B. 3　　　　　　C. 4　　　　　　D. 8

4. 在某工程网络计划中，工作 M 的最早开始时间和最迟开始时间分别为第 15 天和第 18 天，其持续时间为 7 天。工作 M 有 2 项紧后工作，它们的最早开始时间分别为第 24 天和第 26 天，则工作 M 的总时差和自由时差（　　）天。

A. 分别为 4 和 3　　B. 均为 3　　　　C. 分别为 3 和 2　　D. 均为 2

5. 在某工程双代号网络计划中，工作 M 的最早开始时间为第 15 天，其持续时间为 7 天。该工作有两项紧后工作，它们的最早开始时间分别为第 27 天和第 30 天，最迟开始时间分别为第 28 天和第 33 天，则工作 M 的总时差和自由时差（　　）天。

A. 均为 5　　　　　B. 分别为 6 和 5　　C. 均为 6　　　　　D. 分别为 11 和 6

任务三　双代号时标网络计划

任务描述

了解时标网络计划的概念及特点；了解时标网络计划的分类；掌握时标网络计划的绘制方法。

任务分析

双代号时标网络计划（时标网络计划）是以时间坐标为尺度编制的网络计划，时标网络计划中应以实箭线表示工作，以虚箭线表示虚工作，以波浪线表示工作的自由时差。虚工作必须以垂直方向的虚箭线来表示，有自由时差时加波纹线来表示。此外，时标网络计划中，箭线的长短及节点位置表示工作的时间进程，使用起来非常直观，能一目了然地在图上直接看出各项工作的开始时间、结束时间、自由时差等相关的网络图参数，这是它与其他一般网络图不相同的地方。时标网络计划不但具有网络计划的优点，还有横道图的直观易懂的优点，是一种得到广泛应用的计划形式。

相关知识

一、时标网络计划的概念、特点及适用范围

1. 双代号时标网络计划的概念

双代号时标网络计划是综合应用横道图的时间坐标和网络计划的原理，是在横道图的

基础上引入网络计划中各工作的逻辑关系的表达方法。

2. 时标网络计划的特点

(1)时标网络计划中工作箭线的长度与工作的持续时间长度一致。

(2)可直接显示各工作的时间参数和关键线路。

(3)由于受到时间坐标的限制，所以，时标网络计划不会产生"闭合回路"。

(4)可以直接在时标网络图的下方绘出资源动态曲线，便于分析，平衡调度。

(5)由于时标网络计划中工作箭线长度和位置受到时间坐标的限制，因此，它的修改和调整没有无时标网络方便。

3. 双代号时标网络计划的适用范围

(1)工作项目较少、工艺过程比较简单的工程。

(2)局部网络工程。

(3)作业性网络工程。

(4)使用实际进度前锋线进行进度控制的网络计划。

二、时标网络计划的一般规定及分类

1. 时标网络计划的一般规定

(1)双代号时标网络计划必须以水平时间坐标为尺度表示工作时间，时标的时间单位可为时、天、月、季。

(2)时标网络计划应以实箭线表示工作，以虚箭线表示虚工作，以波浪线表示工作的自由时差。

(3)时标网络计划中节点中心必须对准相应的时标位置，需工作的水平投影长度表示工作的自由时差。

2. 时标网络计划的分类

(1)早时标网络计划——按节点最早时间绘制的网络计划。

(2)迟时标网络计划——按节点最迟时间绘制的网络计划。

三、时标网络计划的绘制方法

1. 直接绘制法

直接绘制法是指不计算时间参数，直接根据无时标网络计划在时标表上进行绘制时标网络计划的方法，其绘制步骤如下：

(1)确定时间坐标刻度线。

(2)将起点节点定位在时间坐标横轴为零的纵轴上。

(3)按工作持续时间在时间坐标上绘制以起点节点为开始节点的各工作箭线。

(4)其他工作的开始节点必须在该工作的全部紧前工作都绘出后，定位在这些紧前工作最晚完成的时标纵轴上。某些工作的箭线长度不足以达到该节点时，用波浪线来补足，箭头画在波浪线与节点连接处。

(5)用以上方法从左到右依次确定其他节点的位置，直至网络计划的终点节点定位为止。

2. 间接绘制法

(1)绘制双代号网络图，计算时间参数，找出关键线路，确定关键工作。

(2)根据实际需要确定时间单位并绘制时标横轴。

(3)根据工作最早开始时间或节点的最早时间确定各节点的位置。

(4)依次在各节点间绘出箭线和自由时差。

(5)用虚箭线连接各有关节点，将有关的工作连接起来。

四、关键线路和工期的确定

1. 关键线路的确定

自终点节点逆箭线方向朝起点节点观察，自始至终不出现波浪线的线路为关键线路。

2. 工期的确定

终点节点与起点节点所在位置的时标值之差为工期。

☑ **任务实施**

双代号时标网络计划的绘制

双代号时标网络计划是以时间坐标为尺度编制的网络计划。时标网络计划中应以实箭线表示工作，以虚箭线表示虚工作，以波浪线表示工作的自由时差。

关键线路：没有波折线的线路。

一、主要特点

(1)能够清楚地表明计划的时间进程，使用方便。

(2)能在图上直接显示出各项工作的开始与完成时间，工作的自由时差及关键线路。

(3)可以统计每一个单位时间对资源的需要量，以便进行资源优化和调整。

二、基本特征

(1)用节点及其编号来表示工作的是单代号网络图和单代号搭接网络图。

(2)用箭线和两端节点编号来表示工作的是双代号网络图和双代号时标网络图。

(3)以时间坐标为尺度编制的是横道图和双代号时标网络图。

(4)所有单代号的网络图是用节点及其编号来表示工作的。

(5)所有双代号的网络图是用箭线和两端节点来表示工作的。

三、几个重要概念

(1)关键工作指的是网络计划中总时差最小的工作。

(2)关键路线是总的工作时间持续最长的线路。

压缩关键工作的持续时间除满足工期要求外，还需考虑以下因素：

1)缩短持续时间对质量和安全影响不大的工作；

2)有充足备用资源的工作；

3)缩短持续时间所需增加的费用最少的工作。

(3)总时差是指在不影响总工期的前提下，可以利用的机动时间。

(4)自由时差是指在不影响其紧后工作最早开始时间的前提下，本工作可以利用的机动时间。

关键工作是网络计划中总时差最小的工作，当计划工期等于计算工期时，关键工作的总时差为 0，当计算工期不能满足工期要求时，只能压缩关键工作的持续时间，关键工作位于关键线路上，关键工作自由时差最小，但自由时差最小的工作不都是关键工作。

一个网络计划可能有一条或几条关键线路，在网络计划执行的过程中，关键线路有可能发生转移。关键线路上的工作是关键工作。

四、时标网络计划的绘制

时标网络计划宜按最早的时间绘制。在绘制前，首先应根据确定的时间单位绘制出一个时间坐标表，时间坐标单位可根据计划期的长短确定（可以是小时、天、周、旬、月或季等）；时标一般标注在时标表的顶部或底部（也可在顶部和底部同时标注，特别是大型的、复杂的网络计划），要注明时标单位。有时在顶部或底部还加注相对应的日历坐标和计算坐标。时标表中的刻度线应为细实线，为使图面清晰，此线一般不画或少画，如图 3-30 所示。

计算坐标	1	2	3	4	5	6	7	8	9	10	11	12	13	14
日　历	24/4	25/4	26/4	29/4	30/4	6/5	7/5	8/5	9/5	10/5	13/5	14/5	15/5	16/5	17/5
（工作单位）	1	2	3	4	5	6	7	8	9	10	11	12	13	14	15
网络计划														
（工作单位）														

图 3-30　时标网络计划坐标

时标形式有以下三种：

(1)计算坐标主要用作网络计划时间参数的计算，但不够明确，如网络计划表示的计划任务从第 0 天开始，就不易理解。

(2)日历坐标可明确表示整个工程的开工日期和完工日期以及各项工作的开始日期和完成日期，同时还可以考虑扣除节假日休息时间。

(3)工作日坐标可明确表示各项工作在工程开工后第几天开始和第几天完成，但不能表示工程的开工日期和完工日期以及各项工作的开始日期和完成日期。

在时标网络计划中，以实线表示工作，实线后不足部分（与紧后工作开始节点之间的部分）用波浪线表示，波浪线的长度表示该工作与紧后工作之间的时间间隔；由于虚工作的持续时间为 0，所以，应垂直于时间坐标（画成垂直方向），用虚箭线表示，如果虚工作的开始节点与结束节点不在同一时刻上，水平方向的长度用波浪线表示，垂直部分仍应画成虚箭线，如图 3-31(a)、(b)所示。

在绘制时标网络计划时，应遵循以下规定：

(1)代表工作的箭线长度在时标表上的水平投影长度，应与其所代表的持续时间相对应。

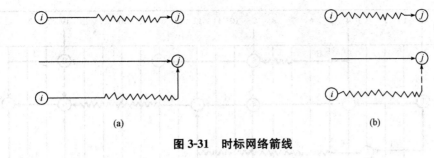

图 3-31 时标网络箭线

(2)节点的中心线必须对准时标的刻度线。

(3)在箭线与其结束节点之间有不足部分时，应用波浪线表示。

(4)在虚工作的开始与其结束节点之间，垂直部分用虚箭线表示，水平部分用波浪线表示。

绘制时标网络计划应先绘制出无时标网络计划(逻辑网络图)草图，然后，再按间接绘制法或直接绘制法绘制。

1. 间接绘制法

间接绘制法(或称先算后绘法)是指先计算无时标网络计划草图的时间参数，然后再在时标网络计划表中进行绘制的方法。

采用这种方法时，应先对无时标网络计划进行计算，算出其最早时间。然后，再按每项工作的最早开始时间将其箭尾节点定位在时标表上，再用规定线型绘制出工作及其自由时差，即形成时标网络计划。绘制时，一般先绘制出关键线路，然后再绘制非关键线路。其绘制步骤如下：

(1)先绘制网络计划草图，如图 3-32 所示。

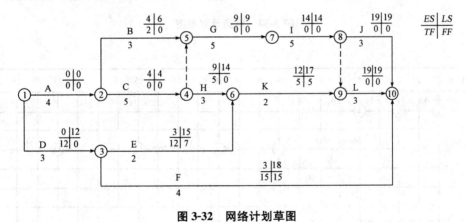

图 3-32 网络计划草图

(2)计算工作最早时间并标注在图上。

(3)在时标表上，按最早开始时间确定每项工作的开始节点位置(图形尽量与草图一致)，节点的中心线必须对准时标的刻度线。

(4)按各工作的时间长度画出相应工作的实线部分，使其水平投影长度等于工作时间；由于虚工作不占用时间，所以，应以垂直虚线表示。

(5)用波浪线把实线部分与其紧后工作的开始节点连接起来，以表示自由时差，如图 3-33所示。

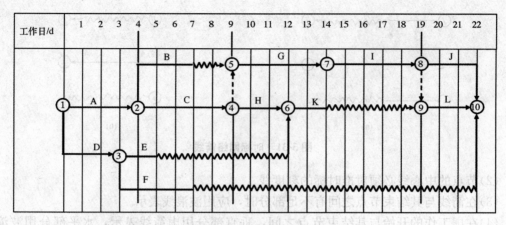

图 3-33 时标网络图

【例 3-2】 试用间接方法绘制下列时标网络计划，如图 3-34 和图 3-35 所示。

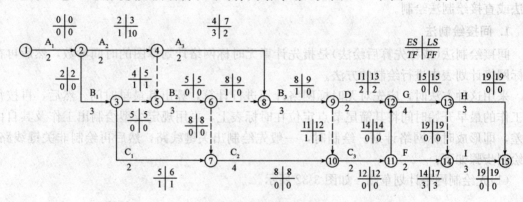

图 3-34 网络计划草图

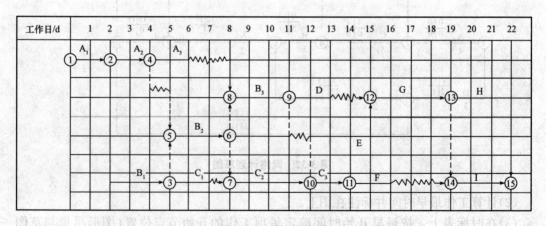

图 3-35 时标网络图

2. 直接绘制法

直接绘制法是指不经时间参数计算而直接按无时标网络计划草图绘制时标网络计划，如图 3-36 所示。

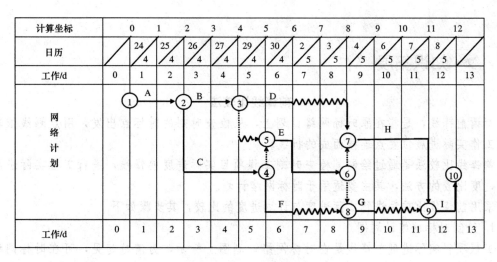

图 3-36　时标网络图

绘制步骤如下：

(1)将网络计划起点节点定位在时标表的起始刻度线上(即第一天开始点)。

(2)按工作持续时间在时标表上绘制起点节点的外向箭线，如图 3-36 中的 1—2 箭线。

(3)工作的箭头节点必须在其所有内向箭线绘出以后，定位在这些箭线中完成最迟的实箭线箭头处，如图 3-36 中，3—5 和 4—5 的结束节点 5 定位在 4—5 的最早完成时间工作；4—8 和 6—8 的结束节点 8 定位在 4—8 的最早完成时间等。

(4)某些内向箭线长度不足以到达该节点时，用波浪线补足，即为该工作的自由时差；如图 3-36 中，节点 5、7、8、9 之前都用波浪线补足。

(5)用上述方法自左向右依次确定其他节点的位置，直至终点节点定位绘完为止。

需要注意的是，使用这一方法的关键是要把虚箭线处理好。首先要把它等同于实箭线看待，但其持续时间为零；其次，虽然它本身没有时间，但可能存在时差，故要按规定画好波浪线。在画波浪线时，虚工作垂直部分应画虚线，箭头在波形线末端或其后存在虚箭线时应在虚箭线的末端，如图 3-36 中，虚工作 3—5 的画法。

【例 3-3】　试用直接方法绘制下列时标网络计划图，如图 3-37 所示。

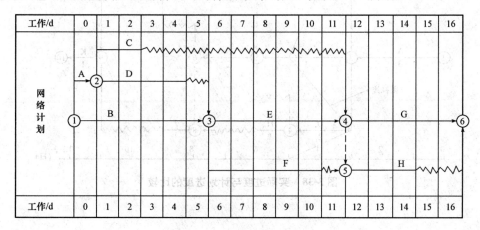

图 3-37　时标网络计划图

前锋线比较法

所谓前锋线，是指在原时标网络计划上，从检查时刻的时标点出发，用点划线依次将各项工作实际进展位置点连接而成的折线。

前锋线比较法是通过绘制某检查时刻工程项目实际进度前锋线，进行工程实际进度与计划进度比较的方法，其主要适用于时标网络计划。

采用前锋线比较法进行实际进度与计划进度的比较，其步骤如下。

1. 绘制时标网络计划图

工程项目实际进度前锋线是在时标网络计划图上标示，为清楚起见，可在时标网络计划图的上方和下方各设一时间坐标。

2. 绘制实际进度前锋线

一般从时标网络计划图上方时间坐标的检查日期开始绘制，依次连接相邻工作的实际进展位置点，最后与时标网络计划图下方坐标的检查日期相连接。

3. 进行实际进度与计划进度的比较

前锋线可以直观地反映出检查日期有关工作实际进度与计划进度之间的关系。对某项工作来说，其实际进度与计划进度之间的关系可能存在以下三种情况。

(1)工作实际进展位置点落在检查日期的左侧，表明该工作实际进度拖后，拖后的时间为两者之差。

(2)工作实际进展位置点与检查日期重合，表明该工作实际进度与计划进度一致。

(3)工作实际进展位置点落在检查日期的右侧，表明该工作实际进度超前，超前的时间为两者之差，如图 3-38 所示。

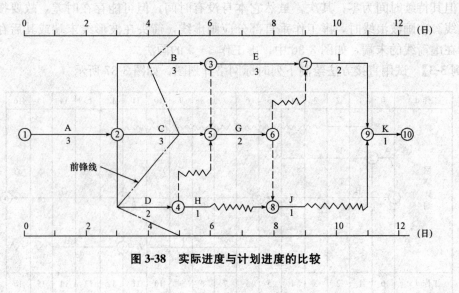

图 3-38 实际进度与计划进度的比较

1. 双代号时标网络计划的特点之一是(　　　)。

   A. 可以在图上直接显示工作开始与结束时间和自由时差,但不能显示关键线路

   B. 不能在图上直接显示工作开始与结束时间,但可以直接显示自由时差和关键线路

   C. 可以在图上直接显示工作开始与结束时间,但不能显示自由时差和关键线路

   D. 可以在图上直接显示工作开始与结束时间、自由时差和关键线路

2. 在双代号时标网络图中,以波浪线表示工作的(　　　)。

   A. 逻辑关系　　　　　B. 关键线路　　　　　C. 总时差　　　　　D. 自由时差

3. 双代号时标网络图中箭线末端(箭头)对应的标值为(　　　)。

   A. 该工作的最早开始时间　　　　　B. 该工作的最迟完成时间

   C. 该工作的最早完成时间　　　　　D. 紧后工作的最迟开始时间

4. 双代号时标网络计划中,当某工作之后有虚工作时,则该工作的自由时差为(　　　)。

   A. 该工作的波形的水平长度

   B. 本工作于紧后工作间波形线水平长度和的最小值

   C. 本工作于紧后工作间波形线水平长度和的最大值

   D. 后续所有线路段中波形线中水平长度和的最小值

任务四　网络计划的优化

任务描述

通过时间参数计算分析施工进度中出现的问题,能对网络计划进行优化及进度控制。

任务分析

工程网络图的优化,是在满足既定的约束条件下,按某一目标通过不断改进网络计划寻求满意方案。网络计划的优化按计划任务的需要和条件选定,有工期优化、成本优化和资源优化。在优化过程中,不一定需要全部时间参数值,只需寻求出关键线路和次关键线路,即可进行优化。关键线路直接寻求法之一是标号法,即对每个节点和标号值进行标号,将节点都标号后,从网络计划终点节点开始,从右向左按源节点求出关键线路。网络计划终点节点标号值即为计算工期。

相关知识

网络计划的优化是指在一定约束条件下,按既定目标对网络计划进行不断改进,以寻求满意方案的过程。

网络计划的优化目标应按计划任务的需要和条件选定,包括工期目标、费用目标和资源

目标。根据优化目标的不同，网络计划的优化可分为工期优化、费用优化和资源优化三种。

一、工期优化

所谓工期优化，是指网络计划的计算工期不满足要求工期时，通过压缩关键工作的持续时间以满足要求工期目标的过程。

网络计划工期优化的基本方法是在不改变网络计划中各项工作之间逻辑关系的前提下，通过压缩关键工作的持续时间来达到优化目标。在工期优化过程中，按照经济合理的原则，不能将关键工作压缩成非关键工作。此外，当工期优化过程中出现多条关键线路时，必须将各条关键线路的总持续时间压缩相同数值；否则，不能有效地缩短工期。

网络计划的工期优化可按下列步骤进行：

(1)确定初始网络计划的计算工期和关键线路。

(2)按要求工期计算应缩短的时间 ΔT。

$$\Delta T = T_c - T_r \tag{3-7}$$

式中　T_c——网络计划的计算工期；

　　　T_r——要求工期。

(3)选择应缩短持续时间的关键工作。选择压缩对象时，宜在关键工作中考虑下列因素：

1)缩短持续时间对质量和安全影响不大的工作；

2)有充足备用资源的工作；

3)缩短持续时间所需增加费用最少的工作。

(4)将所选定关键工作的持续时间压缩至最短，并重新确定计算工期和关键线路。若被压缩的工作变成非关键工作，则应延长其持续时间，使之仍为关键工作。

(5)当计算工期仍超过要求工期时，则重复上述第(2)～(4)，直至计算工期满足要求工期或计算工期已不能再缩短为止。

(6)当所有关键工作的持续时间都已达到其能缩短的极限而寻求不到继续缩短工期的方案，但网络计划的计算工期仍不能满足要求工期时，应对网络计划的原技术方案、组织方案进行调整，或对要求工期重新审定。

注意：一般情况下，双代号网络计划图中箭线下方括号外数字为工作的正常持续时间，括号内数字为最短持续时间；箭线上方括号内数字为优选系数，该系数综合考虑质量、安全和费用增加情况而确定。选择关键工作压缩其持续时间时，应选择优选系数最小的关键工作。若需要同时压缩多个关键工作的持续时间时，则它们的优选系数之和(组合优选系数)最小者应优先作为压缩对象。

【例 3-4】已知某网络计划如图 3-39 所示。图中箭线下方括号外数据为工作正常持续时间，括号内数据为工作最短持续时间。假定要求工期为 20 天，试对该原始网络计划进行工期优化。

【解】(1)找出网络计划的关键线路、关键工作，确定计算工期。

如图 3-40 所示，关键线路

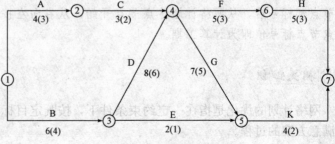

图 3-39　某网络计划

为：①→③→④→⑤→⑦。$T=25$ d。

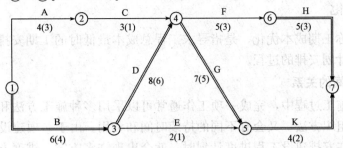

图 3-40 网络计划的关键线路、关键工作

(2)计算初始网络计划需缩短的时间 $t=25-20=5$(d)。

(3)确定各项工作可能压缩的时间。

①→③工作可压缩 2 d；③→④工作可压缩 2 d；

④→⑤工作可压缩 2 d；⑤→⑦工作可压缩 2 d。

(4)选择优先压缩的关键工作。

考虑优先压缩条件，首先选择⑤→⑦工作，因其备用资源充足，且缩短时间对质量无太大影响。

⑤→⑦工作可压缩 2 d，但压缩 2 d 后，①→③→④→⑥→⑦线路成为关键线路，⑤→⑦工作变成非关键工作。为保证压缩的有效性，⑤→⑦工作压缩 1 d。此时，关键工作有两条，工期为 24 d，如图 3-41 所示。

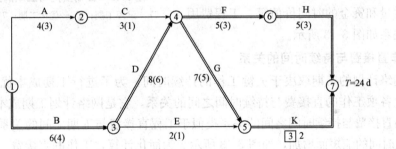

图 3-41 优化计算

按要求工期还需压缩 4 d，根据压缩条件，选择①→③工作和③→④工作进行压缩。分别压缩至最短工作时间，如图 3-42 所示，关键线路仍为两条，工期为 20 d，满足要求，优化完毕。

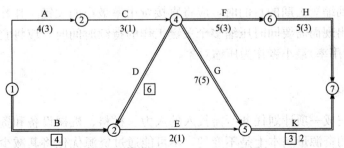

图 3-42 工期优化后的网络图

二、费用优化

费用优化又称工期成本优化，是指寻求工程总成本最低时的工期安排，或按要求工期寻求最低成本的计划安排的过程。

1. 费用和时间的关系

在建设工程施工过程中，完成一项工作通常可以采用多种施工方法和组织方法，而不同的施工方法和组织方法，又会有不同的持续时间和费用。由于一项建设工程往往包含许多工作，所以，在安排建设工程进度计划时，就会出现许多方案。进度方案不同，所对应的总工期和总费用也就不同。为了能从多种方案中找出总成本最低的方案，必须首先分析费用和时间之间的关系。

2. 工程费用与工期的关系

工程总费用由直接费和间接费组成。直接费由人工费、材料费、机械使用费、其他直接费及现场经费等组成。施工方案不同，直接费也就不同；如果施工方案一定，则工期不同，直接费也不同。直接费会随着工期的缩短而增加。间接费包括企业经营管理的全部费用，它一般会随着工期的缩短而减少。在考虑工程总费用时，还应考虑工期变化带来的其他损益，包括效益增量和资金的时间价值等。工程费用与工期的关系如图 3-43 所示。

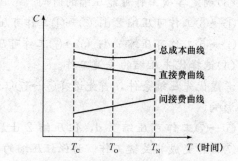

图 3-43 工期费用与工期的关系曲线
T_C—最短工期；T_O—优化工期；T_N—正常工期

3. 工作直接费与持续时间的关系

由于网络计划的工期取决于关键工作的持续时间，为了进行工期成本优化，必须分析网络计划中各项工作的直接费与持续时间之间的关系，它是网络计划工期成本优化的基础。

工作的直接费与持续时间之间的关系类似于工程直接费与工期之间的关系，工作的直接费随着持续时间的缩短而增加，如图 3-43 所示。为简化计算，工作的直接费与持续时间之间的关系被近似地认为是一条直线关系。当工作划分不是很粗时，其计算结果还是比较精确的。

工作的持续时间每缩短单位时间而增加的直接费称为直接费用率。工作的直接费用率越大，说明将该工作的持续时间缩短一个时间单位，所需增加的直接费就越多；反之，将该工作的持续时间缩短一个时间单位，所需增加的直接费就越少。因此，在压缩关键工作的持续时间以达到缩短工期的目的时，应将直接费用率最小的关键工作作为压缩对象。当有多条关键线路出现而需要同时压缩多个关键工作的持续时间时，应将它们的直接费用率之和（组合直接费用率）最小者作为压缩对象。

三、资源优化

资源是指为完成一项计划任务所需投入的人力、材料、机械设备和资金等。完成一项工程任务所需要的资源量基本上是不变的，不可能通过资源优化将其减少。资源优化的目的是通过改变工作的开始时间和完成时间，使资源按照时间的分布符合优化目标。

通常情况下，网络计划的资源优化分为两种，即"资源有限，工期最短"的优化和"工期固定，资源均衡"的优化。前者是通过调整计划安排，在满足资源限制条件下，使工期延长最少的过程；而后者是通过调整计划安排，在工期保持不变的条件下，使资源需用量尽可能均衡的过程。这里所讲的资源优化，其前提条件是：

(1)在优化过程中，不改变网络计划中各项工作之间的逻辑关系。

(2)在优化过程中，不改变网络计划中各项工作的持续时间。

(3)网络计划中各项工作的资源强度(单位时间所需资源数量)为常数，而且是合理的。

(4)除规定可中断的工作外，一般不允许中断工作，应保持其连续性。

任务实施

已知网络计划如图 3-44 所示，箭线下方括号外为正常持续时间，括号内为最短工作历时，假定计划工期为 100 天，根据实际情况和考虑被压缩工作选择的因素，缩短顺序依次为 B、C、D、E、G、H、I、A，试对该网络计划进行工期优化。

(1)找出关键线路并计算工期，如图 3-45 所示。

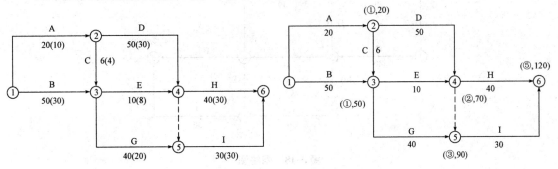

图 3-44 网络图

图 3-45 网络图

(2)计算应缩短的工期。

$$T=T_c=T_p=120-100=20(d)$$

(3)根据已知条件，将工作 B 压缩到极限工期，再重新计算网络计划和关键线路。如图 3-46所示。

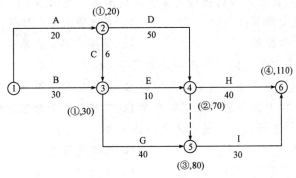

图 3-46 网络图

(4)显然，关键线路已发生转移，关键工作 B 变为非关键工作，所以，只能将工作 B 压缩 10 d，使之仍然为关键工作。如图 3-47 所示。

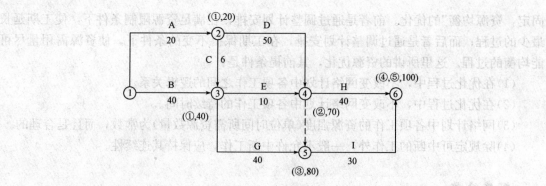

图 3-47　网络图

(5)再根据压缩顺序,将工作 D、G 各压缩 10 d,使工期达到 100 d 的要求,如图 3-48 所示。

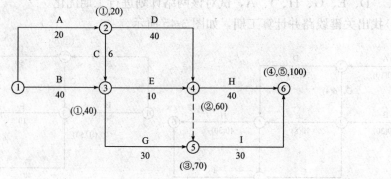

图 3-48　网络图

1. 在网络计划工期优化过程中,当出现两条独立的关键线路时,在考虑对质量、安全影响的基础上,优先选择的压缩对象应是这两条关键线路上(　　)的工作组合。

   A. 资源消耗量之和最小　　　　　　　　B. 直接费用率之和最小

   C. 持续时间之和最长　　　　　　　　　D. 间接费用率之和最小

2. 工程网络计划资源优化的目的之一是为了寻求(　　)。

   A. 资源均衡利用条件下的最短工期安排　B. 最优工期条件下的资源均衡利用方案

   C. 工期固定条件下的资源均衡利用方案　D. 工程总费用最低时的资源利用方案

3. 对工程网络计划进行优化,其目的是使该工程(　　)。

   A. 资源强度最低　　　　　　　　　　　B. 总费用最低

   C. 资源需用量尽可能均衡　　　　　　　D. 资源需用量最少

   E. 计算工期满足要求工期

4. 在网络计划工期优化过程中,当出现多条关键线路时,在考虑对质量、安全影响的基础上,优先选择的压缩对象应是各条关键线路上(　　)。

   A. 直接费之和最小的工作组合,且压缩后的工作仍然是关键工作

B. 直接费之和最小的工作组合，而压缩后的工作可能变为非关键工作

C. 直接费用率之和最小的工作组合，且压缩后的工作仍然是关键工作

D. 直接费用率之和最小的工作组合，而压缩后的工作可能变为非关键工作

5. 工程网络计划资源优化的目的之一是寻求（　　）。

A. 工程总费用最低时的资源利用方案

B. 资源均衡利用条件下的最短工期安排

C. 工期最短条件下的资源均衡利用方案

D. 资源有限条件下的最短工期安排

6. 工程网络计划费用优化的目的是寻求（　　）。

A. 满足要求工期的条件下使总成本最低的计划安排

B. 使资源强度最小时的最短工期安排

C. 使工程总费用最低时的资源均衡安排

D. 使工程总费用最低时的工期安排

E. 工程总费用固定条件下的最短工期安排

7. 当工程网络计划的计算工期大于要求工期时，为满足要求工期，进行工期优化的基本方法是（　　）。

A. 减少相邻工作之间的时间间隔　　　B. 缩短关键工作的持续时间

C. 减少相邻工作之间的时距　　　　　D. 缩短关键工作的总时差

8. 在工程网络计划工期优化过程中，当出现两条独立的关键线路时，在考虑对质量和安全影响差别不大的基础上，应选择的压缩对象是分别在这两条关键线路上的两项（　　）的工作组合。

A. 直接费用率之和最小　　　　　　　B. 资源强度之和最小

C. 持续时间总和最大　　　　　　　　D. 间接费用率之和最小

9. 为满足要求工期，在对工程网络计划进行工期优化时应（　　）。

A. 在多条关键线路中选择直接费用率最小的一项关键工作缩短其持续时间

B. 按经济合理的原则将所有的关键线路的总持续时间同时缩短

C. 在满足资源限量的前提条件下，寻求工期最短的计划安排方案

D. 在缩短工期的同时，尽可能地选择对质量和安全影响小，并使所需增加费用最少的工作

E. 在满足资源需用均衡的前提条件下，寻求工期最短的计划安排方案

10. 在工程网络计划的工期优化过程中，在缩短工作持续时间对质量和安全影响不大的情况下，应选择的压缩对象是（　　）的关键工作。

A. 缩短持续时间所需增加费用最少　　B. 持续时间最长且有充足备用资源

C. 持续时间最长且资源消耗最少　　　D. 资源消耗少从而使直接费用最少

项目四　单位工程施工组织设计

1. 掌握工程概况的描述内容。
2. 掌握如何选择单位工程的施工方法和施工机械。
3. 了解土方及基础施工方案的确定。
4. 掌握混凝土和钢筋混凝土施工方案的确定。
5. 了解施工进度计划的任务与作用。
6. 掌握施工进度计划编制的依据。
7. 了解施工进度计划编制的步骤。
8. 了解平面布置的原则。
9. 了解平面图的绘制方法。
10. 掌握质量、安全、文明施工、环境保护和成品保护技术措施的内容。

1. 能简明扼要、准确地描述单位工程的工程概况。
2. 能独立完成单位工程施工方案的编制。
3. 能够确定主要施工过程的施工方案。
4. 掌握施工项目的划分与工程量的计算。
5. 能够确定施工项目的延续时间。
6. 能根据工程特点、场地条件绘制施工平面图。
7. 能编制质量、安全、文明施工、环境保护和成品保护技术措施。

1. 各分部分项工程施工方案的编制。
2. 施工进度计划的计算与安排。
3. 施工现场平面布置图的绘制。

工期计算与施工进度计划的编制。

16 学时。

一、定义

《建筑施工组织设计规范》(GB/T 50502—2009)中对单位工程施工组织设计的概念进行了明确的定义：工程施工组织设计就是以单位工程为主要对象编制的施工组织设计，对单位工程的施工过程起指导和制约作用。

单位工程施工组织设计是一个工程的战略部署，是宏观定性的，体现指导性和原则性，也是一个将建筑物的蓝图转化为实物的总文件，内容包含了施工全过程的部署、选定技术方案、进度计划及相关资源计划安排、各种组织保障措施，还是对项目施工全过程的管理性文件。

二、基本内容

单位工程施工组织设计应根据拟建工程的性质、特点及规模不同，同时考虑到施工要求及条件进行编制。设计必须真正起到指导现场施工的作用。一般包括下列内容：

(1)工程概况：工程概况主要包括工程特点、建筑地段特征、施工条件等。

(2)施工方案：施工方案包括确定总的施工顺序及确定施工流向，主要分部分项工程的划分及其施工方法的选择、施工段的划分、施工机械的选择、技术组织措施的拟定等。

(3)施工进度计划：施工进度计划主要包括划分施工过程和计算工程量、劳动量、机械台班量、施工班组人数、每天工作班次、工作持续时间，以及确定分部分项工程(施工过程)施工顺序及搭接关系、绘制进度计划表等。

(4)施工准备工作计划：施工准备工作计划主要包括施工前的技术准备、现场准备、机械设备、工具、材料、构件和半成品构件的准备，并编制准备工作计划表。

(5)资源需用量计划：资源需用量计划主要包括材料需用量计划、劳动力需用量计划、构件及半成品构件需用量计划、机械需用量计划、运输量计划等。

(6)施工平面图：施工平面图主要包括施工所需机械、临时加工场地、材料、构件仓库与堆场的布置及临时水网电网、临时道路、临时设施用房的布置等。

三、编制依据

(1)设计文件及单批文件。

(2)施工组织大纲。

(3)劳动力组成。

(4)水、电供应情况。

(5)场地情况、交通、物价。

(6)施工合同。

(7)施工图纸。

(8)主要规范、规程。

(9)企业的各项管理手册。

(10)地质勘探报告等。

任务一　工程概况

任务描述

能简明扼要、准确地描述单位工程的工程概况。

任务分析

工程概况是指工程项目的基本情况，其主要内容包括业主单位、工程名称、规模、性质、用途；资金来源、投资额、开竣工日期、建设单位、设计单位、监理单位、施工单位、工程地点、工程总造价、施工条件、开竣工日期、建筑面积、结构形式、图纸设计完成情况、承包合同等。

相关知识

工程概况是对拟建工程的施工特点、地点特征和施工条件等所做的一个简明扼要、突出重点的文字介绍。

一、工程建设概况

针对建筑工程的特点，结合施工现场的具体条件，找出关键性的问题加以简要说明，并对新材料、新技术、新工艺和施工重点、难点进行分析研究。

工程建设概况，主要说明准备施工工程的建设单位、工程名称、地点、性质、用途、工程投资额、设计单位、施工单位、监理单位、设计图纸情况以及施工期限等。

二、工程施工概况

1. 建筑设计特点

一般需要说明拟建工程的建筑面积、层数、高度、平面形状、平面组合情况及室内外装修情况，并附平面图、立面图。

2. 结构设计特点

一般需要说明基础的类型、埋深、主体结构的类型、预制构件的类型及安装、抗震设防烈度。

三、建设地点的特征

建设地点的特征应介绍准备施工的工程所在的位置、地形、地势、环境、气温、冬雨期施工时间、主导风向、风力大小等。如果本工程项目是整个建筑物的一部分，则应说明准备建筑工程所在的具体层、段。

四、建筑施工条件

建筑施工条件主要说明"三通一平"等施工现场及周围环境条件，建筑材料、成品、半成品、运输车辆、劳动力、技术装备和企业管理水平，以及施工供电、供水、临时设施等情况。

施工时的技术条件如下：

(1)设计施工图完成。

(2)申报工程施工手续(涉及消防改造的须报当地所属管辖消防支队)。

(3)估算成本费用。

(4)签订劳务分包及外协制作加工合同。

(5)与物业方办理施工证等施工手续。

五、工程施工的特点

概括单位工程的施工特点是施工中的关键问题，以便在选择施工方案、组织资源供应、技术力量配备以及施工组织上采取有效的措施，保证顺利进行。

任务实施

某厂区工程施工概况

一、工程建设概述

(1)工程名称：某厂区施工工程。

(2)建设单位：×××××厂。

(3)施工单位：××省×××建筑公司。

(4)设计单位：××省×××设计院。

(5)监理单位：××省×××监理有限公司。

(6)勘察单位：××省×××勘察设计院。

(7)资金来源：自筹资金。

(8)投资额：1 000万。

(9)合同工期：300天。

二、工程建设地点特征

(1)地点：位于×××××。

(2)气象资料。

1)气温：全年最高温度为37 ℃，最低温度为-20 ℃。

2)降水。

①雨期：6～8月。

②年平均降水量：1 100～1 600 mL。

③一昼夜最大降水量：277.4 mL。

(3)风力：六级。

(4)地下水位：1.2 m。

三、设计概况

1. 建筑设计概况

本工程用地位于×××××，用地面积为 15 133 m²。建设场地较为平整，无需要保护的文物、古迹及名木古树。地块内由主厂房、配件车间、生产车间组成，主厂房总长为 62.24 m，总宽 50 m，层数为主体 6 层，局部 1 层，其余建筑平立面情况见施工图。

2. 结构设计概况

本工程设计使用年限 50 年，抗震设防烈度为六度，建筑抗震设防类别为丙类，基础为钻孔灌注桩，主体为现浇钢筋混凝土框架，框架抗震等级为四级。外墙采用 240 厚 KP1 型多孔烧结普通砖填充墙。

四、施工条件

1. "三通一平"

施工现场基本平坦，场地足够大，"三通一平"已完成，交通运输方便。施工中所需机械、设备及劳动力均由本单位自行解决，本单位施工经验丰富，具有较高的施工管理水平。现场的临时设施、供水、供电问题均已解决。

2. 劳动力

(1)根据工程性质、规模、结构特点和复杂程度，选派优秀的工程管理人员和施工技术人员实施和管理本工程，建立有施工经验、有开拓精神和工作效率高的施工项目部。

(2)项目部根据工程实物量和定额标准分析劳动需用总工日，确认生产工人、工程技术人员的数量和比例，以便对人员进行调整、组织、培训，以保证现场施工的劳动力到位。

(3)项目经理部根据项目建安工作量、合同工期、施工进度计划、劳动生产率及其他因素，编制各阶段各专业的劳动力计划，要保持劳动力均衡使用。

项目经理部的工程部实施各阶段、各专业的劳动力计划，并依此组织各专业施工队的施工人员及时进场。

(4)为确保工程顺利进行施工，从本公司中抽出具有良好的质量和安全意识、技术素质高、身体健康，且有类似工程施工经验的一线操作工人安排进场施工。

施工人员进场前统一经过技能及质量、安全技术等培训，考核合格后上岗；特别对电焊工、电工、起重工等特殊技术工种作业人员必须经过相应专业培训，并具有上岗证件，确保持证上岗。

(5)安排好施工人员生活，对施工人员进行必要的技术、安全、思想和法制教育，教育施工人员树立"质量第一、安全第一"的正确思想；遵守有关施工和安全的技术法规；遵守地方治安法规。

施工前认真做好班前交底，让施工人员了解施工方法、质量标准、安全注意事项、文明施工要求等。

(6)对施工班组进行优化组合，竞争上岗，使工人保持高度的责任心和上进心。推行加强劳动纪律管理，施工过程中如有违纪屡教不改者、工作不称职者将撤职并调离工地，并立即组织同等级技工进场，进行人员补充。

(7)公司按各工种配备适量的机动人员，随时可以补充到项目部以解决项目进展中可能出现的特殊需要，如因调整计划、设计变更而产生的补位需要。

（8）为有效地保证工期，原则上应经常加班作业；根据工程进度安排，加强劳动力的组织、调配，做好节假日、农忙期间的劳动力安排，保证在此期间工程优质、高速地顺利进行。节假日施工的管理人员及工人待竣工后统一调休，节假日施工人员工资按国家劳动部门有关规定发放。

（9）实行经济承包责任制，使员工的劳动与效益挂钩；并建立激励机制，奖罚分明，及时兑现，充分调动工人的积极性。

（10）每月定期召开一次施工人员工资发放情况调查会，遇有特殊情况可随时召开，积极协调解决，保证施工人员能按时领到工资，以消除其后顾之忧。

3. 材料

（1）项目经理部应编制工程项目所需主要材料、大宗材料的需要量计划，由公司物资部门订货或采购。

（2）材料采购应按照我公司质量管理体系和环境管理体系的要求，依据项目部提出的材料计划进行采购。

（3）工程施工主要材料是构成工程的关键和主要部分，直接影响工程交付后的使用或安全性能。本工程主要材料为管桩以及项目特殊要求补充规定的材料。

材料采购人员按照"供方选择原则"选用供方。供方选择原则如下：

主要材料供方必须在公司"合格供方名册"中选择，并优先选择 A 类供方，即与我公司长期合作，且产品质量稳定，服务质量和信誉好的供方；若选择 B 类（初评合格的供方）或 C 类供方（仅限某特定项目一次性供货的供方）提供主要材料时，还应增加生产厂家质量保证能力的要求。

选择我公司发布的合格分供方名册以外的厂家，在必须采购其产品时，要严格按照"合格分供方选择与评定工作程序"执行，即按企业规定经过对分供方审核合格后，方可签订采购合同进行采购。

（4）材料采购时，要注意采购周期、批量、库存量满足施工现场的使用要求。

（5）材料进入现场时，应进行材料凭证、数量、外观的验收（外观的验收需要填报外观检验记录），其中，凭证验收包括发货明细、材质证明或合格证，进口材料应具有国家商检局检验证明书。数量验收包括数量是否与发货明细相符、是否与进场计划相符，水泥进行 5％过磅抽查，小件材料物资按照 5％抽检装内数量。计量方法为过磅或检尺，验收完成后进行实物挂牌标识，建立"收料台账记录"。

（6）经验收合格的材料应按施工现场平面布置一次就位，并做好材料标识。材料的堆放地应平整夯实，并有排水、防扬尘措施。

（7）各类材料应分品种、规格码放整齐，并标识齐全清晰，料具码放高度不得超过 1.5 m。

（8）库外材料堆放应下垫上盖，有防雨、防潮要求的材料应入库保管。

（9）周转材料不得挪作他用，也不得随意切割打洞，严禁高空坠落，拆除后应及时退库。

（10）施工现场散落材料必须及时清理，分拣归垛。

（11）易燃、易爆、剧毒等危险品应设立专库保管，并有明显危险品标志。

（12）钢材、木材、地方材料等材料进场验收后进行待验标识，并通知有关人员送检，待复检合格后进行发放使用。

（13）钢材、水泥应建立"材质台账"，机电材料应收集合格证。

工程概况实例

一、工程主要概况

1. 工程的名称、性质、地理位置

工程名称：×××××建设职业技术学院学生公寓

工程性质：居住建筑

工程地点：×××××区

2. 工程的建设、勘察、设计、监理单位

建设单位：×××××职业技术学院

施工单位：×××××建设有限公司

勘察单位：×××××勘察设计院

设计单位：×××××建筑规划设计院

监理单位：×××××建设监理公司

3. 工程规模

总建筑面积：4 250.50 m²；

单体占地面积：740.52 m²；

建筑层数：地上6层；

建筑高度：22.200 m。

4. 设计规范要求

(1)经批准的本工程初步设计文件，建设方的意见。

(2)规划部门提供的规划设计条件及红线图；建设方提供的《地质勘察报告》。

(3)现行的国家有关建筑设计规范、规程和规定：

《民用建筑设计通则》(GB 50352—2005)；

《工程建设标准强制性条文》房屋建筑部分；

《建筑设计防火规范》(GB 50016—2014)；

《宿舍建筑设计规范》(JGJ 36—2005)；

《民用建筑热工设计规范》(GB 50176—2016)；

《夏热冬冷地区居住建筑节能设计标准》(JGJ 134—2010)；

《无障碍设计规范》(GB 50763—2012)。

注：凡工程中涉及的但本条中未列出的设计验收规范，均以国家或地区现行的规范及标准执行。

二、工程设计特点

1. 建筑设计简介

本工程为×××××建设职业技术学院学生公寓，位于×××××区，是用于居住的建筑，该项目总建筑面积为4 250.50 m²，单体占地面积为740.52 m²，地上为6层，建筑高度为22.200 m。建筑合理设计使用年限为50年。本工程为框架结构，建筑物耐火等级为二级，安全等级为二级，房屋防水等级为二级，场地类别为Ⅲ类，抗震设防烈度为6度，基础为筏板基础。主要装修做法见表4-1。

表4-1 主要装修做法

楼地面	地1	防滑抛光砖
	地2	防滑彩色釉面砖
	地3	细石混凝土抹平
	地4	防滑彩色釉面砖
	楼1	防滑彩色釉面砖
	楼2	细石混凝土抹平
	楼3	防滑抛光砖
	楼4	防滑彩色釉面砖
外墙	外墙1	涂料
	外墙2	真石漆
内墙	内墙1	釉面砖
	内墙2	乳胶漆
天棚	棚1	乳胶漆
	棚2	PVC铝扣板吊顶
屋面	屋1(保温)	高聚物改性沥青防水卷材和泡沫玻璃保温板
	屋2(外檐沟)	高聚物改性沥青防水卷材
	屋3(内檐沟)	高聚物改性沥青防水卷材
踢脚	踢1	水泥砂浆罩面
	踢2	地砖
散水		细石混凝土面层
台阶		花岗石台阶

节能设计的措施:充分利用良好的日照,夏季争取常年主导风向,争取建筑室内的通风;在满足功能要求的前提下,建筑尽量减少凹凸,减少表面积,使其体表对节能有利;控制外立面的窗墙比;外墙采用无机保温砂浆,屋面采用60厚泡沫玻璃保温板。

保温屋面节能做法:细石混凝土(内配筋);沥青油毡,油毡纸;泡沫玻璃保温板;防水卷材;1:3水泥砂浆找平;轻集料混凝土;现浇混凝土屋面;石灰水泥砂浆。

钢结构节能做法:建筑钢材;玻璃棉毡;建筑钢材。

外墙节能做法:水泥砂浆;页岩多孔砖;无机保温砂浆;抗裂砂浆;弹性底涂、柔性腻子;真石漆。

2. 结构设计简介

(1)结构形式:框架结构。

(2)地基基础形式:筏板基础。

(3)结构安全等级:二级。

(4)抗震设防类别:丙类。

(5)主要结构构件类型及要求见表4-2。

表 4-2　主要结构构件类型及要求

结构名称	构件类型	表示方法	要求
钢筋	HPB300 级钢	Φ	$F_y=270$ N/mm², 相应的电焊条采用 E43 型
	HRB335 级钢	Φ	$F_y=300$ N/mm², 相应的电焊条采用 E50 型
	HRB400 级钢	Φ	$F_y=360$ N/mm², 相应的电焊条采用 E50 型
各种型钢、钢板用 Q235(C)碳素结构钢,相应的电焊条采用 E43 型			

混凝土:

环境类别:与水土接触部分、露天部分为二类;其他部分为一类。

二类混凝土最大碱含量应小于 3 kg/m³,最大氯离子含量应小于 0.15%,最大水胶比为 0.50。

一类混凝土最大氯离子含量应小于 0.3%,最大水胶比为 0.60。混凝土强度见表 4-3。

表 4-3　混凝土强度

项目名称	构件部位	强度等级	备注
学生公寓	基础	C30	
	上部结构	C25	屋面采用 P6 抗渗混凝土
	基础垫层	C15	
	圈梁、构造柱、现浇过梁	C20	
	标准构件	—	按标准图要求

3. 工程施工条件

建设地点气象状况:年平均气温为 16.1 ℃,年降水量为 1 402.5 mm,常年无霜期为 248 天。

地下水:地下水对混凝土结构、钢筋具有微腐蚀性。

场地土类型及建筑场地类别:场地土类型为中软土,建筑场地类别为三类,地震烈度 6 度时不会产生地震液化。

相邻的地上、地下建(构)筑物情况:建筑物以东有××建设职业技术学院体育馆,以南有旅苑宾馆。

施工现场准备情况:现场已经完成"三通一平"并建立了工人的暂住板房,施工现场四周已经做好了围护结构,施工方所需的"安全三宝"以及其他机械工具全部到位,所有准备已经完成。

场地及周边管线:本工程施工现场及四周管线清晰明朗,对施工的影响可以用提前协调的办法来解决或减少。

三、机电及设备安装专业设计简介

1. 给水排水

本工程设有生活给水排水系统、雨水系统(钢屋面雨水回收利用)、集中热水供应系统、消火栓灭火系统。市政给水管网出厂供水压力为 0.3 MPa。学生公寓的最高日用水量为 160 t/d,最大小时用水量为 17 t/h,宿舍用水由市政直接供给,水表于室外集中放置。

管材:室内上水管,宿舍采用 PPR 冷水管,专用连接,DN50 热水器补水管采用衬塑钢管,丝扣连接;室外上水管,DN<80 衬塑镀锌钢管,丝扣连接,球墨铸铁管,橡胶圈密封法兰接口,螺栓紧固,管道阀门采用铜阀门;热供、回水采用不锈钢管,卡压连接,宿舍的热配水支管采用 PPR 热水管,专用连接;消火栓自喷管,热浸镀锌钢管,丝扣连接。

2. 电气系统

学生公寓属于三类普通多层建筑，为三级负荷，架空层设配电间一间，电源引自室外已建变电所。电气系统包括配电系统、电力配电系统、照明系统、建筑物防雷、接地系统及安全措施和火宅自动报警及联动控制系统。

设备选择：培训中心和学生食堂的落地动力配电箱底部垫 10# 槽钢。

电缆、导线的选型：室外电源进线选用 ZRYJV22 型交联铜芯铠装绝缘聚氯乙烯护套五芯电缆，进户处穿钢管保护；照明干线采用 BV－500 V 聚氯乙烯绝缘铜芯耐火导线，所有干线均穿 SC 钢管埋地或墙内、顶板内暗敷。

任务二　施工方案的编制

📖 任务描述

土方及基础施工方案的确定；混凝土和钢筋混凝土施工方案的确定。

📝 任务分析

施工方案是根据设计施工图纸和说明书，决定采用什么施工方法和机械设备，以何种施工顺序和作业组织形式来组织项目施工活动的计划。制定方案的目的，是在合同规定的期限内，使用尽可能少的费用，采用合理的程序和方法来完成项目施工任务，达到技术上可行，经济上合理。施工方案一旦确定，就基本上确定了整个工程的进度、人工和机械设备的需要、人力组织、机械的布置与运用、工程质量与安全、工程成本等。可以说，施工方案编制的好坏，是施工成败的关键。施工方案包括施工方法、施工机械的选择和施工顺序的合理安排以及各种技术组织措施等。

📖 相关知识

施工方案及施工方法的选择是单位工程施工组织设计的核心，施工方案选择是否合理，直接影响建筑装饰工程的质量、工期和技术经济效果，是装饰施工能否顺利与成功的关键。因此，必须足够重视施工方案的选择。

对建筑工程施工方案和施工方法的拟订，在考虑施工工期、各项资源供应情况的同时，还要根据工程的施工对象综合考虑。

建筑工程施工方案的选择，一般主要包括确定施工程序、确定施工流向、确定施工顺序、选择施工方法等。

一、施工程序的确定

1. 施工程序的概念

对施工的各个环节及其先后程序的规定。

2. 单位工程的施工程序

施工程序是分部工程、专业工程或施工阶段的先后顺序与相互关系。

(1)单位工程的基本施工程序。

1)"先地下、后地上":地上工程开始前,尽量把管道、线路等地下设施和土方工程做好或基本完成,以免对地上工程施工产生干扰。

2)"先土建、后设备":是指土建与给水排水、采暖通风、强弱电、智能工程的关系,统一考虑、合理穿插,土建要为安装的预留预埋提供方便、创造条件,安装要注意土建的成品保护。

3)"先主体、后围护":主要是指框架结构在施工程序上的搭接关系,多层民用建筑工程结构与装修以不搭接为宜,而高层建筑则应考虑搭接施工,以有效节约工期。

单位工程(建筑工程)施工程序遵循的原则包括:先地下,后地上;先主体剪力墙结构,后二次结构;先土建,后安装。

(2)设备基础与厂房基础间的施工程序。

1)当厂房柱基础的埋置深度大于设备基础的埋置深度时,则厂房柱基础先施工,设备基础后施工,俗称"封闭式"施工程序。

2)当设备基础的埋置深度大于厂房柱基础的埋置深度时,厂房柱基础应与设备基础同时施工,俗称"开敞式"施工程序。

(3)设备安装与土建施工间的施工程序。

1)一般机械工业厂房,当主体结构完成后即可进行设备安装;对精密厂房则在装饰工程完成后才进行设备安装,俗称"封闭式"施工程序。

2)冶金、电厂等重型厂房,常先安装工艺设备,然后建厂房,俗称"开敞式"施工程序。

3)当土建与设备安装同时进行时,俗称"平行式"施工程序。

二、施工起点流向的确定

施工起点流向是指单位工程在平面上和竖向上施工开始部位和进展方向。单层建筑要确定分段(跨)在平面上的施工流向,多层建筑除确定每层在平面上的施工流向外,还应确定每层或单元在竖向上的施工流向。

一般来说,对单层建筑物,只要按其工段、跨间分区分段地确定平面上的施工流向;对多层建筑物,除确定每层平面上的施工流向外,还要确定其层间或单元空间上的施工流向,如多层房屋的内墙抹灰是采用自上而下,还是采用自下而上。

施工流向的确定,牵涉到一系列施工过程的开展和进程,是组织施工的重要环节,为此,应考虑以下几个因素:

(1)生产工艺或使用要求。其往往是确定施工流向的基本因素。生产工艺上影响其他工段试车投产的或生产使用上要求急的工段,部分先安排施工。例如,工业厂房内要求先试生产的工段应先施工;高层宾馆、饭店等,可以在主体结构施工到相当层数后,即进行地面上若干层的设备安装与室内外装修。

(2)施工的繁简程度。一般来说,技术复杂、施工进度较慢、工期较长的工段或部位,应先施工。房屋高低层或高低跨柱的吊装应从高低跨并列处开始;屋面防水层施工应按先高后低的方向施工,同一屋面则由檐口向屋脊方向施工;基础有深有浅时,应按先深后浅的顺序施工。

(3)选用的施工机械。根据工程条件,挖土机械可选用正铲、反铲、拉铲等,吊装机械可选用履带吊、汽车吊、塔式起重机等,这些机械的开行路线或布置位置便决定了基础挖土及结构吊装的施工起点和流向。

(4)施工组织的分层分段。划分施工层、施工段的部位,如伸缩缝、沉降缝、施工缝等,也是决定其施工流向时应考虑的因素。

三、施工顺序的确定

施工顺序是指分部分项工程施工的先后次序。合理地确定施工顺序是为了按照客观规律组织施工,解决各工种之间的搭接,以减少各工种之间的交叉干扰和破坏,在保证工程质量与安全施工的前提下,充分利用工作面,实现缩短工期的目的,同时,也是编制施工进度计划的需要。在确定施工顺序时,一般应考虑以下因素。

1. 遵循施工的总程序

施工程序确定了各施工阶段之间的先后次序,在考虑施工顺序时应当与施工程序相符。

2. 必须符合施工工艺的要求

如轻钢龙骨石膏板吊顶的施工顺序:顶棚内各种管线施工完毕→安装吊杆→吊主龙骨→电线管穿线→水管试压(包括消防喷淋管等)→风管保温→次龙骨安装→安装罩面板→涂料(或油漆)装饰。

3. 必须符合施工质量和安全要求

如外装饰应在屋面防水工程施工完成后进行,地面施工应在无吊顶作业的情况下进行,油漆涂刷应在附近无电气焊接的条件下进行。

4. 必须充分考虑气候条件的影响

如冬期室内装饰施工时,应当先安装门窗和玻璃,后进行其他的装饰工程。大风天气不宜安排室外饰面的装饰施工,高温情况下不宜进行室外金属饰面板类的施工。

四、主要项目的施工方法和施工机械

施工方案是单位工程施工组织设计的核心内容,应结合工程的具体情况,遵循先进性、可行性和经济性兼顾的原则进行。

施工方案的编制应按照施工顺序,分别明确施工方法、选择施工工艺、选定施工机械、拟定技术措施。

施工方法在施工方案中具有决定性的作用。施工方法一经确定,施工机具、施工组织只能按确定的施工方法进行。

确定施工方法时,首先应考虑该方法在施工中有无实现的可能,是否符合国家技术政策,经济上是否合算;其次应考虑对其他工程施工的影响。确定施工方法时需进行多方案比较,力求降低施工成本。

在选择施工方法时,要重点解决影响整个单位工程的主要分部(分项)工程的施工方法。对于按照常规做法和工人熟悉的分项工程,则不必详细编写,只需提出注意的特殊问题即可。

(一)选定施工机械

1. 选择主导施工机械

如地下工程的土石方机械、桩工机械;主体结构工程的垂直和水平运输机械;结构工程的吊装机械等。

2. 辅助机械与主导施工机械相配套

除主导施工机械需满足施工需要外，配套的辅助机械要有利于发挥主导施工机械的效率。

3. 在现有的或可能获得的机械中进行选择

选择施工机械要坚持适用性优先、一机多用，减少机械类型，简化机械的现场管理和维修工作的原则。

施工方法与施工机械是紧密联系的。在现代建筑施工中，施工机械选择是确定施工方法的中心环节，在技术上是解决各施工过程的施工手段，在施工组织上是解决施工过程的技术先进性和经济合理性的统一。

(二)拟定施工措施

拟定施工措施时，应着重考虑影响整个单位工程施工的分部分项工程，或新技术、新工艺以及对工程质量起关键作用的分部分项工程。对常规做法和工人熟悉的项目，则不必详细说明。

(三)主要分部分项工程施工方案

1. 施工测量方案

施工测量方案包括测量控制网的建立、平面和高程控制测量方法的选择、测量精度控制、沉降与变形观测方案等。

2. 土方及基础工程施工方案

(1)土方工程施工的开挖方式(机械还是人工)、开挖顺序，边坡留设、坑壁支护、回填与压实方法，确定挖、填、运、压所需的机械设备的型号和数量。

(2)大型土方工程的土方调配方案与挖填平衡安排。基坑(槽)开挖排除地面水、降低地下水的方法。

(3)基础工程的施工方法、施工顺序、选择的方法，沟渠、集水井和井点的布置和所需设备。

3. 砌体工程施工方案

砌体工程施工方案包括砌筑工艺选择、组砌方式、间断处的留槎与钢筋拉结，芯柱、构造柱的槎口留设与浇筑方法等。

4. 脚手架搭设及垂直运输方案

脚手架搭设及垂直运输方案包括脚手架的搭设方案，塔式起重机、提升机等垂直运输设施的选型、布置和安全使用措施等。

5. 混凝土和钢筋混凝土施工方案

(1)模板类型和支模方法：根据不同结构类型、现场条件确定模板的类型及支模方法，按使用部位列出加工数量，说明加工制作和安装要点。

(2)钢筋加工、运输和安装方法：选择钢筋连接方法或焊接工艺，确定钢筋骨架成型、运输及安装方法，提出钢筋机械计划。

(3)混凝土搅拌和运输方法：选择混凝土原材料及外加剂、外掺料的规格、品种和计量方法，确定搅拌机类型、型号和搅拌制度，确定混凝土水平及垂直输送方法，提出混凝土机具需用计划。

（4）混凝土浇筑和养护方法：确定混凝土浇筑顺序、流向、工作班次，说明混凝土布料方法、分层厚度、振捣方法及养护制度；确定施工缝留设方法及位置。

6. 结构吊装方案

（1）按构件的外形尺寸、质量和安装高度，以及建筑物外形和周围环境，选定所需的吊装机械类型、型号和数量。

（2）确定结构吊装方法（分件吊装还是节间综合吊装），安排吊装顺序、停机位置和行驶路线，以及制作、绑扎、起吊、对位和固定的方法。

（3）构件运输、装卸、堆放方法，确定吊装机械的型号和数量。

7. 防水工程施工方案

防水工程施工方案包括地下室及屋面的防水材料选择、施工工艺和质量控制要点等。

8. 节能保温工程施工方案

节能保温工程施工方案包括外墙及屋面的工艺流程、节点处理和施工方法等。

9. 装饰工程施工方案

装饰工程施工方案包括一般抹灰、装饰抹灰、饰面砖镶贴、吊顶及隔断、门窗及幕墙、裱糊及涂饰工程的工艺流程、施工方法和质量控制要点等。

10. 水电管线预留预埋施工方案

水电管线预留预埋施工方案包括主体结构施工阶段应进行的各类管线、埋件、孔洞的工序配合、留设方法和保护措施等。

11. 机电及设备工程安装施工方案

机电及设备工程安装施工方案包括给水排水、强弱电、采暖通风系统和设备安装等专业的施工方案。

12. 冬雨期季节性施工方案

冬雨期季节性施工方案包括冬雨期和高温季节的施工技术方案等。

13. 新技术应用施工方案

新技术应用施工方案包括拟采用的新技术、新工艺、新材料的技术特点、工艺流程、试验及施工方法、质量控制与检验等。

(四)重点、难点及危险性较大的分部(分项)工程施工方案

工程中的重点、难点及危险性较大的分部(分项)工程施工前应编制专项施工方案，对超过一定规模的危险性较大的分部(分项)工程，承包商应组织专家对专项方案进行论证。规模的控制标准如下。

1. 深基坑工程

开挖深度超过 5 m(含 5 m)或开挖深度虽未超过 5 m，但地下管线复杂、影响毗邻建筑(构筑)物安全的基坑(槽)的土方开挖、支护、降水工程。

2. 模板工程及支撑体系

滑模、爬模、飞模等工具式模板施工；搭设高度 8 m 或跨度 18 m 以上、施工总荷载 15 kN/m^2 或集中线荷载 20 kN/m 以上的模板支撑工程；承受单点集中荷载 700 kg 以上，用于钢结构安装等满堂承重支撑体系。

3. 脚手架工程

搭设高度 50 m 以上落地式钢管脚手架工程；提升高度 150 m 以上附着式整体和分片提升脚手架工程；架体高度 20 m 以上悬挑式脚手架工程。

4. 起重吊装及安装拆卸工程

采用非常规起重设备或方法，且单件起吊重量在 100 kN 以上的起重吊装工程；起重量在 300 kN 以上的起重设备安装工程；高度在 200 m 以上内爬起重设备的拆除工程。

5. 拆除、爆破工程

(1)采用爆破拆除的工程。

(2)码头、桥梁、高架、烟囱、水塔或拆除中易引起有毒有害气(液)体或粉尘扩散、易燃易爆事故发生的特殊建(构)筑物的拆除工程。

(3)可能影响行人、交通、电力或通信设施或其他建(构)筑物安全的拆除工程。

(4)文物保护建筑、优秀历史建筑或历史文化风貌区控制范围的拆除工程。

(五)其他分部(分项)工程

(1)施工高度在 50 m 以上的建筑幕墙安装工程。

(2)跨度在 36 m 以上的钢结构安装工程；跨度在 60 m 以上的网架和索膜结构安装工程。

(3)开挖深度超过 16 m 的人工挖孔桩工程。

(4)地下暗挖工程、顶管工程、水下作业工程。

(5)采用新技术、新工艺、新材料、新设备及尚无相关技术标准的危险性较大的分部分项工程。

☑️ **任务实施**

1. 单位工程施工程序的确定

按照先地下、后地上，先主体剪力墙结构、后二次结构，先土建、后安装的施工顺序进行部署。为了确保基础、主体、装修、设备安装工程均保质如期完成本工程的施工任务，要考虑各方面影响因素，充分安排任务、人力、资源、时间的总布局。

时间上的部署：在确保质量的前提下，基础地下室工程要抢，主体结构工程要快，但装饰工程要细。日夜两班制施工。周密细致地安排，确保按期优质地完成任务。

空间上的部署：采取主体和装修、土建和安装的立体交叉施工。合理确定施工起点流向，以利于总体管理，确保现场施工有条不紊，紧张有序。

施工劳动力的部署：必须优选技术操作水平高、思想素质好的各工种力量进场施工，人数充足合理，合理划分各班组织施工。

机械设备的部署：配足先进的施工机械设备，努力提高机械化和工厂化施工程度，减轻劳动强度，提高劳动生产率，保证施工进度和工程质量。

施工管理的部署：调集知识层次高、技术水平高的人员从事技术质量管理工作，明确项目管理目标、组织内容和组织结构模式，建立统一的工程指挥系统。

2. 新建工程的建筑装饰施工

新建工程的建筑装饰施工有两种施工方式。

（1）主体结构完成之后进行装饰施工。其可以避免装饰施工与结构施工之间的相互干扰。主体结构施工中的垂直运输设备、脚手架等设施，临时供电、供水、供暖管道可以被装饰施工利用，有利于保证装饰工程质量，但装饰施工交付使用时间会被延长。

（2）主体结构施工阶段就插入装饰施工。这种施工方式多出现在高层建筑中，一般建筑装饰施工与结构施工应相差三个楼层以上。建筑装饰施工可以自第二层开始，自下向上进行或自上向下逐层进行。这种施工安排能与结构施工立体交叉、平行流水，可以加快施工进度。但是，这种施工安排易造成结构与装饰相互干扰，施工管理比较困难，而且必须采取可靠的安全措施及防污染措施才能进行装饰施工，水、电、暖、卫的干管安装也必须与结构施工紧密配合。

 知识拓展

知识拓展1　某工程施工方案

一、工程施工顺序、施工方法和主要施工机械的选择

1. 工程施工主要顺序安排

（1）地下室结构施工到顶板后，接着向上施工主楼上部结构，A区、B区上部结构等地下室后浇带浇筑后，进行回填土后再开始施工。

（2）主楼16层，分三次进行结构验收，使砌体和内部装修能提前开始。

（3）室外道路及景观工程在外架拆除后再进行。

2. 劳动组织

为确保工程施工进度、质量，本工程进场的劳力选择使用公司内部建制以及长期与公司配合的技术素质较高的班组进场。

3. 模板材料

本工程模板材料主要使用1 830 mm×915 mm×18 mm胶合模板，楞木规格使用50 mm×100 mm，100 mm×100 mm杉木，模板支撑采用门式钢管支撑，独立柱和层高大于4 m的楼层支模采用钢管支撑体系。剪力墙模板采用大模板方法支模。

4. 外脚手架

本工程A、B区外脚手架计划使用双排钢管式外脚手架。主楼外脚手架采用电动升降式脚手架施工。

5. 桩基工程

计划配备1台静力压桩机，吊桩采用1台履带式吊车。

6. 钢筋加工

本工程钢筋加工计划安排一套钢筋加工机械在工地内加工。

7. 混凝土供应

本工程混凝土采用商品混凝土，混凝土输送采用一台混凝土输送泵，可满足混凝土工程输送需要，考虑到现场零星混凝土的使用，计划配备一套JZ—400混凝土搅拌机。

8. 垂直运输施工机械

本工程所使用的垂直运输施工机械主要考虑使用一台QTZ125型塔式起重机，并安装施工电梯一台。塔式起重机在地下室施工前先安排安装，满足地下室结构施工需要。

二、土方工程施工方法

(1)不同的土方工程有不同的施工方案,是挖坑、挖槽、挖井还是回填,方案各不相同。

(2)用什么方法施工?是机械,是人工?还是二者兼有?

(3)怎样满足甲方对工期的要求?例如,投入多少人工和机械,节假日和夜间不能施工扰民,工期用什么办法抢回来。

(4)怎样满足施工对土方施工的技术要求?如配合基坑喷锚护壁,怎样分段、排序,每次挖多深。

(5)如何做到安全施工?

(6)如何做到文明施工?如怎样上路不带泥,有泥怎样安排专班专人清扫。

(7)针对工程采取的措施,如雨天是否需要垫路,施工后期机械怎样留路爬出坑。

三、基础工程施工方法

基础工程施工顺序:挖土→垫层→绑筋→支模→浇筑基础混凝土→养护→拆模→回填土。

(1)计算土石方工程量,确定开挖方法,选择土石方机械。

(2)根据土质、开挖深度及场地情况确定边坡系数或基坑支护形式。

(3)验槽:方法及注意事项。

(4)垫层施工的技术要求:轴线、标高控制、支模及混凝土浇筑。

(5)独立柱基础的施工技术要求。

(6)回填土的技术要求。

知识拓展2　国家大剧院深基坑降水、土方挖运、边坡支护施工方案

一、工程概况

国家大剧院是国家重点工程,拟建场地位于北京市西城区堂西路西侧,为一多功能特大型公共建筑,由椭圆穹形结构的主体建筑——国家大剧院及南北两侧的地下票务大厅、地下停车库及商业区组成,总建筑面积为10万平方米,地下面积为3.5万平方米,接待面积为2.9万平方米。其中,主体结构东西轴长216 m,南北轴长146 m,结构基础埋深分别为−22.000 m、−28.600 m和−41.000 m,本工程±0.000相当于46.000 m,室外自然地坪标高在46.000 m左右。

二、施工组织方案

1. 施工布置

由于该工程是重点工程,2003年年初要交付使用,而基坑降水、边坡支护、土方开挖及回填只有280天,施工难度大,任务紧,为此,我们的方针是确保280天准时完成任务。具体安排是上层降水、土方开挖、边坡支护同时穿插进行,施工中以机械挖土为主线,打井降水为上层大部分土方开挖创造条件,分层挖土为下部各层支护创造条件,工程开工后,三个项目降水、挖土、边坡支护同时进场,相互穿插,齐头并进,降水安排12~15台设备进行打井,挖土安排10~15台挖土机。由于北区与中心区部分基坑先行开挖,因此,北区与中心区周围要先进行打井降水。−11.000 m标高以上的边坡采用喷锚支护,局部需要进行二次开挖的临时支护段,可采用插筋挂网处理方法。当中心区水位降至−17.000 m以下时,可从中心区周围从−11.000 m做喷锚支护至−17.000 m,然后,在−17.000 m标高面上,进行周围地下连续墙施工。椭球体内连续墙锚杆、内支撑护坡桩、台仓区连续墙等视基坑内水位下降及各层作业面标高情况逐级向下进行施工。

2. 施工准备

2.1　进行地上、地下建筑物拆除和各种管道、线路的挪移,切断、封堵通往施工区域

内一切管道、线路，防止发生安全事故。

2.2 进行测量定位和观测点的埋设工作，并做好初测记录。

2.3 进行现场围挡，设置出入口，加固管沟上道路路面。

2.4 做好施工用电，经计算深基坑施工阶段，用电量约为 1 500 kV·A（降水与喷锚同时施工时），在现场设置四个 630 kV·A 的变压器，其位置分别设在主体结构的东南、西南、西北、东北角各一台。

2.5 做好施工用水，经计算现场埋设 $\phi200$ mm 供水钢管，降水井抽水后，施工用水可以用井里抽出的水，以节约用水。

2.6 在现场搭设办公及暂住用房。

2.7 办理交通、城建、市容、环卫等有关手续，办理降水工程向市政雨、污水管排放手续。

2.8 协同甲方妥善处理支护结构范围内地下管线和构筑物。

2.9 落实所需各种设备材料，根据需要组织部分材料进场。提前进行钢筋加工。

2.10 组织施工人员熟悉地质报告、施工方案及有关规范规程。

2.11 对施工人员进行安全责任教育。

2.12 根据施工图纸、总进度计划、劳动力规模划分土钉墙的作业流水段，与土方挖运专业队协调、配合。

2.13 为确保工程的施工进度，部署各工种昼夜施工。

2.14 现场需设置两处约 10 m³/h 的水源，电量应满足约 550 kV·A（仅针对桩施工）。

3. 降水工程

3.1 降水工艺流程

放线定井位→钻机就位→开挖循环水池→钻孔→下井管→洗井→做排水管线→试抽水→正式抽水。

3.2 由于先开挖北区及中心区部位基坑，因此沿椭圆基坑四周打一圈封闭降水井，井距为 7.5 m，孔径为 $\phi600$ mm，井底标高为 -30.000 m，在 -27.000 m 标高下设 2 m 长钢筋网过滤井管，主体北侧已有旧基坑，因此，该位置处的降水井及主体内部降水井从现有地平面打井，其余基坑四周抽渗结合井均在自然地面打井。

3.3 深基坑东西两侧自然地面上的抽渗结合井（回灌井）距坑内相邻降水井不小于 20 m。地面上降水井影响车辆行驶时，可在井口加盖市政井盖，排水采用挖沟铺钢管暗排。

3.4 为了保证主体部分降水井的排水及回灌问题，北区及南区抽渗结合井要先行施工，保证上部土方开挖，回灌井井底标高为 -26.000 m，在 -23.000 m 标高下设 2 m 长钢筋网过滤器，其中，每隔六个抽渗结合井，加深至 38.0 m，共加深 28 眼。

3.5 为降低施工噪声污染，提高工效，采用 2 台旋挖钻机、6 台反循环和 6 台冲击反循环钻机，采用泵吸反循环自造泥浆护壁的方法，在卵石厚、水压大、易塌孔区适当投放黏土护壁。

3.6 下井管组装时，要选用无破损合格井管，井管连接处要缠塑料布，保证接头处牢固无缝，以防抽水时将土层中的泥砂大量带出而造成四周建筑物不均匀沉降。

3.7 成井结束后要及时洗井，采用空压机气举法，自上而下逐节吹洗，对投黏土料护壁处洗井时要加黏土松解剂，以保证降水井的渗透效果，洗至出清水时为止。

3.8 打完的井要及时试抽，将井抽活。

3.9 降水初期，可适当抬高下泵高度，以减少初期排水量，抽一段时间后，根据施工的实际需要可将泵位下调，逐渐降低地下水。

3.10 主体结构四周降水井内设流量 3～5 t/h、扬程 50 m 的潜水泵，主体基坑内部降水井(疏干井)内设流量 20 t/h、扬程 50 m 的多级潜水泵。−43.000 m 深基坑内的减压区井设 50 t/h、扬程 60 m 的多级潜水泵。

3.11 由于抽水流量较大，因此，该降水工程的排水及回灌管线铺设量很大，为保证连续作业，管线铺设应与降水打井工作同步进行，为防止将回灌井淤死，回灌时全部采用封闭式管道及胶管，四周铺设多排 $\phi150$ mm 和 $\phi300$ mm(回灌管道)的钢管排水管。将水引至回灌井处设节头连胶管将水依次回灌到各个渗井中，剩下的少量水可排入场区附近市政排水管道。

3.12 位于基坑内部的降水井，在内部基坑进行土方开挖时，要依次停抽后提出井中的潜水泵逐节拆下井管至开挖底标高上 0.5～1.0 m 处，再下泵进行抽水，严禁损坏坑内降水井，当土方开挖至槽底标高时，可在井上部加一节 $\phi327$ mm 钢管实管，当坑内井停抽时，可在井内下放小钢筋笼，再进行压力灌浆，钢筋笼上部可加预应力，起到坑浮桩作用，在上部钢管实管外做法兰盘，分层做好防水，最后在底板浇筑时一起浇筑。

3.13 锚杆施工时，应与降水井错开，以防击穿降水井。

3.14 在基坑底部沿基坑边坡挖一条排水沟，以便将边坡渗水、局部存水及时排走。

3.15 定期做好四周建筑物的沉降观测，随时处理不利因素。

4. 土方工程

4.1 本工程土方施工的特点是工程量大，北区、中心区由于要配合喷锚、连续墙、护坡桩、锚杆施工，等待时间较长，工期要求紧，土质复杂(有滞水层和饱和土)以及地处重要地区，交通不畅，管制严格等。

根据以上特点和为连续墙、护坡桩、锚杆创造施工条件的要求，本工程配备 10～15 台反铲挖土机，200 余辆 15～17 t 自卸汽车分区分层开挖。

4.2 在开挖北区与中心区基坑时，由南往北挖，第一步挖至−12.200 m，预留 20 cm 由人工清底，机械作业面处土方挖至−11.000 m，局部基底标高小于−12.200 m 的区域，挖至实际标高处，周边喷锚施工工作面处的土方，要根据土钉层高分层开挖。喷锚区的土方开挖需保证喷锚施工 24 h 后方可挖下步土。为保证土方开挖进度，喷锚作业面 20 m 内按要求分层开挖，中间可大面积、较大深度进行开挖。

4.3 在北区进行挖运施工时，可同时进行坑内旧桩的拆除破碎工作，碎桩块随土方一起清运。对旧坑超深部分，应进行回填处理，采用 3:7 灰土用推土机分层碾压密实。对于拟建区域外的超挖旧桩，可待北区外墙施工出±0.000 m 后再进行分层回填密实。

4.4 当水位降至−17.000 m 以下时，可进行中心区第二步土方开挖，从−12.200 m 挖至−17.000 m，四周边坡用喷锚支护。喷锚坡脚线距连续墙外皮 2.0 m。

4.5 土方挖运至大兴旧宫、丰台区四合庄，运距约 17 km，日出土量为 12 000～24 000 m³。

4.6 在−17.000 m 工作面进行中心区四周地下连续墙的施工。

4.7 地下连续墙施工结束后，利用连续墙内降水井疏干墙内存水，当水位降低至连续墙第一道锚杆下 2～3 m 时，即可进行第三步土方开挖，挖至第一道锚杆头下 0.5 m 处。待打完该层锚杆，上好腰梁后，预留出锚杆张拉的工作面，先从工作面外进行下一步土方开挖，张拉完成后，进行大范围开挖，依次类推，挖至−26.000 m(预留 1.20 m 厚土，以免打桩机扰动地基土）。

4.8 —26.000 m 标高处护坡桩施工结束后，清挖除坡道处的预留余土至—27.200 m，进行下一步土方开挖。每次挖深与地下连续墙的每道工序紧密结合，挖至连续墙的每步作业面要求标高处。

4.9 待台仓内水位降到—43.700 m 时，可进行台仓内土方开挖，先挖至钢筋混凝土角支撑的工作面标高处，待四周角支撑施工完成后，可进行深基坑内余土挖运施工，可用一台挖土机在坑内挖土，再用拉铲挖土机或轮胎吊车簸箕将土运出，最后，将台仓基坑内挖土机用 80～100 t 汽车吊车吊出，也可用 12 m 长臂挖土机直接挖剩余土方。主体基坑内连续墙、护坡桩、锚杆及台仓内土方均已完成后，可将桩机、锚杆机沿坡道移出基坑。坑内留 4～5 台挖土机将不同标高处的余土挖设计标高处，预留 20 cm 厚由人工清土。由西向东方向收尾，收尾时采用接力挖土，由于收尾口处槽深不足 12 m，因此，可直接采用 12 m 长臂挖土机直接收尾。

4.10 在主体部分土方开挖的同时，可进行北区局部超深部分的回填及局部旧桩的拆除工作。回填时采用 3：7 灰土用推土机分层碾压密实。

4.10.1 回填用土就位取材，采用—7～—10 m 的黏性土，机械采用 D80 型推土机。

4.10.2 填土应由下而上分层铺填，每层虚铺厚度不大于 30 cm。

4.10.3 大坡度堆填土，不得居高临下不分层次，一次堆填。

4.10.4 采用分堆集中，一次运送方法，分段距离 10～15 m。

4.10.5 用推土机来回行驶进行碾压，履带应重叠一半。

4.10.6 夯填度达到基础设计要求。

4.10.7 基坑内旧桩拆除采用 2～3 台液压锤进行破碎拆除，破碎后的混凝土碎块与土方一起运走。

4.10.8 旧桩拆除后，扰动拟建地基时，需采取回填 3：7 灰土分层碾压密实。

4.11 北区存放级配砂石

由于该工程中心区基坑底底板上需铺设 2 m 厚级配砂石，为了节约费用，可将中心区内—12.2～—17.0 m 挖出的质量较好的砂石存放于北区现场，共需存放约 6 万 m³。待深基坑回填级配砂石时再进行现场清运。存放的级配砂石也做分层碾压密实及平整处理。

4.12 注意事项

土方工程施工的关键是运输问题，车辆集中，道路拥挤，地区交通管制严格，因此，必须采取以下措施：

4.12.1 现场南坡开设两个出入口，根据挖土部位，调整各出入口的行车路线，汽车要按指定路口出入，按指定路线行驶，保持循环道路。各出入口要设专人指挥，疏散交通。

4.12.2 采用卸（弃）土场和场外道路分流、夜班运土高锋时要同时向大兴旧宫、丰台区四合庄等场地卸（弃）土，实行各行其道，防止车辆阻塞。

4.12.3 避开交通运输高锋，安排好各班次运土车辆，白天市内车辆多，交通拥挤，配备少量汽车(60～80 辆)运土。晚 9 点至次日凌晨 5 点交通状况改善，配备 200～250 辆汽车运土。

4.12.4 同交通管理部门紧密配合、制定有效的交通运输方案，建立健全工地交通管理组织，制定交通运输措施，有条理、有秩序地组织土方运输。

4.12.5 为防止车辆遗撒和轮胎泥土污染市区道路，需要现场坡道口两侧搭设拍土架，设专人拍车槽，盖苫布，门口处砌置排水通道，用高压水冲洗轮胎，车辆清洁后方可放行。

5. 土钉墙施工

5.1　工艺流程

开挖工作面，修整坡面→放线定位→用洛阳铲成孔→插筋→堵孔注浆→绑扎、固定钢筋网→压筋→喷射混凝土面层→混凝土面层养护。

5.2　坡面施工

基坑开挖过程中与土方施工适时协调密切配合，按设计坡度开挖，每步开挖 1.5 m，预留 30 cm 厚土由人工清理，以免扰动地基土，严禁超挖，及时修坡，保证坡面平整。

5.3　土钉锚杆施工

坡面经检查合格后，放线定锚孔位置，用洛阳铲成孔（φ110 mm）；检查孔深、孔径、锚筋长度合格后，及时插入锚筋和 φ25 mm 注浆管至距孔底 100～150 mm 处；拉杆体沿长度方向每隔 2 m 焊一个 φ6 mm 托架，分布呈三角形，使土钉居于孔中心。注水泥浆不饱满应二次补浆，水泥浆的水胶比为 0.45～0.50，注浆压力不得小于 0.3 MPa。

5.4　混凝土面层施工

将 φ6.5@250 mm×250 mm 钢筋网片，用插入土中的钢筋固定。用加强筋压紧并与锚头焊接，钢筋网片均应与上部搭接，并给下步留茬，搭接长度不小于 20 cm，喷射(80±20)mm 厚 C20 细石混凝土。

5.5　技术质量要求

5.5.1　基坑坡面稳定性不好的部位，应减少每步开挖深度，并立即先挂钢丝网打入短土钉或先喷射一层细石混凝土等措施后，再进行锚喷施工。

5.5.2　锚杆定位间距允许偏差为 150 mm，成孔深度大于设计深度 300 mm，成孔直径允许偏差为 10 mm。

5.5.3　锚孔坍塌，必须清孔，合格后及时设置锚筋、注（压）浆，注（压）浆应达到饱满，否则做第二次补浆。

5.5.4　喷射细石混凝土的枪头距坡面宜为 0.6～1.2 m，自下而上垂直坡面喷射。

5.5.5　严格按施工程序逐层施工，严禁在面层养护期间抢挖下步土方。

6. 护坡桩（排桩）施工

基坑护坡桩工作面位于－26.000 m，桩顶标高为－27.200 m，护坡高度从－26.000 m 至－33.800 m，桩径为 φ800 mm，桩长为 9.9 m，共 190 根。

任务三　施工进度计划的编制

任务描述

编制分部分项工程施工进度计划。

任务分析

施工进度计划是施工组织设计的中心内容，它要保证建设工程按合同规定的期限交付使用。施工中的其他工作必须围绕并适应施工进度计划的要求安排。

最广为接受的施工进度记录形式是每日施工报告，它由驻地项目代表，或者如果生效的话，由承包商的质量控制代表逐日填写，即使在施工现场的某天并未开工，也应该这么做。这种报告通常会被制成多份复印件或者直接在复写纸上打印以生成必需的多份复印件。

作为工程进度记录，制作每日报告很有必要。它与工程监理人员的日志相结合，保证了两种类型的独立文档记录。在这种方式下，只限于在日志中加以记录的专有信息越多，在每日施工进度报告中的施工进度就越真实，因为它反映的信息更广泛更完整。

施工进度计划的编制原则：从实际出发，注意施工的连续性和均衡性；按合同规定的工期要求，做到好中求快，提高竣工率；讲求综合经济效果。

📑 相关知识

施工进度计划的编制是按流水作业原理的网络计划方法进行的。流水作业是在分工协作和大批量生产的基础上形成的一种科学的生产组织方法。它的特点体现在生产的连续性、节奏性和均衡性上。由于建筑产品及其生产的技术经济特点，在建筑施工中采用流水作业方法时，须把工程分成若干个施工段，当第一个专业施工队组完成了第一个施工段的前一道工序而腾出工作面并转入第二个施工段时，第二个专业施工队组即可进入第一个施工段去完成后一道工序，然后再转入第二个施工段连续作业。这样既保证了各施工队组工作的连续性，又使后一道工序能提前插入施工，充分利用了空间，又争取了时间，缩短了工期，使施工能快速而稳定地进行。利用网络计划方法编制施工进度计划，则可将整个施工进程联系起来，形成一个有机的整体，反映出各项工作（工程或工序）的工艺联系和组织联系，能为管理人员提供各种有用的管理信息。

建筑工程施工进度计划是土建施工方案在时间上的具体反映，其理论依据是流水施工原理。表达形式采用横道图或网络图。

一、施工进度计划的概念

1. 施工进度计划的作用

单位工程施工进度计划是施工组织设计的重要组成部分，是控制备分部分项工程施工进度的主要依据，也是编制月、季施工计划及各项资源需用量计划的依据。其主要作用如下：

(1)安排建筑工程中各分部分项工程的施工进度，保证工程在规定工期内完成符合质量要求的装饰任务。

(2)确定建筑工程中各分部分项工程的施工顺序、持续时间，明确它们之间相互衔接与合作配合的关系。

(3)不仅具体指导现场的施工安排，而且确定所需要的劳动力、材料、机械设备等资源数量。

2. 施工进度计划的分类

单位工程施工进度计划，根据施工项目划分的粗细程度，可分为指导性进度计划和控制性进度计划两类。

(1)指导性进度计划。指导性进度计划是按分项工程或施工过程来划分施工项目，具体确定各施工过程的施工时间及其相互搭接、相互配合的关系。这种进度计划适用于任务具体而明确、施工条件基本落实、各项资源供应正常、施工工期不太长的建筑工程。

(2)控制性进度计划。控制性进度计划是按照分部工程来划分施工项目，控制各分部工程的施工时间及其相互搭接、相互配合的关系。这种进度计划适用于工程比较复杂、规模比较大、工期比较长的建筑工程，还适用于工程不复杂、规模不大但各种资源（劳动力、材料、机械)不落实的情况。

编制控制性施工进度计划的单位工程，当各分部工程的施工条件基本落实后，在正式施工之前，还应当编制指导性的分部工程施工进度计划。

二、施工进度计划的编制

1. 施工进度计划的编制依据

单位工程施工进度计划的编制依据，主要包括以下几个方面：

(1)建筑工程施工组织总设计和施工项目管理目标要求。

(2)拟建工程施工图和工程计算资料。

(3)施工方案与施工方法。

(4)施工定额与施工预算。

(5)施工现场条件及资源供应状况。

(6)业主对工期的要求。

(7)项目部的技术经济条件。

2. 施工进度计划的编制程序

(1)收集编制依据。

(2)划分施工过程。

(3)计算工程量。

(4)计算劳动量或机械台班量。

(5)计算各施工过程的工作时间。

(6)编制初步进度计划方案。

(7)检查(工期是否满足要求；劳动力、机械是否均衡；材料供应是否超过限额)。

(8)编制正式进度计划。

3. 施工进度计划的编制步骤和方法

(1)划分施工过程，确定施工顺序。编制单位工程施工进度计划时，首先应根据施工图纸和施工顺序将准备施工工程的各个施工过程列出，并结合施工条件、施工方法、劳动组织等因素，加以调整后，列入施工进度计划表中。

施工过程划分的粗细程度主要取决于工程量的大小和复杂程度。一般情况下，在编制控制性施工进度计划时，可以划分的粗一些，如群体工程的施工进度计划，可以划分到单位工程或分部工程，单位工程进度计划应明确到分项工程或施工工序。在编制实施性进度计划时，则应划分得细一些，特别是其中的主导施工过程和主要分部工程，应当尽量详细具体，做到不漏项，以便掌握进度，具体指导施工。

在确定各施工过程的施工顺序时，应注意以下几个方面：

1)划分施工过程，确定施工顺序要紧密结合所选择的装饰施工方案。施工方案不同，不仅影响施工过程的名称、数量和内容，而且也影响施工顺序的安排。

2)严格遵守施工工艺的要求。各施工过程在客观上存在着工艺顺序关系，这种关系是在技术条件下各项目之间的先后关系，只有符合这种关系，才能保证装饰工程的施工质量和安全施工。

3）施工顺序不同，施工质量及施工工期也会发生相应的变化。要达到较高的质量标准、理想的工期，必须合理安排施工顺序。

4）不同地区、不同季节气候条件，对施工顺序和施工质量有较大影响，如我国南方地区施工，应考虑雨期施工的特点，而北方地区则应考虑冬期施工的特点。

5）所有项目应按施工顺序列表、编号，避免出现遗漏或重复，其名称可参考现行定额手册上的项目名称。

（2）计算工程的工程量。工程量是编制工程施工进度计划的基础数据，应根据施工图纸、有关计算规则及相应的施工方法进行计算。在编制施工进度计划时已有概算文件，当它采用的定额和项目的划分与施工进度计划一致时，可直接利用概算文件中的工程量，而不必再重复计算。在计算工程量时，应注意以下几个问题：

1）各分部分项工程的工程量计算单位应与现行定额中的规定一致，以便在计算劳动量、材料需要量时可直接套用定额，不必再进行换算。

2）工程量计算应结合所选定的施工方法和安全技术要求，使计算的工程量与工程实际相符合。

3）结合施工组织要求，分区、分段、分层计算工程量，以组织流水作业。

4）正确取用预算文件中的工程量，如已编制预算文件，则施工进度计划中的工程量，可根据施工项目包括的内容从预算工程量的相应项目内抄出并汇总。当进度计划中的施工项目与预算项目不同或有出入（当计量单位、计算规则、采用定额不同等）时，则根据施工实际情况加以修改、调整或重新计算。

（3）劳动量和机械台班数量的确定。所谓劳动量，是指完成某施工过程所需的工日数。根据各分部分项工程的工程量、施工方法和定额标准，并结合施工企业的实际情况，计算各分部分项所需的劳动量和机械台班数量。其计算公式为

$$P_i = Q_i / S_i = Q_i H_i \tag{4-1}$$

式中　P_i——第 i 分部分项工程所需要的劳动量或机械台班数量；

　　　Q_i——第 i 分部分项工程的工程量；

　　　S_i——第 i 分部分项工程采用的人工产量定额或机械台班产量定额；

　　　H_i——第 i 分部分项工程采用的时间定额。

套用定额时，常会遇到定额中所列项目内容与编制施工进度计划所列项目内容不一致的情况，具体处理方法如下：

1）可将定额作适当扩大，使其适应施工进度计划的编制要求。例如，将同一性质不同类型的项目合并，根据不同类型的项目产量定额和工作量计算其扩大后的平均产量定额或平均时间定额。

2）某些新技术、新材料、新工艺或特殊施工方法的项目，在定额中尚未编入，此时，可参考类似项目的定额、经验资料确定。

（4）计算各施工过程的持续时间和进度安排。

各分部（分项）工程施工持续时间计算公式如下，即

$$T_i = P_i / R_i N_i \tag{4-2}$$

式中　T_i——完成第 i 个施工过程的持续时间（天）；

　　　P_i——第 i 个施工过程所需劳动量或机械台班数量；

R_i——每班在第 i 个施工过程中的劳动人数或机械台班数量；

N_i——第 i 个施工过程中每天工作班数。

根据工期安排进度时，应先确定各施工过程的施工时间，其次确定相应的劳动量和机械台班量，每个工作班所需的工人人数或机械台数，式 (4-2) 变为下式，即

$$R_i = P_i / T_i N_i \tag{4-3}$$

由式 (4-3) 求得 R_i 值，若该数值超过了施工单位现有的人力、物力，除组织外援外，还应主动地从技术上和施工组织上采取措施，增加工作班数，尽可能地组织立体交叉与平行流水作业等。需要指出的是，装饰工程由于大量采用手用电动工具，实际工效比定额规定高得多，在编制施工进度计划时应考虑这一因素，以免造成窝工。

(5)编制施工进度计划。施工进度计划表由两大部分组成，见表 4-4。左边部分是以一个分项工程为一行的数据，包括分项工程量、定额和劳动量、机械台班数、每天工作班、每班工人数及工作日等计算数据；右边部分是相应表格左边各分项工程的指示图标，用线条形象地表现了各个分部分项工程的施工进度日程、各个阶段的工期和单位工程施工总工期，并且综合地反映了各个分部分项工程相互之间的关系。

表 4-4　施工进度计划

项次	工程名称	工程量		定额	劳动量		机械需要量		每天工作班	每班工人数	工作日	进度日程											
		单位	数量		工种	工日	名称	台班数				月					月				月		
												1	2	3			1	2	3		1	2	3
1																							
2																							
3																							

编制工程施工进度计划时，应首先确定主导施工过程的施工进度，使主导施工过程能尽可能连续施工，其余施工过程应予以配合，具体方法如下：

1)确定主要分部工程并组织流水施工。

2)按照工艺的合理性，使施工过程之间尽量穿插搭接，按流水施工要求或配合关系搭接起来，组成单位工程进度计划的初始方案。

3)检查和调整施工进度计划的初始方案，绘制正式进度计划。

检查和调整的目的在于使初始方案满足规定的目标，确定理想的施工进度计划。其内容包括检查各装饰施工过程的施工时间和施工顺序安排是否合理；安排的工期是否满足合同工期；在施工顺序安排合理的情况下，劳动力、材料、机械是否满足需要，是否有不均衡现象。

经过检查，对不符合要求的部分应进行调整和优化，达到要求后，编制正式的装饰施工进度表。

✏️任务实施

编制施工进度计划的步骤

(1)划分施工项目并列出工程项目一览表。在编制施工进度计划时，首先划分出各施工

项目的细目，列出工程项目一览表。划分列表时应注意以下事项：

1) 划分的施工项目应符合工程的实际情况，并与所确定的施工方法相一致。临时设施和附属项目可合并列出。

2) 结合工程的特点分项填列，不可缺项漏项，以保证计划的准确性。

(2) 计算工程量。根据施工图和有关工程数量的计算规则，按工程的施工顺序，分别计算施工项目的实物工程量，逐项填入表中。计算填表时应注意以下问题：

1) 工程数量的计算单位，应与相应的定额或合同文件中的计量单位一致。

2) 除计算实物工程量外，还应包括大型临时设施的工程，如场地平整的面积，便道、便桥的长度等。

3) 结合施工组织要求，按已划分的施工段分层分段计算。

(3) 计算劳动量和机械台班数。劳动量是工程量与相应时间定额的乘积，其计算公式为

$$P=QH \quad 或 \quad P=Q/S$$

式中　P——劳动量（工日或台班）；

Q——工程量；

S——产量定额；

H——时间定额。

劳动量一般可按企业施工定额进行计算，也可按交通行业现行的预算定额和劳动定额计算。劳动量的计量单位当为人工时是"工日"，为机械时是"台班"。

(4) 确定施工期限。施工期限根据合同工期确定，同时，还要考虑工程特点、施工方法、施工管理水平、施工机械化程度及施工现场条件等因素。

根据工作项目所需要的劳动量或机械台班数及该工作项目每天安排的工人数或配备的机械台数，计算各工作项目持续时间。

根据施工组织要求，组织流水施工时，也可采用倒排方式安排进度，即先确定各工作项目持续时间，依次确定各工作项目所需要的工人数和机械台数。

(5) 确定开竣工时间和相互搭接关系。确定开竣工时间和相互搭接关系主要考虑以下几点：

1) 同一时期施工的项目不宜过多，避免人力、物力过于分散。

2) 尽量做到均衡施工，使劳动力、施工机械和主要材料的供应在整个工期范围内达到均衡。

3) 尽量提前建设可供工程施工使用的永久性工程，以节省临时工程费用。

4) 急需和关键的工程先施工，以保证工程项目如期交工。对于某些技术复杂、施工周期较长、施工困难较多的工程，应安排提前施工，以利于整个工程项目按期交付使用。

5) 施工顺序必须与主要系统投入使用的先后次序吻合，安排好配套工程的施工时间，保证建成的工程迅速投入使用。

6) 注意季节对施工顺序的影响，使施工季节不导致工期拖延，不影响工程质量。

7) 安排一部分附属工程或零星项目做后备项目，调整主要项目的施工进度。

8) 注意主要工序和主要施工机械的连续施工。

(6) 绘制施工进度计划图。绘制施工进度计划图，首先选择施工进度计划表达形式，常用的有横道图和网络图。横道图比较简单直观，多年来广泛地用于表达施工进度计划，作为控制工程进度的主要依据。但由于横道图控制工程进度的局限性，随着计算机的广泛应

用，更多采用网络计划图表示。全工地性的流水作业安排应以工程量大、工期长的工程为主导，组织若干条流水线。

(7)进度计划的检查和优化调整。施工进度计划方案编制好后，需要对其进行检查与优化调整，使进度计划更加合理，需检查调整的内容包括：

1)各工作项目的施工顺序、平行搭接和技术间歇是否合理。

2)总工期是否满足合同规定。

3)主要工序的工人数能否满足连续、均衡施工的要求。

4)主要机具、材料等的利用是否均衡和充分。

任务四　各项资源需用量计划

任务描述

制订主要材料需用量计划；制订建筑施工用工需用量计划与施工机械需用量计划。

任务分析

单位工程施工进度计划编制确定后，根据施工图纸、工程量计算资料、施工方案、施工进度计划等有关技术资料，着手编制劳动量计划，各种主要材料、构件和半成品需用量计划及各种施工机械的需用量计划。它们不仅是为了明确各种技术工人和各种技术物资的需用量，而且是做好劳动力与物资的供应、平衡、调度、落实的依据，也是施工单位编制月、季生产作业计划的主要依据之一。

相关知识

各项资源需用量计划包括很多方面，主要包括材料、用工、施工机具、构件和半成品及运输计划等。

一、主要材料需用量计划

根据施工预算、材料消耗定额和施工进度计划编制主要材料需用量计划。其主要反映施工中各种主要材料的需求量，作为备料、供料和确定仓库堆放面积及运输量的依据。装饰工程所用的物资品种多，花色繁杂，编制时，应写清材料的名称、规格、数量及使用时间等要求。其表格形式见表 4-5。

表 4-5　主要材料需用量计划

序号	材料名称	规格	需用量		需要时间									备注
					×月			×月			×月			
			单位	数量	上旬	中旬	下旬	上旬	中旬	下旬	上旬	中旬	下旬	

二、劳动力需用量计划

劳动力需用量计划是根据施工预算、劳动定额和施工进度计划编制的。其主要反映建筑施工所需要的各种技工、普通工人的人数，它是控制劳动力平衡、调配和衡量劳动力耗用指标的依据，其编制方法是将施工进度计划表内项目进度、各施工过程每天（或旬、月）所需人数，按项目汇总而得，表格形式见表4-6。

表4-6　劳动力需用量计划

序号	项目名称	工种名称	需用量		需要时间												备注
			单位	数量	月份												
					1	2	3	4	5	6	7	8	9	10	11	12	

三、施工机具需用量计划

根据施工方案、施工方法及施工进度计划编制施工机具需用量计划。其主要反映施工所需各种机具的名称、规格、型号、数量及使用时间，可作为组织机具进场的依据，表格形式见表4-7。

表4-7　施工机具需用量计划

序号	机具名称	机具型号	需用量		供应来源	使用起止时间	备注
			单位	数量			

四、构件和半成品需用量计划

根据施工图纸、施工方案、施工方法及施工进度计划的要求编制结构构件、配件和其他加工半成品需用量计划。其主要反映施工中各种装饰构件的需用量及供应日期，作为落实加工单位、按所需规格数量和使用时间组织构件加工和进场的依据，表格形式见表4-8。

表4-8　构件和半成品需用量计划

序号	品名	规格	图号	需用量		使用部位	加工单位	拟进场日期	备注
				单位	数量				

任务实施

任务实施1　施工机械设备及投入计划

根据本工程现场实际情况及工期要求选择主要机械设备如下：

(1)塔式起重机1台，回转半径为55 m，用于钢筋、模板和混凝土的垂直及水平运输。

(2)搅拌机1台，主要用于现场的零星混凝土搅拌。

(3)砂浆机3台，主要用于砌筑砂浆及抹灰砂浆搅拌。

(4)混凝土输送泵2台，额定最大输送能力为45 m^3/h(配备2台备用)。

(5)施工电梯 1 台，主要用于混凝土垂直运输，砖砌体、装饰材料和安装材料、建筑垃圾的垂直运输以及施工人员的运输。

(6)自备发电机 1 台，250 kV·A，备用电源。

(7)其他机械设备见表 4-9。

表 4-9　主要施工机械设备及投入计划一览表

序号	机械或设备名称	型号规格	数量	国别产地	制造年份	额定功率/kW	生产能力	备注
1	发电机组	250 kV·A	1 台	佛山	1998	—	良好	
2	挖掘机	WY100	1 辆	日本	1998	—	良好	—
3	吊车	QY16	1 辆	国产	1997	—	良好	—
4	推土机	TY100	1 辆	国产	1997	—	良好	—
5	自卸车	CA3101(5T)	3 辆	上海	1997	—	良好	—
6	塔式起重机	QTZ80	1 台	重庆	2002	41.9	良好	—
7	混凝土泵	HBT60	2 台	长沙	2001	75	良好	—
8	施工电梯	SCD200/DL30	1 台	重庆	2001	21	良好	
9	混凝土搅拌机	JG500	1 台	佛山	2000	7.5	良好	
10	打夯机	HW170	2 台	佛山	1999	3	良好	
11	砂浆搅拌机	0.5M3	2 台	佛山	2000	3	良好	
12	钢筋弯曲机	GW40 型	2 台	国产	1999	3	良好	
13	钢筋剪切机	GQ40L	2 台	国产	1999	5.5	良好	
14	钢筋调直机	YZ100—4	1 台	国产	2000	3	良好	
15	钢筋对焊机	UN1—125	1 台	国产	2000	125	良好	
16	钢筋弧焊机	DN—5	4 台	国产	2000	19	良好	
17	电渣压力焊机		1	国产	2000	50	良好	
18	混凝土平板振动器	ZB11	4 台	国产	2000	2.2	良好	
19	混凝土插入式振动器	ZX50	8 个	国产	2001	2.2	良好	
20	弯管机	WYQ—27—108	1 台	国产	2001	5.5	良好	
21	圆锯机	MJ154	3 台	国产	2002	3	良好	
22	电刨	M1B—80/1	3 个	国产	2002	0.7	良好	
23	砂轮机	S3SR—150	2 台	国产	2001	1.1	良好	
24	瓷砖切割机	—	6 台	国产	2001	1.1	良好	—
25	高压水泵	YZ100—4	3 台	佛山	2001	3		
26	动力总功率				224.5 kW			
27	电焊机总功率				251 kW			

各种机械设备的使用状况均为良好，各种机械设备及各种小型机具均为自备，无须订购。

任务实施 2　劳动力计划施工组织

一、劳动力组织

根据本工程的具体情况和施工工期的要求，劳动力的准备按工种及工期要求进行计划制订。各工种按各部分及施工进度要求进场，其计划拟定见表 4-10。

表 4-10　按施工阶段投入劳动力情况

工种级别	按施工阶段投入劳动力情况					
	基础地下室	进场时间	地面主体	进场时间	装修阶段	进场时间
木工	80	2002—10—03	60	2003—02—12	20	—
钢筋工	60	2002—10—04	50	2003—12—12	10	—
混凝土工	30	2002—09—30	25	2003—02—12	10	—
架子工	20	2002—11—01	20	2003—12—12	15	—
砌筑工	40	2002—09—30	60	2003—02—12	50	—
抹灰工	20	2002—10—04	40	2003—12—12	100	—
电工	5	2002—09—30	5	2003—02—12	5	—
电焊工	10	2002—09—30	10	2003—12—12	10	—
油漆工	—	2002—09—30	5	2003—02—12	20	2003—09—01
防水工	20	2003—02—12	20	2003—12—12	20	—
管道工	—		20	2003—02—13	20	—
电气工	—		20	2003—02—13	30	—
杂工	20	2002—09—30	20	2003—02—12	30	—
	305		355		340	

劳动力的实施：

(1)对现场的施工队伍进行严格的资格审查，施工班组必须配备兼职质量员，随做随清。

(2)对已进场的队伍实施动态管理，不允许其擅自扩充和随意抽调，以确保施工队伍的素质和人员相对稳定。

(3)未经项目部质量、安全培训的操作工不允许上岗。

(4)加强对劳务单位的管理，凡进场的劳务单位必须配备一定数量的专职协调、质量、安全的管理人员。

二、劳动力的配置计划

根据省建筑安装工程劳动定额，结合本工程具体情况和施工进度计划，本工程不同施工阶段劳动力配置计划见表 4-11。

表 4-11　劳动力需用量计划表

序号	工种名称	基础阶段/人	主体阶段/人	装饰阶段/人	清理收尾/人
1	钢筋工	15	20	5	3
2	模工	5	30	5	2
3	混凝土工	20	30	2	1
4	架工	12	30	20	5
5	电焊工	4	4	2	2
6	防水工	10	10	20	—
7	电工	1	2	2	1
8	机械工	2	3	2	1
9	钳工	2	2	2	—
10	机操工	3	6	5	2
11	机修工	1	2	2	—

序号	工种名称	基础阶段/人	主体阶段/人	装饰阶段/人	清理收尾/人
12	水暖工	1	1	1	1
13	油漆工	—	—	40	5
14	砖抹工	—	40	60	8
15	测量工	3	2	2	1
16	试验工	2	2	1	—
17	材料保管	2	2	2	1
18	工地护警	2	2	2	2
19	普工	20	30	30	15
20	合计	145	248	205	50

注：1. 各阶段需用劳动力为单独作业所需人数。

2. 由于各阶段的交叉搭接和人员平衡调配，高峰期总人数为200人左右。

三、劳动力组织和管理的关键环节

装饰装修、收尾阶段的劳动力组织和管理是直接影响本工程能否顺利完成的一个关键环节，为此我们将采取以下几点措施：

(1)施工现场项目经理及主办工长做到全盘考虑，认真学习和研究施工图纸，领会设计意图，拟定出本工程各阶段施工所需投入的人力什么时间进场、什么时间退场，做到心中有数，减少盲目性，以免造成人员紧缺或窝工现象。

(2)在使用人力上执行竞争上岗的制度，防止出工不出力和返工现象的发生。

(3)本工程装饰装修项目较多，标准较高，在收尾阶段，要教育好工人，要特别重视成品保护，防止已完工的部位被损坏和污染，要同各分包单位取得联系，组织足够人员参加保护工作。

任务实施3　主要施工机械配置计划

一、主体施工阶段

为满足施工需要，缩短工期，各施工阶段须配备足够的施工机具，并注意不同阶段机具的需求差别及有效衔接。基础与主体施工阶段主要机械需用计划见表4-12。

表4-12　基础与主体施工阶段主要机械需用计划

序号	机械名称	单位	台数	型号	功率	备注
1	施工升降机		1			
2	混凝土搅拌机		1	JDY350	15	
3	钢筋切断机		1	GJ40	1×7.5	主体封顶退出
4	钢筋弯曲机		1	JGB7—40B	2.2	主体封顶退出
5	钢筋调直机		1	KDZ—500	1×2	主体封顶退出
6	交流电焊机		2	BX—330	2×21 kV·A	
7	木工圆盘锯		1	MJ225	3	
8	木工平刨机		1	MB106	2.8	

序号	机械名称	单位	台数	型号	功率	备注
9	柴油发电机		1	Z—175	75	
10	激光经纬仪		1	J2		
11	水准仪		2	N2		
12	插入振动器		8	Z—55	8×1.3	
13	附着式振动器		1	Z—35	1.3	
14	平板式振动器		2	Z20—80	2×1.1	
15	台秤		1	500 kg		
16	卷扬机		2	2.5t		
17	氧割设备一套		2		7.5	

二、装饰装修阶段

进入装修阶段，工程主要施工内容发生变化，所需机械见表4-13。

表 4-13　机械使用情况

序号	机械名称	单位	台数	型号	备注
1	施工升降机	座	1		
2	卷扬机	台	1	2.5t	井架用
3	砂浆搅拌机	台	2		
4	电焊机	台	2	BX—330	
5	切割机	台	10		
6	冲击钻	台	8		
7	空压机	台	3		
8	冲击电锤	台	5		
9	电锯	台	4		
10	电刨	台	6		

任务五　施工平面图的绘制

任务描述

绘制单位工程施工平面图。

任务分析

施工平面图是施工方案在现场空间上的体现，它反映了已建工程和拟建工程之间，以及各种临时建筑设施相互之间的空间关系。施工现场布置得好，就会为现场组织文明施工创造良好的条件；反之，如果施工平面图布置和管理得不好，就会造成现场混乱，这对施工进度、工程成本、质量和安全等方面都会产生不良的后果。因此，每个工程在施工前都要对施工现场的布置进行周密规划，在施工组织设计中，均要绘制施工平面图。

单位工程施工平面图，是用来布置施工所需机械、加工场地、材料、成品、半成品存放地点和施工场所的，也是确定临时道路、临时供水、供电、供热管网和其他临时设施位置的依据。它是实现文明施工，节约并合理利用场地，减少临时设施费用的基本条件，也是施工组织设计的重要组成部分。单位工程施工平面图的绘制比例一般采用1∶200～1∶500。

一、施工平面图设计的依据和原则

单位工程施工平面图可根据现场施工的具体情况灵活掌握，对比较复杂且工程量较大、工期比较长的建筑工程，或采用新材料、新工艺、新技术、新设备的建筑工程，或改造性的建筑工程均要单独绘制。

设计原则如下：

(1)在满足现场施工的条件下，布置紧凑，便于管理，尽可能减少施工用地。

(2)在满足施工顺利进行的条件下，尽可能减少临时设施。

(3)最大限度地减少场内运输，减少场内材料、构件的二次搬运。

(4)临时设施的布置，应便于施工管理及工人生产和生活。

(5)施工平面布置要符合劳动保护、保安、防火的要求。

二、施工平面图设计的内容

根据单位工程施工的经验，其内容主要包括以下几个方面：

(1)地上和地下的已建和拟建的一切建筑物、构筑物、道路和各种地下、地上管线。

(2)施工所需机械、加工场地、材料、成品、半成品存放地点和施工场所。

(3)生产、办公和生活临时设施(包括工棚、仓库、办公室、工人宿舍、职工食堂、供水、供电线路等)。

(4)测量放线的高程桩和方位桩的位置、杂物及垃圾堆放场地。

(5)安全防火及消防设施。

上述平面布置可根据建筑总平面图，施工现场地形地貌，现有水源、电源、热源、道路及四周可利用的房屋和空地，施工组织总设计的计算资料来布置。

三、施工平面图设计的步骤

1. 垂直运输机械布置

垂直运输机械是建筑工程施工中运输材料和设备的主要机械，是保证施工顺利进行的基础。垂直运输机械布置，应结合建筑物的平面形状、高度和材料、设备重量、尺寸大小，以及机械的负荷能力和服务范围，来确定垂直运输设备的位置和高度，做到便于运输，便于组织分层分段流水施工。

起重机械的位置直接影响仓库、堆场、砂浆和混凝土搅拌站的布置。应首先决定起重机械位置。

井架、龙门架等固定式垂直运送设备的布置，主要是根据机械性能、建筑物的平面形状和大小、施工段的划分、施工道路及材料输送量而定。一是要充分发挥机械效率，二是地面、楼面上的水平运距较短，同时使用方便、安全。

当建筑物高度相同时，可布置在施工段分界点附近；当高度不同时，可布置在高低并列处。可使各施工段上的水平运输互不干扰。

轨道式起重机的轨道与拟建工程应有最小安全距离，行驶方便，司机视线不受阻碍。

(1)固定式垂直运输设备的布置。固定式垂直运输设备包括井架、门架、桅杆式起重机等，它们的布置主要根据其机械性能，建(构)筑物的平面形状和大小，施工段的划分情况，起重高度，材料和构件的重量，运输道路等情况而定。其目的是充分发挥起重机械的能力，做到使用安全、方便，便于组织流水施工，并使地面与楼面上的水平运输距离最短。固定式起重运输设备中卷扬机的位置与井架、门架等距离要适中，以使司机能够看到整个升降过程。井架、龙门架的数量要根据施工进度，垂直提升的构件和材料数量，台班的工作效率等因素确定，其服务范围一般为50～60 m。井架应立在外脚手架之外，并有一定距离为宜，一般为5～6 m。

(2)自行杆式起重机的布置。布置自行杆式起重机时，要考虑其起重高度、构件的重量、回转半径、吊装方法、建(构)筑物的平面形状等。对于装饰工程一般只考虑固定式垂直运输设备最小起重臂长(Lmin)的影响，避免臂杆与已建结或构件相碰撞。自行杆式起重机的开行路线要尽量的短，尤其是对汽车式或轮胎式起重机，尽量使其停机一次能吊足够多的构件，避免反复打支腿影响吊装的速度。

(3)塔式起重机的布置。塔式起重机既可以进行垂直运输也可进行现场的水平运输，它分为固定式、轨道式、内爬式和附着式四种。现分别介绍如下：

1)固定式塔式起重机的布置。固定式塔式起重机不需铺设轨道，但其作业范围比有轨式塔式起重机小。

2)轨道式塔式起重机的布置。布置塔式起重机的轨道时要结合建(构)筑物的平面形状和四周的场地条件综合考虑，要使建(构)筑物平面尽量处于塔臂的活动范围之内，避免出现"死角"，要使构件、成品及半成品、堆放位置及搅拌站前台尽量处于塔臂的活动范围之内，同时，做好轨道四周的排水工作。布置塔式起重机时还要注意安塔、拆塔是否有足够的场地，尤其是拆塔。同时，还应注意塔基是否坚实可靠，双塔回转时是否有重合碰撞的可能等。

3)附着式塔式起重机占地面积小，且起重高度大，可自升高，但对建(构)筑物作用有附着力。其塔基多为桩基或厚大体积的钢筋混凝土塔基，塔基的施工与结构基础施工尽量同步进行。

4)内爬式塔式起重机布置在建(构)筑物内侧，且作用有效范围大，适用高层建(构)筑物的施工。两种机械的布置均应在满足起重高度和起重量的前提下进行，使拟建建(构)筑物在塔式起重机半径的回转范围之内。

2. 布置搅拌站、仓库、材料和构件堆场

布置搅拌站、仓库、材料和构件堆场主要是指对砂浆搅拌机、加工棚、材料仓库和设备堆场的布置。

搅拌站、仓库、材料和构件堆场应尽量靠近使用地点或布置在起重机的回转半径内，并兼顾运输和装卸的方便。

(1)不同施工阶段的布置。

1)基础所使用的材料，可沿建筑物四周布置。但须留足安全尺寸，不得因堆料造成基槽(坑)土壁失稳。上部结构使用的材料，应布置在起重机附近，以减少水平搬运。

2)当多种材料同时布置时，对大宗材料、单位重量大的材料和先使用的材料应尽量靠近使用地点或起重机附近；对量少、质轻和后期使用的材料则可布置得稍远。

3)水泥、砂、石子等大宗材料应环绕搅拌站就近布置。

(2)采用不同起重机械时的布置。

1)当采用固定式垂直运输设备时，仓库、堆场、搅拌站位置应尽可能靠近起重机械，以减少运距或二次搬运。

2)当采用塔式起重机械进行垂直运输时，堆场位置、仓库和搅拌站出料口应位于塔式起重机的有效起重半径内。

3)当采用无轨自行式起重机械进行垂直和水平运输时，其搅拌站、堆场和仓库可沿开行路线布置，但其位置应在起重臂的最大外伸长度范围内。

4)当浇筑大体积基础混凝土时，搅拌站可直接布置在基坑边缘以减少运距。

5)加工棚可布置在拟建工程四周，并考虑木材、钢筋、成品堆放场地。

3. 布置运输道路

现场主要道路应尽可能用永久性道路，或先建好永久性道路的路基供施工期使用，在土建工程结束前铺好路面。道路要保证车辆行驶通畅，最好能环绕建筑物布置成环形道路，路宽不小于 3.5 m。

4. 布置生活性临时设施

为单位工程服务的生活用临时设施较少，一般仅有办公室、休息室、工具库等。它们的位置应以使用方便、不碍施工、符合防火保安为原则。

5. 布置水电管网

(1)施工临时用水从业主指定地点接入，场内管网沿施工用水点敷设，管径须经计算确定。供水管道宜采用暗敷法埋置于地下，若是高层建筑，应考虑高压水泵加压供水。室外消防栓沿道路布置，且距建筑物≥5 m，距道路≤4 m，消防栓管径≥100 mm。为防止供水意外中断，现场应设置简易蓄水池。

(2)为便于排除地表水和降低地下水，施工现场应设置排水沟，并接通永久性下水道。

(3)单位工程施工临时供电应在全工地性施工总平面图中统筹考虑。独立单位工程施工时，根据计算的用电量选用变压器。现场临时供电多采用架空线路，塔式起重机回转半径内采用埋地电缆。

在布置施工供水管网时，应力求供水管网总长度最短。消防用水一般利用城市或建设单位设置的永久性消防设施。如果水的压力不够，可以设置加压泵、高位水箱或蓄水池。建筑装饰材料中易燃品较多，除按规定设置消防栓外，还应根据防火需要在室内设置灭火器。

施工用电设计应包括用电量计算、电源选择、电力系统选择和配置。建筑装饰工程的用电量主要包括垂直运输用电量、电焊机、切割机、电锤、空压机及照明用电等。总用电量与主体结构工程相比小得多。通常对在建工程，可利用主体结构工程的配电系统；对改建工程可使用原有的电源线路，若不能满足施工需要时，可重新架设。

四、施工平面图管理

施工平面图管理是保证工期、质量、安全和降低成本的重要手段。加强施工现场管理对合理使用场地，保证现场运输道路、给水、排水、电路的畅通，建立连续均衡的施工秩序，具有重要意义。一般可采取下述管理措施：

(1)严格按施工平面图布置道路、水电管网、机具、堆场和临时设施。

(2)道路、水电应有专人管理维护。

(3)准备施工阶段和施工过程中应做到工完、料净、场清。

(4)施工平面图须随着施工的进展及时调整补充，实施动态管理。

任务实施1　某施工现场平面布置图示例

某施工现场平面布置图，如图4-1所示。

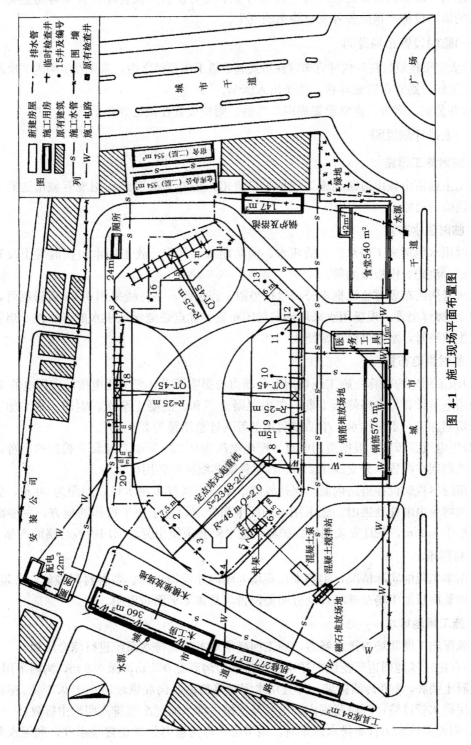

图4-1　施工现场平面布置图

任务实施 2 施工总平面图

结合施工现场实际情况，对施工现场平面及临时设施进行合理布局，实施封闭式管理。所有临时用房都在各室门牌作出标志，墙面及天棚均采用空心板屋面。卫生间、淋浴间及厨房等地面、墙裙铺设面砖，所有生活用房要求文明整洁。在仓库、食堂等易燃易爆处配置足够的消防设施，预防各种安全隐患的发生。

(一)临时设置布局说明

(1)大宗型建筑材料及构件宜布置在塔式起重机工作半径之内，避免发生场内二次搬运。

(2)运输道路宜布置成环状，便于出入倒车。

(3)办公室、宿舍、食堂设置周围，浴池、厕所设置在最远处角落。

(二)安排计划说明

1. 临时施工道路

施工主通道由城市道路到施工现场入口进出，场外交通道路利用现有城市道路，场内施工铺设临时道路。

2. 临时供水布置

临时用水包括施工用水、生活用水、消防用水。其中，施工用水包括混凝土及砂浆搅拌、养护、浇砖、模板湿润等。

配水管网的布置方法根据本公司以往类似工程经验，主杆线采用中 48 镀锌钢管，支管采用中 25 镀锌钢管。现场用水采用环向封闭布置，优点是能保证供水的可靠性，当管网某一处发生故障时，水仍可以正常使用。

3. 临时供电布置

(1)施工用电的估算。施工现场用电分动力与照明两类，照明用电按动力用电的 10% 计算。经用电量计算，在高峰施工期，考虑混凝土拦和、混凝土泵送、钢筋、木工加工、铺装面板切割加工、水泵排水、生活照明用电等共计总用量为 250 kW。

(2)配电线路布置。根据总用电量，配电电压 380/220 V 引自建设方提供的电源，采用三相五线制架空配置，分支线用 25 mm² 塑料铜芯线接至各用电设备。

线路应尽量架设在道路内侧，保持线路水平，电线杆采用木杆，间距为 30 m，分支线及引入线均应由电杆处接出。施工用电的配电箱要求设置于便于操作的地方，一般离地面高度不小于 1.2 m，并且安装漏电保护器，配电箱必须使用劳动部门检验合格的产品。

4. 材料堆场

根据本工程的实际情况，钢筋堆在现场仓库内并设加工棚。各种材料堆放，必须整齐、规范，铺装面板加工场及堆场计划分两处设置，具体见平面布置图。

5. 施工场地排水

为确保施工期间场内排水畅通，施工前必须对本工程排水系统进行综合规划。

(1)在施工场地周边开挖纵向排水边沟排水边沟底宽 0.5 m，深 0.6 m，沟内采用 10 cm 细石混凝土铺底，240 砖墙护坡，并且用水泥砂浆粉刷，沟底纵坡不小于 0.3%。穿越临时道路采用排水管过路，区域范围内的雨水及基槽内排水通过水泵排入明沟中排放。

(2)当地面排水沟自流排水困难时，则考虑在边沟适当位置设置集水井，利用水泵强制排水，确保施工正常开展。

6. 临时设施的布置

现场临时设施包括行政管理用房、生产车间、仓库及生活用房。生产车间包括工具库、钢筋加工、石材加工等。生活用房包括职工宿舍、食堂、厕所、浴室等。具体位置见图 4-3 施工平面布置图。

(1)生活与工作区场地四周挖设临时排水沟，并在生活区设砖砌排水沟与周边排水接通。

(2)生活区道路采用 15 cm 塘渣＋10 cm C15 混凝土面层。

(3)生活废水经明沟直接排出场外。

(4)生活污水采用化粪池沉淀集中，定期处理，生活垃圾袋装化。总平面布置图如图 4-2、图 4-3 所示。

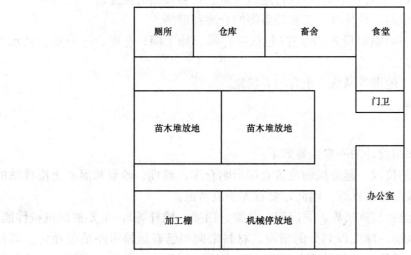

图 4-2　施工平面布置图

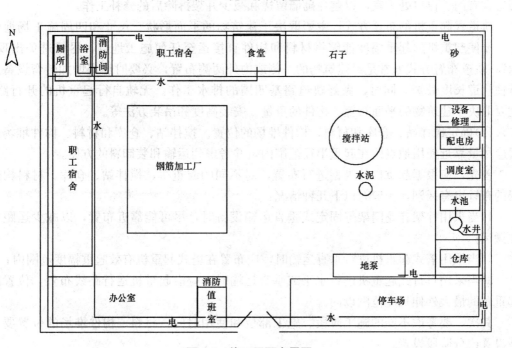

图 4-3　施工平面布置图

任务实施3　施工平面布置图的设计

有的建筑工地秩序井然,有的则杂乱无章,这与施工平面图设计的合理与否有直接的关系。单位工程施工平面图是施工组织设计的主要组成部分。

(一)设计内容

单位工程施工平面图通常用1:200~1:500的比例绘制,一般应在图上标明下列内容:

(1)建筑总平面上已建和拟建的地上和地下的一切房屋、构筑物及其他设施的位置和尺寸。

(2)移动式起重机(包括有轨起重机)开行路线及垂直运输设施的位置。

(3)各种材料、半成品、构件以及工业设备等的仓库和堆场。

(4)为施工服务的一切临时设施的布置(包括搅拌站、加工棚、仓库、办公室、供水供电线路、施工道路等)。

(5)测量放线标桩,地形等高线,土方取弃场地。

(6)安全、防火设施。

(二)设计步骤

单位工程施工平面图设计的一般步骤如下:

(1)决定起重机械的位置。起重机的位置直接影响仓库、料堆、砂浆和混凝土搅拌站的位置及道路和水、电线路的布置等。因此,要首先予以考虑。

布置固定式垂直运输设备(塔界、龙门架、井架、门架、桅杆等),主要根据机械性能、建筑物的平面形状和大小、施工段划分的情况、材料来向和已有运输道路情况而定。其目的是充分发挥起重机械的能力并使地面与楼面上的水平运距最小。井架、门架的位置,以布置在有门、窗口处为宜,以避免砌墙留槎和减少井架拆除后的修补工作。

轨道式起重机的布置方式,主要取决于建筑物的平面形状、尺寸和四周施工场地的条件。要使起重机的起重幅度能够将材料和构件直接运至任何施工地点,尽量避免出现"死角"。轨道布置方式通常是沿建筑物的一侧或内外两侧布置,必要时还需增加转弯设备,尽量使轨道长度最短。同时,做好轨道路基四周的排水工作。无轨自行起重机的开行路线,主要取决于建筑物的平面布置、构件的重量、安装高度和吊装方法等。

(2)确定搅拌站、仓库和材料、构件堆场的位置。搅拌站、仓库和材料、构件堆场的位置应尽量靠近使用地点或在起重半径范围内,并考虑到运输和装卸料的方便。

首先,应根据起重机的类型进行布置,对不同的起重机,搅拌站、仓库、材料构件堆场的布置也有区别,一般有以下几种情况:

1)当采用井架、龙门架等固定式垂直运输设备时,尽可能靠近布置,以减少运距或两次搬运;

2)当采用塔式起重机进行垂直运输时,应布置在塔式起重机有效起重幅度范围内;

3)当采用自行式起重机进行水平或垂直运输时,应沿起重机运行路线布置,位置应在起重臂的最大外伸长度范围以内。

其次,要考虑不同的施工阶段、施工部位和使用时间,材料、构件堆场的位置要分区域设置或分阶段设置。

建筑物基础和第一层施工所用的材料，应该布置在建筑物的四周。材料堆放位置应根据基槽(坑)的深度、宽度及其坡度或支护形式确定。与基槽边缘保持一定距离，以免造成基槽(坑)土壁的塌方事故。第二层以上的施工材料，布置在起重机附近，砂、石等大宗材料，尽量布置在搅拌站附近。多种材料同时布置时，对大宗的、重量大的和先期使用的材料，尽可能靠近使用地点或起重机附近布置；而少量的、轻的和后期使用的材料，则可布置稍远一些。按不同施工阶段、不同材料的特点，在同一位置上可先后布置几种不同的材料。例如，砖混结构民用房屋中的基础施工阶段，可在其四周布置毛石，而在主体结构第一层施工阶段可沿四周布置砖等。

此外，当混凝土基础的体积较大时，如不采用商品混凝土，则混凝土搅拌站可以直接布置在基坑边缘附近，待混凝土浇筑完后再转移，以减少混凝土的运输距离。

木工和钢筋加工车间的位置可考虑布置在建筑物四周较远的地方。但应有一定的场地堆放木材、钢筋和成品。

石灰仓库和淋灰池的位置要接近砂浆搅拌站并在下风处。沥青堆场及熬制锅的位置要离开易燃仓库或堆场，也应布置在下风处。

(3)布置运输道路。现场主要道路应尽可能利用永久性道路，或先建好永久性道路的路基，在土建工程结束之前再铺路面。现场道路布置时，要注意保证行驶畅通，使运输工具有回转的可能性。因此，运输路线最好围绕建筑物布置成一条环行道路。道路宽度一般不小于3.5 m。

(4)布置行政管理及文化生活福利用临时设施。为单位工程服务的生活用临时设施是一般有工地办公室、工人休息室、加工车间、工具库等临时建筑物。确定它们的位置时，应考虑使用方便，不妨碍施工，并符合防火保安要求。

(5)布置水电管网。

1)施工用的临时给水管。一般由建设单位的干管或自行布置的干管接到用水地点。布置时应力求管网总长度最短。管径的大小和龙头数目的设置需视工程规模大小通过计算确定。管道可埋于地下，也可铺设在地面上，以当时当地的气候条件和使用期限的长短而定。工地内要设置消火栓，消火栓距离建筑物不应小于5 m，也不应大于25 m，距离路边不大于2 m。条件允许时，可利用城市或建筑单位的永久消防设施。

2)排水设施。为便于排除地面水和地下水，要及时修通永久性下水道，并结合现场地形在建筑物四周设置排泄地面水和地下水的沟渠，如排入城市下水系统，还应设置沉淀池。

3)临时供电。单位工程施工用电应在全工地施工总平面图中一并考虑。一般计算出在施工期间的用电总数，如由建筑单位解决，可不另设变压器。必要时根据现场用电量选用变压器。变压器(站)的位置应布置在现场边缘高压线接入处，四周用铁丝网围住。不宜布置在交通要道口。临时变压器设置，应距地面不小于30 cm，并应在2 m以外处设置高度大于1.7 m的保护栏杆。

(三)设计方法

建筑施工是一个复杂多变的生产过程，各种施工机械、材料、构件等是随着工程的进展而逐渐进场的，而且又随着工程的进展而逐渐变动、消耗。因此，在整个施工过程中，它们在工地上的实际布置情况是随时改变的。为此，对于大型建筑工程、施工期限较长或施工场地较为狭小的工程，就需要按不同施工阶段分别设计施工平面图，以便能把不同施工阶段工地上的合理布置具体地反映出来。在布置各阶段的施工平面图时，对整个施工时期使用的主要道路、水电管线和临时房屋等，不要轻易变动，以节省费用。对较小的建筑物，一般按主要施工阶段的要求来布置施工平面图，同时，考虑其他施工阶段如何周转使用施工场地。布置重型工业厂房的施工平面图，还应该考虑到一般土建工程同其他设备安装等专业工程的配合问题，一般以土建施工单位为主会同各专业施工单位，共同编制综合施工平面图。在综合施工平面图中，根据各专业工程在各施工阶段中的要求将现场平面合理划分，使专业工程各得其所，更好地组织施工。

首先，应解决大宗材料进入工地的运输方式，如铁路运输需将铁轨引入工地，水路运输需考虑增设码头、仓储和转运问题，公路运输需考虑运输路线的布置问题等。

1. 场外交通的引入

(1)铁路运输。一般大型工业企业都设有永久性铁路专用线，通常将其提前修建，以便为工程项目施工服务。由于铁路的引入，将严重影响场内施工的运输和安全，因此，一般将铁路先引入到工地两侧，当整个工程进展到一定程度，工程可分为若干个独立施工区域时，才可以把铁路引到工地中心区。此时，铁路对每个独立的施工区都不应有干扰，位于各施工区的外侧。

(2)水路运输。当大量物资由水路运输时，就应充分利用原有码头的吞吐能力。当原有码头能力不足时，应考虑增设码头，其码头的数量不应少于两个，且宽度应大于 2.5 m，一般用石或钢筋混凝土结构建造。

一般码头距工程项目施工现场有一定距离，故应考虑码头建仓储库房以及从码头运往工地的运输问题。

(3)公路运输。当大量物资由公路运进现场时，由于公路布置较灵活，一般将仓库、加工厂等生产性临时设施布置在最方便，最经济合理的地方，而后再布置通向场外的公路线。

2. 仓库与材料堆场的布置

仓库和材料堆场的布置应考虑下列因素：

(1)尽量利用永久性仓库，节约成本。

(2)仓库和堆场位置距使用地尽量接近，减少二次搬运。

(3)当有铁路时，尽量布置在铁路线旁边，并且留够装卸前线，而且应设在靠工地一侧，避免内部运输跨越铁路。

(4)根据材料用途设置仓库和堆场。

1)砂、石、水泥等在搅拌站附近；

2)钢筋、木材、金属结构等在加工厂附近；

3)油库、氧气库等布置在僻静、安全处；

4)设备尤其是笨重设备应尽量在车间附近；

5)砖、瓦和预制构件等直接使用材料应布置在施工现场吊车半径范围之内。

3. 加工厂的布置

加工厂一般包括混凝土搅拌站、构件预制厂、钢筋加工厂、木材加工厂、金属结构加工厂等。布置这些加工厂时主要考虑来料加工和成品、半成品运往需要地点的总运输费用最小，且加工厂的生产和工程项目施工互不干扰。

(1)搅拌站布置。根据工程的具体情况可采用集中，分散，或集中与分散相结合三种方式布置。当现浇混凝土量大时，宜在工地设置混凝土搅拌站，当运输条件好时，采用集中搅拌最有利；当运输条件较差时，则宜采用分散搅拌。

（2）预制构件加工厂布置。一般建在空闲地带，既能安全生产，又不影响现场施工。

（3）钢筋加工厂。根据不同情况，采用集中或分散布置。对于冷加工、对焊、点焊的钢筋网等宜集中布置，设置中心加工厂，其位置应靠近构件加工厂；对于小型加工件，利用简单机具即可加工的钢筋，可在靠近使用地分散设置加工棚。

（4）木材加工厂。根据木材加工的性质，加工的数量，采用集中或分散布置。一般原木加工批量生产的产品等加工量大的应集中布置在铁路、公路附近，简单的小型加工件可分散布置在施工现场设几个临时加工棚。

（5）金属结构、焊接、机修等车间的布置，应尽量集中布置在一起，由于相互之间生产上联系密切。

4. 内部运输道路的布置

根据各加工厂、仓库及各施工对象的相对位置，对货物周转运行图进行反复研究，区分主要道路和次要道路，进行道路的整体规划，以保证运输畅通，车辆行驶安全，造价低。在内部运输道路布置时应考虑：

（1）尽量利用拟建的永久性道路。将它们提前修建，或先修路基，铺设简易路面，项目完成后再铺路面。

（2）保证运输畅通。道路应设两个以上的进出口，避免与铁路交叉，一般厂内主干道应设成环形，其主干道应为双车道，宽度不小于 6 m，次要道路为单车道，宽度不小于 3 m。

（3）合理规划拟建道路与地下管网的施工顺序。在修建拟建永久性道路时，应考虑路下的地下管网，避免将来重复开挖，尽量做到一次性到位，节约投资。

5. 临时性房屋的布置

临时性房屋一般有：办公室、汽车库、职工休息室、开水房、浴室、食堂、商店、俱乐部等。临时性房屋布置时应考虑：

（1）全工地性管理用房（办公室、门卫等）应设在工地入口处。

（2）工人生活福利设施（商店、俱乐部、浴室等）应设在工人较集中的地方。

（3）食堂可布置在工地内部或工地与生活区之间。

（4）职工住房应布置在工地以外的生活区，一般距工地 500～1 000 m 为宜。

6. 临时水电管网的布置

临时性水电管网布置时，尽量利用可用的水源、电源。一般排水干管和输电线沿主干道布置；水池、水塔等储水设施应设在地势较高处；总变电站应设在高压电入口处；消防站应布置在工地出入口附近，消火栓沿道路布置；过冬的管网要采取保温措施。

综上所述，外部交通、仓库、加工厂、内部道路、临时房屋、水电管网等布置应系统考虑，多种方案进行比较，当确定之后采用标准图绘制在总平面图上。

任务六　主要技术组织措施与计划

任务描述

编写保证工程质量的技术组织措施；确保施工安全的组织措施。

建筑工程质量与安全是建筑施工企业关注的主要目标，通过采取相应的技术组织措施，达到工程预期目标是建筑施工企业健康发展的保证。

技术组织措施主要是指在技术和施工组织方面，对确保装饰工程质量、施工安全和文明施工所采取的方法。在现代建筑装饰工程施工中，采取的主要技术组织措施包括保证装饰质量措施、保证施工进度措施、降低工程成本措施、装饰成品保护措施、冬雨期施工技术措施、保证安全施工措施、施工消防措施和环境保护措施等。

一、保证工程质量的措施

保证工程质量的关键是对施工组织设计的工程对象经常发生质量通病制定防治措施，要从全面质量管理的高度，将措施定到实处，监理质量保证体系，必须以国家现行的施工及验收规范为准则，针对工程的具体特点来编制。在审查施工图纸和编制施工方案时，就应提出保证工程施工质量的措施，尤其是对采用新材料、新工艺、新技术、新设备的装饰工程，更应当引起足够重视。一般来说，保证建筑工程施工质量的措施主要包括以下几个方面：

(1)组织相关人员认真学习、贯彻现行装饰施工规范、标准、操作规程和各项质量管理制度，明确技术标准和岗位职责，熟悉施工图纸、会审记录、施工工艺，做好技术交底工作，确保工程的定位、标高、轴线准确无误。

(2)制定确保关键部位施工质量的技术措施。如选择精干的施工队伍，合理安排工序的搭接。对于采用新材料、新工艺、新技术、新设备的工程，应先行试验，提出确保质量的具体措施，明确质量标准和做法后再大面积施工。

(3)确保工程材料、成品、半成品的质量检验及使用要求，并注意对以上物资的妥善保管，防止其发生变质。

(4)建立保证工程质量组织措施，建立质量保证体系，明确责任分工，加强人员培训，执行装饰质量的各级检查、验收制度。有条件的装饰工程，最好实行工程监理制度。

(5)制定保证工程质量的经济措施。建立奖罚制度，奖优罚劣，以确保工程质量。

二、降低工程成本的措施

目前，建筑行业随着我国经济体制改革的不断发展，计划经济向市场经济过渡，构成工程成本比重最大的材料价格不断波动起伏，人工费、机械费也在不断变化，工程成本不断增加。根据多年在施工现场的实践经验，降低工程成本及措施主要从下面几个方面着手。

(一)科学合理地编制单位工程技术标和经济标书

在编制工程标底之前，要认真详读施工图纸，知道工程的招标范围有多大，哪些项目不包括在标底之内，深入研究招标文件、合同内容，对招标文件中说得不清楚的项目，应该在编制标底之前向招标单位提出，得到明确答复后再着手编制工程标底。凡是政策允许的条款，要做到点滴不漏，以保证项目的合理收入，确保利润最大化。另外，根据合同规定，预算定额缺项的子目，可由乙方参照相近定额，经监理工程师复核后报甲方认可，在换算过程中，预算可根据设计要求，充分发挥自己的业务技能，提出合理的换算依据，以此来摆脱原有定额偏低的约束。另外，要根据工程设计变更资料，及时办理增减项目的预算，从甲方得到合理补偿，除此之外还应注意以下几项：

(1)编制完整的、科学的施工组织设计，确定经济合理的施工方案，实施先进的技术措施。方案中首先要确定经济合理的施工方案，确定所选择的施工机具、施工顺序的安排和流水施工的组织。施工方案不同，工期就会不一样，所需机具也不同，因而发生的费用也不同，所以施工方案的优化选择是施工企业降低成本的主要途径。落实先进的施工技术组织措施，以技术优势来取得经济效益，是降低成本的又一个关键，为了保证技术组织的落实，并取得预期效果，工程技术人员、材料员、现场管理人员应明确分工，形成落实技术组织措施的完整性。

(2)预算定额的选用和结算文件的执行。编制标底时，当年工程应该选用当年或最新现行预算定额和执行当年结算文件，如有采用新工艺的施工项目，定额中没有相应的项目，应该到当地主管工程造价部门或定额研究站去咨询，不可胡编乱造。费用定额中规定的安全生产措施费、规费为不可竞争费用，一般措施费、企业管理费、利润为可竞争费用，应在投标报价中确定或签订施工合同中约定具体标准，确定浮动范围，标底的浮动费率要和投标报价费率一致。

(3)构件、商品混凝土及土石方。确定单位工程中的所有构件是现场制作，还是外购。如有的构件需外购时，要确定外购运输距离；如果现浇钢筋混凝土构件需采用商品混凝土，应确定每立方米混凝土的单价、运输距离、混凝土的垂直或水平的泵送费用；土石方外运时，首先确定弃土地点到施工现场的水平距离及装车、卸车是采用机械还是人工。

(4)材料价格。标底采用什么时期的材料价格，主材是否按近期的市场价格计算价差；新材料如何定价；是否计算钢筋增减量；是否计算一级钢筋和二级钢筋的价格差，分清定额内所含的是几级钢筋；材料价格大幅度超过预算材料价格，是否计算材料价格差。

(5)工程量计算。根据预算定额的计算规则，运用"统筹法"的基本原理来计算工程量，避免出现漏项、重复计算等错误计算现象的发生，熟练运用预算软件，做到工程量计算既快又准。

(二)降低材料成本，确保工程成本

在基本建设中，材料费一般占工程成本费用的70%左右，因此，材料成本的高低是影响工程成本高低的关键。建筑工程中所需的材料品种及规格繁杂，进货渠道很多。在多年的工作实践中，必须首先把好材料的质量关、价格关和数量关。

1. 确定合理的进货渠道

材料价格的高低受进货时间的影响，同种材料进货时间不同，价格也不同。因此，首先从市场信息入手，收集和调查当地建筑材料市场的供应情况，价格的高低，并及时参阅工程造价管理部门发布的近期材料价格，选择有质量保证且价格合理的供货渠道。一般采用货比三家的方法，在同质、同价的情况下，选近不选远的原则，采用"低谷购进"的经济政策，避免受市场材料价格的冲击或货源紧张造成停工待料或用替代产品增加工程造价的局面。

2. 严把"三关"

在施工现场经常碰到先期供应的材料质量、数量能按合同要求供应，但在中、后期出现质量降低、数量不足的现象，对质量不符合要求的材料坚决退货，并对供货商进场质量不符合要求的材料而影响工程进度进行索赔，对数量不足的材料，按实际验收为准。

3. 加强进场材料的现场管理

由于进入施工现场的材料品种多、数量大，现场材料的管理和保管尤为重要。对露天堆放的材料，要求按现场平面布置图的位置分类堆放，做到杂而不乱，避免材料二次倒运。对怕雨、怕潮的材料一律入库，按防雨、防潮的要求进行堆放，并定期进行检查，发现问题及时处理，减少人为的损失和浪费的发生。

4. 推广限额领料的方法

由于工程所需工种及人员多，采用内部限额领料的办法，实践证明效果很好。对周转性材料和易损性材料采用以旧换新的方法，以此来控制材料的发放和回收。

5. 加强现场的文明施工

要求每个工种在当天工作结束时，做到工完场清，能用的材料必须用上，避免半截砖头、落地灰遍地等现象发生。

6. 合理利用材料

要求各工种对自己所用的材料，要"量体裁衣"，不能有长的就不用短的，有大的就不用小的，对边角料也要做到物尽其用，把材料的损耗率降到最低水平。

(三)提高劳动生产率和机械利用率

劳动生产率的高低取决于生产工具、技术水平和工人的积极性。一般采用加强工人的技术培训和实践锻炼，实行岗位工资和计件工资制，推行多劳多得，奖优罚劣的办法，调动全体管理人员和工人的积极性，提高劳动生产率，降低工程成本。在节约机械费方面，主要做好工序、工种、机械施工的组织工作，最大限度地发挥机械效能，对机械操作人员经常进行安全规范教育，防止因不规范操作或操作不熟练影响正常施工，降低了机械使用率。机械维修人员必须对各种机械设备勤检查、勤保养、使机械设备始终保持完好状态。

(四)定期采用内部预结的方法，实行成本过程控制

建筑工程的主要特点之一就是施工周期长，跨年度施工的工程经常发生。针对建筑工程的这一特点，我们在实际施工中，采用内部定期进行预结算的办法，来掌握工程成本的实际情况。如当年开工、当年竣工的工程，大体划分为：①基础部分；②主体部分；③装修部分。高层建筑或跨年度施工的项目，可把主体部分根据情况划分成两段或多段。这样做的好处有如下几点：

(1)避免工程周期长，等到工程竣工算总账，工程成本大局已定，无法补救的局面。

(2)分段或几部分进行内部预结算，这样在本段或本部分的预结算中，把实际成本和预算成本相对比，暴露出来的差距要认真分析研究。如实际成本超出预算成本，要认真找出超出预算成本的原因，是人工费成本超支，还是材料费成本超支，还是其他方面原因造成实际成本超过预算成本，针对具体情况，制定具体措施，在下一段或下一部分的施工中避免出现类似现象的发生，并制定已超预算成本的这部分费用的补救措施。如果实际成本低于预算成本，也要认真分析研究，总结出经验，在下一段或下一部分的施工中进行推广。

这样就避免了平时不算账、工程推着干、竣工算总账，一旦实际成本超出预算成本，造成工程亏损的局面已定，无法挽救的局面发生。

(3)检验管理人员水平，增强管理人员的责任心。

具体执行方法有以下几点：

1)把分段内部预结的方案让所有业务人员和管理人员知晓，明白自己业务范围内部都需提供哪些数据。如预算员要提供本部分工程的预算成本(包括设计变更、材料代用等)，现场材料人员要提供入库数量、目前库存数量、材料实际使用量等。

2)在分段内部预结前，组织所有业务人员和管理人员参加，分成几个组，落实每个所承担的任务和所需提供的数据。

3)各组所提供的所有数据，集中到成本核算员手中，进行统一核算，提出工程成本分析报告，交由项目经理审核，提出整改措施方案。

这样把工程预算成本和实际成本分解到几段或几部分工程项目中的最大好处是：

1)使项目经理对本工程的各项费用情况做到心中有数，使其作出的每项决策都有根有据，避免盲目指挥。

2)这样把工程成本分解落实，加强了业务人员的素质，提高了业务的管理水平，并和个人的经济收入相挂钩，工资收入拉开档次，真正体现按劳分配的原则。

3)这样分段内部预结，随时发现问题，随时处理，为工程竣工结算创造条件，给整个工程的盈利打下坚实的基础。

(五)保质量、保工期、保成本

提高工程质量是工程建设的中心任务，工程质量低劣，拖延工期势必造成成本生产费用支出增加，成本提高。工期和质量的管理，在具体实施中往往受时间、条件的限制而不能按期顺利进行，这就要求随机应变，合理调度，抓住备体条件的项目突破，循序渐进，工程质量随程序一次把关，建立 QC 小组，使管理水平不断提高，不能只追求质量而拖延工期，也不能只保工期而影响工程质量。

(六)加大管理力度，提高经济效益

在整个企业运营过程中。我们必须加强和完善内部管理，以监控带动管理，以管理促进生产，从而达到降低成本，提高效益的目的，重点抓好以下几个环节：

(1)工程的每一项经济往来严格履行合同，避免不必要的官司所造成的经济损失。

(2)开发项目的各项工作，实行招标(如设计、地勘、监理、面积测量等)，降低前期工作的费用。

(3)临时性与永久性的建筑相结合，避免重复施工(如临时道路与正式道路相结合；脚手架基底与散水基础共用；临时围墙与永久围墙等)。

(4)实行过程成本控制法：在整个施工中，把成本分解到各道工序里，对各工种进行严格控制，哪道工序亏损，就追究哪道工序的责任，哪个工种亏损，就追究哪个工种的责任，把亏损因素消灭在萌芽状态中。

三、建筑成品保护措施

建筑工程的成品要求外表面洁净、美观，面对施工期长、工序、工种复杂的情况，做好成品保护工作十分重要。建筑装饰工程对成品保护一般采取"防护""包裹""覆盖""封闭"

四种措施。同时，合理安排施工顺序以达到保护成品的目的。

1. 防护

针对被防护部位的特点，采取各种防护措施，如楼梯间的踏步在未交付使用之前，用锯末袋或用木板以保护踏步的棱角，对出入口处的台阶可搭设脚手板来防护，对已装饰好的木门口等易被踢的部位，可钉防护板或用其他材料进行防护。

2. 包裹

将被保护的装饰工程部位用洁净材料包裹起来，以防止出现损伤或污染。如不锈钢柱、墙、金属饰面等，在未交付使用之前，外侧防护薄膜不要撕下并采取防碰撞措施；铝合金门窗可用塑料布包扎保护；对花岗石柱和墙可用胶合板或其他材料包裹捆扎防护等。

3. 覆盖

对有卫生洁具的房间在进行其他工序施工时，应对下水口、地漏、浴盆及其他用具要加以覆盖，以防止异物落入而被堵塞；石材地面铺设达到强度后，可用锯末等材料进行覆盖，以防止污染或损伤。

4. 封闭

封闭是对装饰工程的局部采取封闭的办法进行保护，如房间或走廊的石材、水磨石等地面铺设完成后，可将该房间或走廊临时封闭，防止闲杂人员随意进入而损坏；对宾馆饭店客房、卫生间的五金、配件和洁具，安装完毕应加锁封闭，以防止损坏或丢失。

四、冬雨期施工技术措施

当建筑工程施工跨越冬期和雨期时，就要制定冬期施工措施或雨期施工措施。制定这些措施的目的是克服季节性的影响，保证工程质量、保证施工安全、保证施工工期、保证资源的节约。

由于本施工地区冬季为高严寒地区，搞好冬期施工，对加快工程进展，保证工程质量至关重要。冬期施工所采取的措施一是要保证工程质量，二是要经济简便。根据本工程的特点、气候条件、施工条件，主要采取以下措施。

1. 土方工程

根据施工实际情况，冬期室外冻土开挖施工前需融化，采用燃烧刨花、锯末、废木及煤炭烘烤，并派专人监护，同时，采取可靠的防火措施。基坑（槽）采用机械挖方，挖方土料集中置于指定堆土场地；对于挖出的未受冻土，在弃土场地做好保温工作，采用覆盖塑料布及麻袋的方法防冻，以备回填时使用。对挖好的基坑（槽）覆盖麻袋、塑料布防冻，并根据环境气温条件，在其作业指导书中进行热工计算确定保温层厚度。施工时其他要求如下：

（1）土方工程的冬期施工，施工前要做好准备工作，连续施工。

（2）挖方时要采取防止引起相邻建（构）筑地基或其他设施受冻的保温措施。

（3）填方前清除基底上的冰雪和杂物，对室内的回填不得含有冻块的土料；对于室外大面积的回填[上部无其他建（构）筑物或基础]可采用含有冻土块的土料，但冻土块粒径不得大于 15 cm，其含量（以体积计）不得超过 30%，且均匀分布，每层铺土厚度比常温施工时减少 20%～25%，且应逐层夯实。

（4）避免地基土受冻，不得将冻结的基土作为基础的持力层。

(5)在基础的施工过程中,不得被水或融化雪水浸泡基土。

2. 砌筑工程

(1)砌筑砂浆在用塑条布或苫布搭成的暖棚内集中拌制,暖棚内环境温度不可低于5℃。砂浆优先选用外加剂法(外加剂的类型及掺量根据其设计及试验确定),水泥采用普通硅酸盐水泥。水泥放在暖棚内,砂堆采用彩条布覆盖。必要时在搅拌棚内生火,并用水箱烧热水用于搅拌施工。

(2)砌筑砂浆不得使用污水拌制,且砂浆稠度较高温度适当增大。拌制砂浆所用的砂中不得含有直径大于1 cm的冻块或冰块。拌和砂浆时,水的温度不得超过80 ℃。当水温超过规定时,应将水、砂先进行搅拌,再加入水泥,以防出现假凝现象,搅拌时间比常温增加1/2倍。

(3)外加剂设专人先按规定浓度配制成溶液置于专用容器中,然后再按规定掺量加入搅拌机中拌制成所需砂浆,外加剂法砌筑时砂浆温度不应低于5 ℃。

(4)对于普通砖、砌块在砌筑前要清除表面冰雪,不得使用遭水浸和受冻的砖或砌块。

(5)对砖砌体采用"三一"砌法,灰缝不大于10 mm。每日砌筑后要及时在砌筑体表面覆盖塑料布及麻袋。砌体表面不得有砂浆,并在继续砌筑前扫净砌筑面。每日可砌高度不超过1.2 m。

(6)砌筑工程的质量控制,在施工日记中除要按常温要求记录外,还应记录室外空气的温度、砌筑砂浆温度、外加剂掺量等。

(7)砌筑砂浆掺外加防冻剂的数量由土建试验室确定,专人负责严格按配合比进行计量。

(8)当气温低于−15 ℃时,提高一级砂浆强度,送砂浆小车加装护盖,以保证一定的砌筑温度使砂浆上墙后不致立即冻结。

(9)每班砌筑后,砖(浮石块)上不准铺灰,并用草帘等保温材料覆盖,以防止砌体砂浆受冻,继续施工前,先扫净砖面后再施工。

(10)冬季进行室内抹灰,需在室内生火,并及时将门窗安装好,必要时,用草帘将窗洞封堵,以便增加室内温度。

(11)室内砂浆涂抹时,砂浆的温度不能低于5 ℃。

(12)墙面涂刷涂料,砌筑砂浆和抹灰砂浆中,均不准掺入含氯盐的防冻剂。

(13)搅拌所用的砂子不能含有冰块和直径大于10 mm的浆块,砂浆随拌随用,严禁使用受冻砂浆,在砌筑时不准随意向砂浆内加热水。

3. 钢筋工程

(1)在负温下冷拉后的钢筋,应逐根进行外观质量检查,其表面不得有裂纹和局部颈缩。

(2)当温度低于−20 ℃时,严禁对钢筋进行冷弯操作,以避免在钢筋弯点处发生强化,造成钢筋脆断。

(3)冬期在负温条件下焊接钢筋,应尽量安排在室内进行。如必须在室外焊接,其环境温度不宜低于−20 ℃,雪天不得施焊,风力超过3级时应有挡风措施。焊后未冷却的接头,严禁碰到冰雪。

(4)在负温条件下使用的钢筋,施工过程中要加强管理和检验,在运输和加工过程中注意防止撞击、刻痕。

（5）钢结构在集中钢平台制作，钢结构在负温下放样时，其切割尺寸要考虑钢材在负温下收缩的影响。

（6）施工用的钢材、焊条及焊丝质量，焊条、焊剂的烘焙和保温等，均要符合冬期施工规程的要求。

（7）构件的组装必须按工艺规定的顺序进行，由里向外扩展组拼；零件组装必须把接缝两侧各 50 mm 内的铁锈、毛刺、泥土、油污、冰雪等清理干净，并保持接缝干燥，没有残留水分。

（8）在负温度下构件组装定型后进行焊接时，应严格按焊接工艺规定进行，由于焊接的起点和收尾点比常温更易产生未焊透和积累各种缺陷，因此，单条焊缝的两端必须设置引弧板和熄弧板，其材料应与母材一致，严禁在母材上引弧。

（9）运输、堆放钢结构时要有防滑措施，绑扎、起吊钢构件用的钢索与构件直接接触时应加防滑隔垫，直接使用吊环、吊车起吊构件时要检查吊杆、吊链连接焊缝有无损伤。

（10）对高强度螺栓接头安装时，构件的摩擦面不得有积雪、结冰等杂物。

4. 混凝土工程

冬期施工混凝土均由集中搅拌站拌制、罐车运输，混凝土养护采用蓄热法或综合蓄热法。对基础采用覆盖麻袋及塑料布进行保温，对地面以上结构采用棉被和塑料布进行保温。外加剂的选用根据设计要求、施工方法、规范规定及试验确定，各结构混凝土在运输、浇筑过程中的温度和覆盖保温材料的厚度要进行热工计算确定。测温仪使用水银玻璃棒型或电偶极型。施工时具体要求如下：

（1）水泥优先选用硅酸盐及普通硅酸盐水泥，其拌制的混凝土受冻临界强度不应小于设计标准值的 30%。

（2）拌制混凝土所用的集料要清洁，不得含有冰、雪、冻块及其他易冻裂物质。

（3）对模板外和混凝土表面覆盖的保温层，不采用潮湿状态的材料。对刚浇筑完的混凝土进行保温时，先在混凝土表面铺一层塑料布后，再铺盖保温材料。对结构易冻部位要增加保温覆盖。混凝土在养护期要防风防失水。

（4）混凝土在浇筑前要清除模板和钢筋上的冰雪和污垢。分层浇筑整体式结构混凝土时，已浇筑层的混凝土温度在未被上层混凝土覆盖前不应低于 2 ℃。

（5）对蓄热法或综合蓄热法施工混凝土养护期间温度测量：从混凝土入模开始至混凝土达到受冻临界强度以前，应至少每隔 6 h 测量一次；室外空气温度及周围环境温度，每昼夜测量 4 次。

（6）全部测温孔、点均应编号，绘制布置图，测量结果要写入正式记录；测温孔、点应设在有代表性的结构部位和温度变化大、易冷却的部位，孔深度一般为 10～15 cm，或为板（墙）厚的 1/2；测温时，应将温度计与外界气温做妥善隔离，可在孔口四周用保温材料塞住，温度计在测温孔内应留置不少于 3 min 以上，方可读数；测量读数时，应使视线和温度计的水银柱顶点保持在同一水平高度上，以避免视差，读数时，要迅速准确。

（7）测温人员应同时检查覆盖保温情况，并应了解结构物的浇筑日期、要求温度、养护期限等。若发现混凝土温度有过高或过低现象，应立即通知有关人员，及时采取有效措施。

（8）模板和保温层在混凝土达到要求强度并冷却到 5 ℃后方可拆除。拆模时若混凝土温度与环境温差大于 20 ℃，拆模后的混凝土表面要及时覆盖，使其缓慢冷却。

（9）对混凝土质量检查除符合常温作业时的规定外，还应符合下列要求：检查外加剂的质量和掺量；检查水、外加剂溶液和混凝土出罐及浇筑的温度；检查混凝土表面是否受冻、粘连、收缩裂缝、边角是否脱落、施工缝处有受冻痕迹；检查同条件养护试块的养护条件是否与施工现场结构养护条件相一致；检查测温记录与计算公式要求是否相符，有无差错。

(10)混凝土拌制时，优先选用硅酸盐或普通硅酸盐水泥且等级不低于 32.5 级，最小水泥用量不少于 300 kg，水胶比不大于 0.6。

(11)冬季拌制混凝土时，加热材料优先考虑水和砂子，尽量将水加热到规定的最高温度，即当水泥低于 42.5 级时，水最高加热温度 80 ℃，集料最高加热温度 60 ℃，当水泥等于或大于 42.5 级时，水最高加热温度 60 ℃，集料最高加热温度 40 ℃。砂石中不得含有冻块，水泥用暖棚保存。

(12)搅拌时加入砂石和水拌和，然后再加入水泥拌和，严禁将水泥与热水直接拌和，冬季搅拌时间比常温延长 50%。

(13)掺入混凝土中的防冻剂的掺量及品种，由土建试验室确定，在搅拌时，其掺量严格按配比进行计量，并设专人负责。

(14)混凝土浇灌完毕后，及时在其外侧覆盖一层塑料布和三层草帘，并用铅丝绑扎牢固，以防掉落使混凝土受冻。

(15)表面系数较大的混凝土构件，在具体施工前，须经热工计算编制出具体的防冻保温措施。

(16)混凝土出机温度不低于 10 ℃，入模温度不低于 5 ℃。

冬期施工混凝土需注意以下几个问题：

(1)模板及保温材料，要在混凝土冷却到 5 ℃后方可拆除。

(2)当混凝土与外界温差大于 15 ℃时，拆模后的混凝土表面应采取保温措施使其缓慢冷却。

(3)混凝土的初期养护温度不能低于防冻剂的规定温度，否则采取保温措施。当温度降低到防冻剂的规定温度以下时，其强度不能小于 5.0 N/mm²。

(4)加强保温养护，做好混凝土养护的测温记录，每次测量都做好内外温差的比较，发现异常及时采取加强保温措施。

(5)对掺防冻剂的混凝土，在强度未达到 5 N/mm² 以前每 2 h 测量一次，以后每 6 h 测定一次。

(6)在混凝土浇灌前，必须将模板及钢筋上的积雪、冰块和保温材料清理干净。

(7)冬期混凝土试件的取样需增设至少两组与结构同条件养护的试件，便于了解混凝土强度的增长，利于现场结构的施工。

(8)混凝土浇筑完毕后，按要求做好保温工作并根据预先埋设的测温管，做好养护期间的测温记录。混凝土在养护期间做好防风、防失水，对边角部位的保温层厚度，要增大到面部外的 2～3 倍。

(9)混凝土测温安排专人负责，测温表报有关部门存档。

(10)常用外加剂派专人按照要求领取、配置及加入。

(11)混凝土搅拌、运输、浇筑、成型、养护过程中的温度和覆盖保温材料均要进行热工计算。

(12)先浇框架及平台的保温养护采用一层塑料布和 1～3 层草帘，并用 8# 铅丝绑扎牢固，草帘层数根据热工计算确定，以保证受冻前达到临界强度。

5. 屋面工程

屋面工程的冬期施工，应选择无风晴朗天气进行，充分利用日照条件提高面层温度，在迎风面宜设置活动的挡风装置；屋面各层施工前，应将基层上面的积雪、冰霜和杂物清扫干净，所用材料不得含有冰雪冻块；防水卷材采用热熔法施工时气温不应低于−10 ℃。

6. 装修工程

(1)冬期室内抹灰施工应采用热作法，保证砂浆处于正温状态。在进行室内抹灰前，应将外门窗口封好，以保持室内的热量。室外抹灰砂浆可掺加适量的氯盐，但掺量一般不得超过用水质量的8％。

(2)室内抹灰工程结束后，在7天以内应保持室内温度不得低于5 ℃，如果低于5 ℃时，可对抹灰层采取加温措施，加速砂浆的硬化及水分蒸发，但应注意通风除湿。

(3)釉面砖及外墙面砖在冬期施工时，为防止产生冻裂破坏，宜在2％的盐水中浸泡2 h，并在晾干后使用。

(4)裱糊工程施工时，混凝土或抹灰基层的含水率不应大于8％，在壁纸粘贴时，室内温度不应低于5 ℃。

(5)为了防止材料产生过大变形和脆性破坏，外墙铝合金、塑料框、大面积玻璃等不宜在低温下安装。

(6)在冬期和雨期施工期间，怕冻、怕潮湿的建筑材料和设备，要采取防冻、防潮措施(如保持正温、设防雨棚、遮盖棚布、架空堆放等)。

(7)冬期和雨期施工要加强安全教育，制定"五防"(防风、防冻、防滑、防毒、防爆)措施。对锅炉的安全设施要检查安全阀、压力表等；对脚手架及机电设备在风雪或雨后要及时进行检查、清扫雨雪；机械设备要防止雨淋，并设置漏电保护装置。

(8)冬期施工要进行安全防火培训，做好食堂、宿舍预防煤气中毒的检查，建立各项消防制度，配备齐全各种消防设施。

7. 越冬工程维护

(1)对施工场地和建筑物周围要做好排水，不得使地基和基础被水浸泡。

(2)对已完基础的建(构)筑等基坑(槽)在越冬前要进行回填。基础梁下要按设计要求填塞炉渣或作挖空处理。

(3)对建(构)筑物的施工控制坐标点、水准点及轴线定位点的埋设要采取防止土壤冻胀和施工振动影响的措施，并定期复检校正。

(4)室外地下管道阀门井、检查井等除回填至设计标高外，还要覆盖盖板进行越冬维护。

(5)地下水(油)池，当基础及外壁不具备回填条件或因标高达不到设计标高时，排净池内积水，对外壁及底板进行保温覆盖，保温层厚度由热工计算确定。

(6)对支撑在基土上的雨篷等构件的临时支撑，其支点要采取防冻措施。

8. 设施配备与施工管理

(1)冬期施工除应能达到常温时作业要求外，还须防冻、防裂、防火、防雪、防毒等需要配备的物资。

(2)应成立冬期施工应急预案领导组。

(3)进行冬期施工大检查：在冬期施工前期，由冬期施工应急、督察组成员集体出动，对项目进行一次大检查，其内容包括：

1)在建、缓建及停建工程的越冬维护情况。

2)生产和生活临建、设施、机具的越冬保温情况。

3)施工规范、规程及措施的执行情况。

4)冬期施工物资、机具及设施的到位情况。

5)对检查不符合规定之处，及时上报有关部门尽快解决，或下发相应班组限期整改。对因渎职而由此造成事故者，将作出处罚。此外，每次大雪过后，要先进行作业场地及道路清扫。对漏水要及时抢修。

五、保证安全施工措施

保证安全施工的关键是贯彻安全操作规程，对施工中可能发生的安全问题提出预防措施并加以落实。建筑工程施工安全的重点是防火、安全用电及高空作业等。在编制安全措施时要具有针对性，要根据不同的施工现场和不同的施工方法，从防护上、技术上和管理上提出相应的安全措施。

建筑工程安全措施主要有以下几项内容：

(1)脚手架、吊篮、吊架、桥架的强度设计及上下通路的防护安全措施。

(2)安全平网、立网、封闭网的架设要求。

(3)外用电梯的设置及井架、门式架等垂直运输设备固定要求及防护措施。

(4)"四口""五临边"的防护和主体交叉施工作业、高空作业的隔离防护措施。

(5)凡高于周围避雷设施的施工工程、暂设工程、井架、龙门架等金属构筑物所采取的防雷措施。

(6)"易燃、易爆、有毒"作业场地所采取的防火、防爆、防毒措施。

(7)采用新材料、新工艺、新技术的装饰工程，要编制详细的安全施工措施。

(8)安全使用电器设备及施工机具，机械安全操作等措施。

(9)施工人员在施工过程中个人的安全防护措施。

六、施工消防措施

建筑施工过程中涉及消防的内容比较多，范围比较广，施工单位必须高度重视，制定相应的消防措施。施工现场实行逐级防火责任制，并指定专人全面负责现场的消防管理。具体措施如下：

(1)现场施工及一切临建设施应符合防火要求，不得使用易燃材料。

(2)建筑工程易燃材料较多，现场从事电焊、气割的人员要持操作合格证上岗，作业前要办理用火手续，且设专人看火。

(3)施工用材的存放、保管应符合防火安全要求，油漆、稀料等易燃品必须专库储存，尽可能随用随进，专人保管、发放。

(4)各类电气设备、线路不准超负荷使用，线路接头要牢固，防止设备线路过热或打火短路，发现问题及时处理。

(5)施工现场按消防要求配备足够的消防器材，使其布局合理，并应经常检查、维护、保养，确保消防器材的安全使用。

(6)现场应设专用消防用水管网，较大的工程分区设消防竖管，随施工进度接高，保证水枪射程。

（7）室外消火栓、水源地点应设置明显标志，并要保证道路畅通，使消防车能顺利通过。

（8）施工现场应设有专门吸烟室，场内严禁吸烟。

七、环境保护措施

为了保护和改善生活环境及生态环境，防止由于建筑材料选用不当和施工不妥造成的环境污染，保障用户与工地附近居民及施工人员的身心健康，促进社会的文明发展，必须做好施工用材及施工现场的环境保护工作。

其主要措施如下：

（1）严格遵守《中华人民共和国环境保护法》及其他有关法规，建立健全环境保护责任制度。

（2）工程所用的材料，应首先选择有益人体健康的绿色环保建材或低污染无毒建材。严禁使用苯、酚、醛超标的有机建材和铅、镉、铬及其化合物制成的颜料、添加剂和制品等，以达到健康建筑的标准。

（3）采取有效措施防治水泥、木屑、瓷砖切割对大气造成的粉尘污染。拆除旧有建筑装饰物时，应随时洒水，减少扬尘污染。

（4）及时清理现场施工垃圾，并注意不要随意高空抛撒。对易产生有毒有害的废弃物，要分类妥善处理，禁止在现场焚烧、熔融沥青、油毡、油漆等。

（5）对清洗涂料、油漆类的废水废液要经过分解消毒处理，不可直接排放。现制水磨石施工必须控制污水流向，并经沉淀后，排入市政污水管网。

（6）施工现场应按照《建筑施工场界环境噪声排放标准》（GB 12523—2011）的规定，制定降噪制度和措施，以控制噪声传播，减轻噪声干扰。

（7）凡在居民稠密区或饭店、宾馆等场所进行强噪声作业时，应严格控制作业时间（一般不超过 15 h/d），必须昼夜连续作业时，应尽量采取降噪措施，并报有关环保部门备案后方可施工。

八、进度管理计划

（1）项目施工进度管理应按照项目施工的技术规律和合理的施工顺序，保证各工序在时间上和空间上顺利衔接。

（2）对项目施工进度计划进行逐级分解，通过阶段性目标的实现保证最终工期目标的完成。

（3）建立施工进度管理的组织机构并明确职责，制定相应管理制度。

（4）针对不同施工阶段的特点，制定进度管理的相应措施，包括施工组织措施、技术措施和合同措施等。

（5）建立施工进度动态管理机制，及时纠正施工过程中的进度偏差，并制定特殊情况下的赶工措施。

（6）根据项目周边环境特点，制定相应的协调措施，减少外部因素对施工进度的影响。

九、质量管理计划

(1)按照项目具体要求确定质量目标并进行目标分解,质量目标的内容应具有可测性。应制定具体的项目质量目标,质量目标应不低于工程合同明示的要求,质量目标应尽可能地量化和层层分解到基层,建立阶段性目标。

(2)建立项目质量管理的组织机构并明确职责。

(3)制定符合项目特点的技术和资源保障措施,通过可靠的预防控制措施,保证质量目标的实现。

(4)建立质量过程检查制度,并对质量事故的处理作出相应规定。

十、安全管理计划

(1)确定项目重要危险源,制定项目职业健康安全管理目标。

(2)建立有管理层次的项目安全管理组织机构并明确职责。

(3)根据项目特点,进行职业健康安全方面的资源配置。

(4)建立具有针对性的安全生产管理制度和职工安全教育培训制度。

(5)针对项目重要危险源,制定相应的安全技术措施;对达到一定规模的危险性较大的分部(分项)工程和特殊工种的作业应制定专项安全技术措施的编制计划。

(6)根据季节、气候的变化,制定相应的季节性安全施工措施。

(7)建立现场安全检查制度,并对安全事故的处理作出相应规定。

十一、环境管理计划

(1)确定项目重要环境因素,制定项目环境管理目标。

(2)建立项目环境管理的组织机构并明确职责。

(3)根据项目特点,进行环境保护方面的资源配置。

(4)制定现场环境保护的控制措施。

(5)建立现场环境检查制度,并对环境事故的处理作出相应规定。

十二、成本管理计划

(1)根据项目施工预算,制定项目施工成本目标。

(2)根据施工进度计划,对项目施工成本目标进行阶段分解。

(3)建立施工成本管理的组织机构并明确职责,制定相应管理制度。

(4)采取合理的技术、组织和合同等措施,控制施工成本。

(5)确定科学的成本分析方法,制定必要的纠偏措施和风险控制措施。

十三、其他管理计划

其他管理计划包括绿色施工管理计划、防火保安管理计划、合同管理计划、组织协调管理计划、创优质工程管理计划、质量保修管理计划以及对施工现场人力资源、施工机具、材料设备等生产要素的管理计划等,可根据项目的特点和复杂程度加以取舍。各项管理计划的内容应有目标、有组织机构、有资源配置、有管理制度和技术、组织措施等。

任务实施 1　项目施工质量保证措施

一、工程质量目标

质量目标：实现对业主的质量承诺，以领先行业水平为目标，严格按照合同条款要求及现行规范标准组织施工，工程质量优良。

二、质量保证体系

严格贯彻执行 ISO9001 质量标准，在已通过国家九千认证中心贯标认证的基础上，遵循既定的质量方针，建立更完善的质量保证体系，切实发挥各级管理人员的作用，使施工过程中每道工序质量均处于受控状态。

在施工过程中，以设计文件及现行规范标准为依据，通过对质量要素和质量程序的控制，切实落实质量责任制，做到分工明确，责任到人。对各道工序从"人、机、料、法"诸方面加以控制，确保工程质量。

三、组织保证措施

(1)施工人员均为取得相应的专业技术职称或受过专业技术培训，具有较为丰富的同类型工程的施工及管理经验者，并持证上岗。

(2)工程专业技术人员，均具备相应的技术职称，并按照有关规定要求进行相关知识的培训。

(3)新工人、变换工种人员和特种工种作业人员，上岗前必须对其进行岗前培训，考核合格后方能上岗。

(4)施工中采用新工艺、新技术、新设备、新材料前必须组织专业技术人员对操作者进行培训。

(5)严格实行质量责任制，每项工作均由专人负责。

四、质量管理制度

1. 技术交底制度

分项工程开工前，主管工程师根据施工组织设计及施工方案编制技术交底，对特殊过程必须编写作业指导书，对关键工序必须编写施工方案，分项工程施工前必须向作业人员进行技术交底，讲清该分项工程的设计要求、技术标准、施工方法和注意事项等。

2. 工序交接检制度

工序交接检验即上道工序完成后，在进入下道工序前必须进行检验，并经监理签证。做到上道工序不合格，不准进入下道工序，确保各道工序的工程质量。坚持做到："五不施工"，即未进行技术交底不施工；图纸及技术要求不清楚不施工；施工测量桩未经复核不施工；材料无合格证或试验不合格者不施工；上道工序不经检查不施工。"三不交接"，即无自检记录不交接；未经专业技术人员验收合格不交接；施工记录不全不交接。

3. 隐蔽工程签证检查制度

凡属隐蔽工程项目，首先由班组、项目部逐级进行自检，自检合格后会同监理工程师一起复核，检查结果填入隐检表，由双方签字。隐蔽工程不经签证，不能进行隐蔽。

4. 施工测量复核制度

施工测量必须经技术人员复核后报监理工程师审核，确保测量准确，控制到位。

5. 施工过程的质量三检制

施工过程的质量检查实行三检制，即班组自检、互检、工序交接检。工长负责组织质量评定，项目部质检员负责质量等级的核定，确保分项工程质量一次验收合格。

6. 坚持持证上岗制度

测量工、材料员、资料员、质检员、安全员等均要经考核，必须持证上岗。

7. 实行质量否决制度

选派具有资质和施工经验的技术人员担任各级质检工程师，负责质检工作，质检员具有质量否决权、停工权和处罚权。凡进入工地的所有材料、半成品、成品，必须经质检员检验合格后才能用于工程。对分项工程质量验收，必须经过质检员核查合格后方可上报监理。

任务实施 2　项目施工降低成本的措施

一、把好材料质量的验收关

1. 材料验收的基本要求

对于验收入库材料的品种、规格、数量、质量、包装、价格及成套产品都要认真检查，准确无误。在规定的时间内，项目部专业工程师及时与监理单位联系共同验收，做好材料进场验收记录。

2. 材料验收工作程序

收集有关合同、协议及质量标准等资料；预备有准确的检测仪器；计划堆放位置及铺垫材料；安排搬运人员及工具。材料验收前要认真核对资料，包括订货合同、供货方发票、装箱单等，规格、型号、数量及交货日期核对；产品合格证、检测报告、安装技术说明、3C认证、长城标志等；承运单位的运单与发货时间核对，如运输中的残损、短缺、应有运输单位的运输记录。材料必须依据有关证据进行验收，没有证据或证据不齐全不得验收。

3. 质量验收管理

质量验收包括外观质量和内在质量，外观质量以仓库验收为主，内在质量即物理化学特性，有质量证明书，所列数据应符合标准规定，则视为合格，方可入库。没有质量证书者，凡有严格质量要求的材料，则抽样检验，合格者再办理验收手续。供货方按合同规定附材料质量检测报告，而发货时未附材料质量检测报告，收货方可拒付货款，并立即向供货方索取材料质量检测报告，供货方应立即补送，超过合同交货期补齐的，即作逾期交货处理。

4. 数量验收管理

由项目部材料员负责核对，计重材料一律按净重计算，计件的材料按计件数清；按体积供货者应测尺计方；按理论换算供货者，应测尺换算计量；标明重量或件数的标准包装，除合同规定的抽检方法和比例外，一般根据检查情况而定。成套设备必须与主机、器件、配件、说明书、质量证明书、合格证、3C认证、长城标志等配套验收。办理入库手续。验收材料的数据、质量后，根据质量合格的实收数量，及时办理入库手续。填写"材料入库验收单"，它是材料接送人员与库管人员划清经济责任的界限，也是下一步发票报销、记账的重要依据。在材料验收中如发现数量不足、规格不符、质量不合格等问题，仓库应办理材料验收记录，尽快报送项目部专业负责人。

二、重视材料的保管工作

重视材料的保管保养工作，减少材料中间环节的损耗。即根据库内材料的性能特点，结合仓库条件合理存放和维护保养的各项工作。其基本要求是：保质、保量、保安全。做到合理堆垛、精心看护、经常检查、确保安全。

1. 合理保管

材料存储位置应按施工现场总平面图要求，统一规划、划级定位、统一分类标识。

2. 精心看护

材料本身的理化性能受气候等自然因素的影响，需要项目部的材料员精心看护，根据材料的特点，合理安排保管场所，防止或减少材料不必要的损失。做好材料的维护保养工作，坚持"预防为主，防治结合"的原则，具体要求如下：安排适当的保管场所，根据材料的不同性能，采取不同的保管条件，尽可能适当地满足材料性能对保管场所的要求，做好堆码铺垫，防止电器元件受潮损坏。各种保温材料的堆码要求稀疏堆码，以利通风。土建大宗材料防水、防潮、防晒，对此要用苫布进行遮挡保护。

3. 注重存储条件，保证电气材料、设备的质量要求

对于温度、湿度要求较高的电气材料和设备，应做好温度、湿度的调节控制，夏季应做到防雨防潮，冬季应做到防冻保温。项目部材料员应经常检查，随时发现材料质量变化，及时采取相应的应急措施，保证材料的质量。

4. 盘活材料，提高材料的使用效益

库房材料品种较多，收发频繁。由于保管工程中的自然损耗、计量不准、二次搬运损耗等因素，可能导致最终材料数量不准，因此，应加强材料的盘点，搞清实际库存量、呆滞积压量、实际应用量等情况。材料盘点要求"三清"，即质量清、数量清、账卡清；"三有"，即盈亏有原因、返工损失有报告、调整账卡有依据；"四对口"，即账、卡、物、资金对口交圈。

5. 材料的发放

促进材料的节约和合理使用是材料发放的基本要求。发放材料的原则是凭证发放，急用先发，有序发放。要按质、按量、手续齐全，有计划发放材料，确保施工生产的需要，严格出入库手续，实行限额领料，防止材料的不合理使用。

6. 退料与回收

退料是指工程竣工后剩余的或已领未使用且符合质量要求完整的材料，经过材料员检查、核实质量与数量，办理退料手续，并冲减原领料单据，以降低成本，做到材料的合理使用。回收是指施工过程中剩余的边角余料，可回收以后使用，在办理入库手续时，不冲减原领料单据，做好材料的回收是项目部一项重要的工作内容，它可以节约有效资金，提

高项目部的经济效益。

7. 对施工材料的发放，实行限额领料单制

限额领料单是分部分项工程按相应的施工材料消耗定额计算而得。它是施工任务书或施工承包合同的附件之一，也是定额供料的凭证，材料核算、成本核算的依据。

三、土建专业降低成本措施

(1)认真会审图纸，制定合理施工方案，技术交底，明确质量标准，减少返工浪费。

(2)对钢筋尽可能按设计图纸尺寸订货供料，节省钢材和加工费用。

(3)鼓励施工中提出的合理化建议，采用小流水段施工方法和模板快拆体系，加快进度，节省材料。

(4)提高混凝土浇筑质量及平整度，节省抹面材料。采用混凝土双掺技术和抹灰砂浆掺增稠粉方法，可大量节省水泥，同时提高施工质量。

任务实施 3　施工单位安全生产保证措施

1. 用电安全保证措施

(1)公司将配备两个以上专职的持证上岗用电管理人员，对每天用电量进行计算、管理现场用电设施、用电安全教育等。

(2)电工对施工设备应定期检查，对不符合规范要求的施工器具，坚决不准使用。

(3)开关、配电箱应有漏电保护，门锁及防雨设施，电箱进出线、电源开关、保险装置要符合要求，老化破皮不合要求的电线不许使用，电线必须架设在绝缘体上。

(4)工地的用电线路设计，必须经有关技术人员审定，安装验收合格后方能使用。

(5)电气和机械设备必须设保护接零或保护接地及有防雷设施。

(6)临时用电设备在 5 台以上或设备总容量在 50 kW 以上者，应编制临时用电施工组织设计并制定电器防火措施。

(7)配电箱、开关箱应采用铁箱，复合绝缘要求，禁止用木板等易燃材料制作，并按规定安装在适宜的位置，箱内接线要整齐，导线进出口应设在箱体底面，箱内应装漏电开关，箱门加锁，并由电工负责管理。

(8)电器设备必须实行"一机一闸"，禁止用同一开关直接控制两台以上的电器设备，保险丝因按负荷要求由电工安装，严禁用金属丝代替保险丝。

(9)各种机具必须按容量选用电缆线，严禁用花线代替电缆。

(10)施工照明线路使用花线时应悬空架设，不准拖地，不得与金属器械相碰，各种线路一律由电工接线，严禁其他人员乱拉、乱接；配电箱、开关箱及各种用电场所，应挂上明显的标志牌和操作牌。

(11)电工上岗操作时，应穿绝缘胶鞋，戴绝缘手套。

2. 机械安全保证措施

机械由专人专管，机械旁必须挂安全警示牌，一机一闸，各机械必须有漏电保护装置。

3. 消防安全保证措施

备有足够的消防设备，现场道路必须保持畅通，消防设施、水源要有明显标志，任何人不得随意动用消防器材，施工现场禁止烟火。

4. 高空作业及立体交叉施工安全保证措施

高空作业须搭设的操作平台必须有围护，人员须佩戴安全带、安全帽；如平台下有人员工作的，平台上还须密布安全网。

5. 防灾防爆保护措施

易燃、易爆材料隔离堆放，并在堆放处及现场配备足够的灭火器材，严禁在现场抽烟、使用明火。

6. 预防自然灾害措施

所有用电器材均须有效接地，人员住宿、材料堆放处均要开挖排水沟。现场配备一些常备药品。

7. 各级管理人员的安全生产意识

(1)强化装饰现场安全施工检查工作，杜绝事故发生。

(2)各级管理人员要从教育入手，做好操作人员的入场教育，做到人人讲安全，人人懂安全，违章操作要制止。

(3)实行安全生产负责制，现场施工安全工作由项目经理负责，各施工队组的安全工作由工长负责。

(4)加强安全防护：根据现场的具体情况，加设安全的护栏，悬挂"注意安全"等警告标志。

(5)加强对施工人员的遵纪守法教育，提高员工的安全意识。

(6)进入施工现场的施工管理人员和工作人员都要佩戴有个人身份标志的工作卡。

8. 制定安全管理规定

为保证安全、文明措施的有效执行，配套制定安全管理规定。

(1)各项目组必须建立安全生产责任制，明确各级安全管理人员职责。项目经理为现场施工的第一责任人。

(2)贯彻执行国家、地方及有关部门颁发的安全生产和劳动保护的方针、政策和法规。

(3)遵守"安全生产，人人有责"的原则。项目组必须制定各级管理人员定期的安全检查制度。所有现场人员必须遵守各项有关安全规则。

(4)各项目如须对建筑结构做变动，必须事先经总工程师同意。现场的临时用电敷设必须要由专业电工操作，并由工程材料部验收备案。对有高空作业的项目，项目经理必须提交相应的安全措施，交总工程师批准。

(5)施工现场必须有专职或兼职的安全员进行安全检查，消除事故隐患，制止违章作业。

(6)项目组必须对施工操作人员进行安全技术和安全纪律教育，做好工作的"三级"安全教育工作。

(7)认真落实施工组织中安全技术管理的各项措施，严格执行安全技术措施审批、施工项目安全交底制度和设施、设备交接验收使用制度。

(8)生产必须服从安全，树立"安全第一"的思想，不得违章作业及违章指挥。现场施工人员均有权拒绝和制止违章指挥和违章作业。

(9)班前要对所使用的机具、设备、防护用具及作业环境进行安全检查，发现问题立即采取改进措施，及时消除事故隐患。

(10)杜绝安全事故的发生。如发生工伤事故要立即组织抢救，保护好现场，并立即逐级汇报。对事故本着"三不放过"原则处理(三不放过是指：①事故原因不清不放过；②事故责任和群众没有受到教育不放过；③没有防范措施不放过)。

做好各项安全检查的记录及各有关安全管理的资料。

对典型位置的建筑孔洞口除了做好防护措施外，更要加强对工人队伍的教育，还要落实专门的人员每天进行检查。

9. 文明施工及环境保护措施

(1)建筑垃圾按环卫部门规定倾倒，施工污水排入指定市政排污管道，保持施工现场及周围环境文明、整洁。

(2)项目部不定期对现场进行环保和文明施工管理检查，发现问题及时纠正。

(3)协调好各队组与其他施工单位关系，防止队组间发生打架事件。

(4)对违反各项文明规定的人员严肃处理。

(5)工程完工后，将各种施工现场临时设施及时拆除，并运走所有工程垃圾。

(6)白天需打钻的地点事先作好计划，集中于某一时段进行，以减少噪声影响周边环境。

(7)工地主要入口要设置明显的标牌，标明工程名称、施工单位和工程负责人姓名等内容。

(8)建立文明施工责任制，明确管理负责人，实行挂牌制，做到现场清洁、整齐。

(9)工人操作地点和周边环境必须清洁、整齐，做到工完场地清。

(10)要有严格的成品保护措施，严禁损坏、污染成品，堵塞管道。

(11)建筑物内清除的垃圾，要通过竖井等装置稳妥下卸，严禁向窗外抛掷。

(12)施工现场不准乱扔垃圾及余物。必要时设置临时堆放点，并定期外运。

(13)针对施工现场的情况，制作有质量安全生产宣传标语的黑板报。

(14)施工现场严禁居住家属，严禁居民、家属、小孩在施工现场穿行、玩耍。施工作业区与办公、生活区要有明显的划分。

(15)现场使用的机械设备，要按平面布置规划固定点存放，遵守机械安全规程，经常保持机身及周围环境的清洁，机械的标记、编号明显，安全装置可靠。

(16)易燃、易爆物品必须分类存放。

(17)施工现场必须有消防措施与制度，要有足够的灭火器材，高层建筑要有消防水源。

(18)公司质检小组对项目进行检查时，如发现不符合文明施工规定的情况及一些质量安全事故隐患，必须立即开具"整顿通知"限其定期整改，如在限定期限内无故不整改的，由检查小组向公司提出报告，由公司向该项目组发出黄牌警告，并处以1 000～2 000元的罚款，由检查小组再次向项目经理提出"整改"期限；如在期限内仍未整改，公司将对该项目组出示红牌，对项目组进行整顿，并处以2 000～4 000元的罚款。

项目五　施工组织设计案例

案例1　××学院实训场施工组织设计

第一章　工程概况

××职业学院实习工厂钢结构制作安装，总建筑面积为 2 494.8 m²，一、二层，钢结构(⑦—⑨轴为二层)，屋顶标高 14.400 m，局部二层，一层层高 5.4 m，二层层高 6.6 m。

第二章　编制依据

(1)《钢结构工程施工质量验收规范》(GB 50205—2001)。
(2)《钢结构焊接规范》(GB 50661—2011)。
(3)《钢结构高强度螺栓连接技术规程》(JGJ 82—2011)。
(4)《热轧 H 型钢和剖分 T 型钢》(GB/T 11263—2010)。
(5)《压型金属板设计施工规程》(YBJ 216—1988)。
(6)工程施工图纸及标准图集。

第三章　实施目标

为充分发挥企业优势，科学组织安装作业，我们需选派高素质的项目经理及工程技术管理人员，按项目法施工管理，严格执行施工质量验收规范，积极推广新技术、新工艺、新材料，精心组织、科学管理、优质高效地完成施工任务，严格履行合同，确保达到如下目标：

(1)质量等级：合格。
(2)工期目标：在合同规定日期内完成钢结构安装。
(3)安全文明施工：采取有效措施，杜绝工伤、死亡及一切火灾事件的发生、创文明标化工地。
(4)科技进步目标：为实现上述质量、工期、安装文明施工等目标，充分发挥科技作用，在施工中积极采用成熟的科技成果和现代化管理技术。

第四章　施工准备

(1)施工技术人员在施工前必须认真审查图纸，及时提出问题请求答复，并积极向建设单位及设计单位提出合理化建议，根据施工现场的实际情况编写《安装施工方案》，并向全体施工人员进行技术交流。

（2）根据合同工期安排劳动力计划、起重工、安装工、电焊工、油漆工、电工、普工。以上人员不包括项目部管理技术人员。

（3）现场安装条件达到"三通一平"：场地平整、道路畅通、水电接至现场能达到使用功能，具备施工现场场地及材料成品堆放场地，合理布置办公区、职工宿舍、食堂、材料仓库等临时设施。

（4）基础施工完毕后应核对图纸进行验收，对地脚螺栓进行检查验收，对基础施工标高进行验收。

（5）安装前做好物件检查，发现问题及时处理，以防出现返工的情况。

（6）安装前做好交接工序，双方签字方可施工。

（7）以上条款如有问题，应通过甲方拿出处理方案，签字盖章后才能进行安装。

第五章　钢结构安装工艺

（1）施工图→施工组织设计（施工方案）→钢结构零部件、附件和配件→材料准备→安装机具→基础与支撑面验收合格→测量放线。

（2）施工条件→物件验收，并做安装标志→清理作业面→平台安装→物件矫正→组装拼装→结构构件就位→校正→临时固定。

（3）安装顺序→钢柱→梁→屋架支撑→檩条→屋面彩板及零部件。

（4）钢材及零部件合格证→链接材料合格证→构件检测根据焊接焊接件试件检测报告→测量记录→吊装记录→质量记录→竣工图。

第六章　钢结构安装

1. 柱安装

柱安装采用汽车吊，把放在一侧的钢柱缓缓吊起，对准螺栓孔与螺栓的位置，并将螺栓穿入孔内初拧做临时固定，进行校正摘钩，校正完毕后进行一次灌浆，之后用经纬仪核对柱子的垂直度，并校对柱轴线与基层轴线的偏差，同时做好记录。

2. 屋架安装

（1）屋架吊装采用单榀吊装，采用垂直吊装方法，屋架运输至安装位置立放靠在柱子上临时固定吊点采用四点绑扎，绑扎点应用软材料垫至其中以防钢构件污损。起吊时，先将屋架吊离地面 50 cm 左右，使屋架中心对准安装位置中心后徐徐升起，将屋架吊至柱顶，再用溜绳旋转屋架使其对准柱顶，使屋构就位，应缓慢进行，并在屋架刚接触柱顶时即刹车对准螺栓孔，并将螺栓穿入孔内初拧作临时固定，同时进行垂直度校正和最后固定，屋架垂直度用挂线坠检查，第一榀屋架应与抗风柱相连接并用四根溜绳从两边把屋架拉牢，以后各榀屋架可用四根校正器作临时固定和校正，屋架经校正后即可安装各类支撑及檩条等。

（2）高强度螺栓的连接和固定。

1）钢构件拼装前应清除飞边、毛刺、焊接飞溅物等，摩擦面应保持干燥、整洁，不得在雨中作业。

2）高强度螺栓在大六角头上部有规格和螺栓号。安装时其规格和螺栓号要与设计图上的要求相同，螺栓应能自由穿入孔内，不得强行敲打，且不得气割扩孔，穿放方向应符合设计图纸的要求。

3)高强度六角头螺栓施拧采用的扭矩扳手，在班前和班后均应进行扭矩校正。对于高强度六角头螺栓终拧后的检查，可用小锤击法逐个进行检查。此外应进行扭矩检查，如果发现欠拧、漏拧者，应及时补拧至规定扭矩，如果发现超拧的螺栓应更换。

3. 檩条安装

整平：安装前对檩条支撑进行检测和整平，对檩条逐根复查其平整度，安装的檩条高差应控制在±5 cm范围内。

弹线：檩条支撑点应按设计要求的支撑点位置固定为此支撑点应用线画出，经檩条安装定位，按檩条布置图验收。

固定：按设计要求进行焊接或螺栓固定，固定前再次调整位置，偏差为±5 mm。

4. 彩色钢板铺设及固定

安装时要平整拼板，调直、擦条处理好板面。

屋面彩色钢板的铺设顺序：原则上是由上而下，由常年风尾方向起铺，以山墙边做起点，由左而右(或由右而左)依顺序铺设，第一片板安置完毕后，沿板下缘拉准线，每片依据线安装，随时检查使之不发生偏离。铺设面以自攻螺钉，沿每一板肋中心固定于檩条上。打钉要横平竖直，戴好防锈帽。

收边：屋面收边料搭接处，需以铝拉钉固定及用止水胶防水，收边平板自攻螺钉头及铝拉钉头；需以止水胶防水，屋脊盖板及檐口泛水需铺塞山型发泡PE封口条对包边围檐、门窗口边，要包好、打好胶，防止渗漏。固定方法：第一排第一个固定座，以自攻螺钉固定于檩条最左边，然后于檩条弹量线做基准线，接着固定同排固定座。第一块板的肋部对准固定座的肋板，压下卡入检查是否扣合正确，将固定座短臂扣上第一块已铺好的面板阴肋，依前述方法施工，并调整平齐。

第七章　工程质量保证措施

本工程严格按照ISO9001的管理标准执行，开工前先明确工程创优目标，完善工程质量管理体系及措施。

(1)施工及验收依据。

1)钢结构安装严格按施工图纸执行。

2)变更通知书及其他有关治安方面的方案通知。

3)图纸会审纪要。

4)《钢结构工程施工质量验收规范》(GB 50205—2001)及其他相关规范，质量检验评定标准和技术水平。

(2)本工程安装应按施工组织设计进行，安装程序必须保证结构的稳定性以及不导致其永久性变形。

(3)本工程构件的存放场地应平整、坚实、无积水，钢构件应按其种类、型号、安装顺序分区存放，钢构件底层垫枕应有足够的支撑面，并应防止支点下沉，相同型号的钢构件叠放时，各层钢构件支点应在同一条垂直线上，并应防止钢构件被压坏和变形。

(4)安装前，应按构件明细和进场构件查验产品合格证及设计文件。应根据安装顺序，分单元成套供应。贯彻原材料、半成品和成品的检验制度，施工员应会同质量检查员对半成品和成品进行复查，加强半成品与成品的质量监督工作。

(5)钢构件安装的测量和校正，应根据工程特点编制相应的工艺；原钢板和异种钢板的焊接、高强度螺栓安装和负温下施工等主要工艺，应在安装前进行工艺试验，编制相应的施工工艺。

(6)本工程的梁、屋架支撑等主要构件安装就位后，应立即进行校正、固定，当天安装的构件应形成稳定的空间体系。

(7)本工程顶紧的节点、接触面应有70%的面紧贴，用0.3 mm厚的塞尺检查，可插入的面积之和不得大于接触顶棚总面积的30%，边缘最大间隙不应大于0.8 mm。

(8)钢结构安装偏差的检查，应在结构形成空间刚度单元并连接固定后进行。

(9)结构吊装工程质量保证体系。

第八章　安全施工保证措施

(1)安全生产管理。安全生产管理是项目管理的重要组成部分，是保证生产顺利进行、防止伤亡事故发生而采取的各种对策。它是生产现场全部体系的综合管理系统。

1)严格执行有关安全生产管理方面的各项规定条例。研究并采取各种安全技术措施，改善劳动条件，消除生产中的不安全因素。

2)掌握生产施工中的安全情况，及时采取措施加以整改，达到以预防为主的目的。

3)认真分析事故原因，定制预防事故的发生的措施，防止其重复发生。

(2)明确安全目标，杜绝一切安全事故与火灾事故的发生。

(3)建立各级、各部门健全的安全生产责任制，责任落实到人，且总、分包之间必须签订安全生产协议书。

(4)新进企业工人须进行公司、施工队和班组的三级教育。对上岗员工进行严格把关，做到上岗前都经过安全教育。

(5)要进行分部分项工程安全技术交底。

(6)必须建立定期安全检查制度且有检查记录。

(7)特种作业须持证上岗，且必须遵章守纪，佩戴标记。

(8)建立工伤事故处理方案，按规定认真进行处理报告，做好"三不放过"工作。

(9)具体安全措施。

1)坚决执行国家劳动部颁发的《劳动操作规程》，按照钢结构的安装工艺要求精心操作，并采取安全与工奖挂钩的制度。正确使用个人防护用品和安全防护措施，进入施工现场必须戴安全帽，禁止穿拖鞋或光脚，在没有防护措施的高空、陡坡施工，必须系安全带。

2)钢结构安装前应对全体人员进行详细的安全交底，参加安装的人员要明确分工，利用班前会、小结会，并结合现场具体情况提出保证安全施工的要求。上下交叉作业，要做到"三不伤害"，即"不伤害自己，不伤害别人，不被别人伤害"。距地面2 m以上的作业要有安全防护措施。

3)高空作业要系好安全带，地面作业人员要戴好安全帽，高空作业人员的手用工具袋，在高空传递时不得扔掷。

4)吊装作业场所要有足够的吊运通道，并与附近的设备、建筑物保持一定的安全距离，在吊装前应先进行一次低位置的试吊，以验证其安全牢固性，吊装的绳索应用软材料垫好或包好，以保证构件与连接绳索之间不发生磨损。构件起吊时，吊索必须绑扎牢固，绳扣必须在吊钩内锁牢，严禁用板钩钩挂构件，构件在高空稳定前不准上人。

5)吊机吊装区域内，非操作人员禁止入内，拨杆垂直下方不准站人。吊装时操作人员的精力要集中并服从指挥号令，严禁违章作业。起重作业应做到"五不吊"。

①手势指挥不清不吊。

②起重不明不吊。

③起重超负荷不吊。

④视线不明不吊。

⑤捆绑不牢或重心不稳不吊。

6)施工用的临时电路应采用 TN-S 三相五线制，PE 线需可靠重复接地，施工机械和电气设备不得带病作业或超负荷作业，发现不正常现象应停工检查，不得在运转中修理。

7)彩钢板屋顶施工时，禁止穿拖鞋和赤脚进入现场。

8)现场气割、电焊时要有专人管理，并设专用消防用具。

9)各专业工种安装时必须服从现场统一指挥，负责人在发现违章作业时要及时劝阻，对不听劝阻继续违章的操作者应责另其立即停止工作。

第九章　文明施工保证措施

文明施工的程度如何将直接影响我们公司的形象。如我公司能承建本钢结构工程，我们将在本工程的施工中树立良好形象，并充分协调好各方面的关系，为建设好本工程予以人力、物力、财力的支持。

1. 做到文明施工

我公司严格按照施工现场标准化管理规定的内容及相关文件进行布置及管理，并提出文明施工的目标：争创标准化文明施工样板工地。

2. 文明施工、环保措施

由于文明施工包括的内容很多，又有许多与安全生产等紧密相联，故如有与安全生产的内容重复，将同样列出，并作为重点强调的内容加以重视。设置环境保护宣传标牌、人人树立环境保护意识。

3. 重点部位的要求

在编制本施工方案的过程中，本公司曾派人对施工现场进行了现场勘探，并根据现状把文明施工中的重点部位要求如下：

(1)工完场清。在施工过程中，要求各作业班组做到工完场清，以保证施工现场没有多余的材料、垃圾。作为项目经理部应派专人对施工现场进行清扫、检查，以使每个已施工完的结构清洁、无太多的积灰。而对运入现场的材料则要求其堆放整齐，以使整个施工现场整齐划一。

(2)对于工程中所有使用氧气、乙炔等必须有专人保管，未经同意，不得任意使用；本工程所用材料均为绿色环保材料，使用后对周围环境、水源、空气等均不产生任何污染。

4. 标准化管理要求

本工程在施工中，我们将大力推行施工现场标准化、加强环境卫生管理，从小处着眼，发动全体人员参加，以使本工程能形成一个体现现代文明的窗口。我们会落实业主制订的规章制度，并认真执行。由于标准化管理包含了从工程安全到文明施工的较多内容，故我公司将在本工程大力推广，以确保本工程能达到我公司所承诺的目标，在××市树立更好的形象。

第十章　工期保证措施

为了工程能保质保量、按时顺利地完成，我公司制订了切实可行的工期保证措施。除在充分保证制作加工、包装、运输环节确保进度外，还在安装现场还将采取以下措施：

(1)采用施工进度计划与周、日计划相结合的方法进行施工进度和管理，并配套制定措施、计划，根据设备、劳动力数量安排实施适当的动态管理。

(2)合理安排施工进度和交叉流水工作，通过控制点工期目标的实现来确保总工期目标的实现。

(3)成熟的施工工艺和新工艺方法相结合，尽可能缩短工期。

(4)准备好预备零部件，带足备件、施工机械和工具，以保证现场的问题在现场解决，不因材料或组织的脱节而影响工期。

(5)应至少提前运输计划三天到达现场，以避免雨天路阻影响材料脱节。

(6)所有构件编号由检验员专门核对，确保安装一次成功。

(7)严格完成当日施工计划工作量，不完成不收工，必要时可适当加班加点或加夜班完成，管理人员应及时分析工作中存在的问题并采取对策。

(8)准备好照明灯具和线缆，以确保在加夜班时有充分的照明，为夜班工作创造条件。

案例2　××教学楼施工组织设计

一、编制依据

1. ××学院教学楼施工图纸

略

2. 工程施工技术规范

(1)《建筑地基基础工程施工质量验收规范》(GB 50202—2002)。

(2)《砌体结构工程施工质量验收规范》(GB 50203—2011)。

(3)《混凝土结构工程施工质量验收规范》(GB 50204—2015)。

(4)《建筑装饰装修工程质量验收规范》(GB 50210—2001)。

(5)××省《建筑工程施工质量验收实施细则》(DB21/T 1234—2003)。

(6)《建筑给水排水及采暖工程施工质量验收规范》(GB 50242—2002)。

(7)《通风与空调工程施工质量验收规范》(GB 50243)。

(8)××省《建筑工程文件编制归档规程》(DB21/T 1342—2004)。

(9)《建筑电气工程施工质量验收规范》(GB 50303—2015)。

(10)《混凝土泵送施工技术规程》(JGJ/T 10—2011)。

(11)《钢筋焊接及验收规程》(JGJ 18—2012)。

(12)《钢筋焊接接头试验方法标准》(JGJ/T 27—2014)。

(13)《建筑机械使用安全技术规程》(JGJ 33—2012)。

(14)《施工现场临时用电安全技术规范》(JGJ 46—2005)。

(15)《建筑施工安全检查标准》(JGJ 59—2011)。

(16)《建筑施工高处作业安全技术规范》(JGJ 80—2016)。

(17)《中华人民共和国建筑工程质量管理条例》。

(18)《建设工程安全生产管理条例》。

(19)相关国家部门颁发的其他规范和标准。

(20)机械、机具安全操作技术规程。

二、工程概况

(1)场地概况：××学院教学楼位于××市××路××街，××学院园内，地势平坦，无明显高差。

(2)设计概况：

1)建筑名称：×××××学院教学楼。

2)建设单位：×××××学院。

3)建设地点：×××××学院园内。

4)建筑面积：9 986 m²。

5)建筑层数及高度：本工程共7层，室内外高差为450 mm。1~7层层高为4.2 m，顶层水箱间层高为3.9 m，建筑高度29.85 m，建筑总高度30.75 m。

6)设计使用年限50年，抗震等级为二级，抗震设防烈度为7度。

7)结构类型为框架结构。

8)建筑功能：主要功能为教室和教师办公室。

9)结构部分：静压桩基础，桩端持力层为卵石层，基础形式为桩承台和基础梁，基础底标高为−2.300 m。该框架结构柱截面尺寸为700 mm×700 mm、600 mm×600 mm。框架梁截面为350 mm×900 mm、300 mm×1 200 mm 等，次梁截面为300 mm×450 mm、300 mm×550 mm。板为现浇板及现浇空心楼盖。该工程混凝土强度等级：承台 C30，柱 C40，梁板梯 C30，圈梁、构造柱为 C20，垫层 C15。框架填充墙采用材料，±0.000 以上采用小型混凝土空心砌块，外墙厚 300 mm，内夹 120 厚岩棉保温板，内墙厚 200 mm，用 M5.0 混合砂浆砌筑，±0.000 以下采用混凝土实心砖 M5.0 水泥砂浆砌筑。

建筑部分：该工程地面采用地砖，局部为大理石及花岗石面层，楼内顶棚设有吊顶，外窗单框双玻 Low−E 平开窗，外墙装饰为面砖及涂料，局部为玻璃幕墙。

三、质量目标

1. 质量目标

该工程列入本公司的重点工程和创优项目，并严格按照 ISO9002 国际标准严格组织施工，使该工程在质量管理和质量水平上都上升一个新台阶，确保工程竣工时可以达到优良标准。

2. 分部工程质量目标

(1)地基与基础工程质量达到优良标准。

(2)主体工程质量达到优良标准。

(3)装饰工程质量达到优良标准。

(4)地面与楼面工程质量达到优良标准。

(5)门窗工程质量达到优良标准。

(6)屋面工程质量达到优良标准。

(7)水暖工程质量达到优良标准。

(8)电气工程质量达到优良标准。

3. 工期目标

我们将把本项目作为重点工程，合理安排工期，各工种穿插作业，主体建设期间将在避免扰民的情况下日夜兼程，在保证质量的前提下高效快捷的施工。确保在2012年6月30日竣工，具体安排详见施工部署和施工进度计划表。

4. 安全目标

保证无重大工伤事故，杜绝死亡事故的发生；轻伤频率控制在1.5‰以内。

四、项目经理部人员配备及职责权限

根据建设单位要求和工程目标，我们本着"保工期，创优质"的原则，运用质量保证体系，进行施工管理。

为确保本工程全方位的组织管理，并且能够顺利实施，我公司将调派具有多年施工经验并创建过省级优质工程的项目经理组织施工，将具有高层结构施工和类似大型工程施工管理经验的工程技术人员和管理人员组成项目经理部。实行项目经理负责制，全面履行对建设单位的承诺，协助建设单位进行与周边居民的协调工作，并密切配合政府各部门的工作，以确保工程顺利进行，见表5-1。

表 5-1 项目经理部主要人员及分工职责

姓 名	项目任职	职 称	主要职责
×××	项目经理	工程师	全面管理
×××	技术负责人	工程师	安全技术、质量管理
×××	施工员		组织施工
×××	质检员	工程师	全面质量检查
×××	安全员		安全管理
×××	档案员		档案管理及材料试验
×××	材料员		材料采购
×××	预算员		工程预算

按照ISO9001的标准，对从事与质量有关的人员进行要素分配，明确岗位职责，本质量计划管理人员包括：项目经理、项目工程师(技术负责人)、工长(施工员)、计划员、资料员、质检员、材料员、安全员、预算员。

1. 项目经理岗位职责

(1)认真履行工程合同，确保工期、质量、安全、文明施工、ISO9000目标的实现。

(2)落实公司质量方针、质量目标和质量承诺，按照ISO9002的标准，建立文件化质量保证体系。

(3)组织施工生产，控制总进度计划、月度计划，进行内部综合平衡，对分包工程必须纳入总包管理范围，进行监督、检查、考核。

(4)组织编制两算和两算对比，对工程分包、外委托、外加工签字把关。

(5)控制项目责任成本，实施量化考核，组织月度成本分析，负责工程结算。

(6)推行新工艺、新技术，完成项目成果和QC成果。

(7)控制本项目物资采购、质量检验、内审不符合项、纠正和预防措施的落实。

2. 项目工程师(技术负责人)岗位职责

(1)分管ISO9000贯标和技术质量的管理工作，贯彻技术规范、技术规定、施工验收、安全技术规程和技术管理制度。

(2)进行过程控制，会审图纸，参加设计交底，进行技术交底、安全交底，填写施工日志。确定工程关键工序、特殊工序，明确工艺流程，技艺评定方式，制定控制措施，推行新工艺、新技术、新材料的应用。

(3)控制现场产品标识和可追溯性，明确物资、试样试块、工程质量、设备、安全、计量的标识和追溯性记录的控制范围。

(4)负责检验和试验的控制，对分项工程质量检验、技术复核、隐蔽工程验收把关。确定样板间，落实参建队伍自检、互检、交接检。

(5)对物资和质量不合格品进行控制，发现问题后立即进行标识、记录、评价、处置，组织工长、质检员分析原因，提出纠正和预防措施，整改后复查。

(6)保证现场文明施工，作业面、楼梯、楼层、操作面、竖井口、建筑物周边保持清洁，做到工完场清。

(7)负责测量仪器的控制，监测记录的检查，落实计量管理规定，抓好现场计量工作。

3. 工长(施工员)岗位职责

(1)审阅施工图纸，参加设计交底，对作业施工队进行技术交底、安全交底，填写施工日志。

(2)严格按设计图纸、设计交底、施工进度计划组织施工。

(3)按照施工总部署和进度要求参加编制周、日施工计划，并负责实施、落实。

(4)负责所担负的施工栋号工程的进度、质量、安全、文明施工，保持作业面清洁。

(5)制定切实可行的成品保护措施，对进入施工现场的人员加强产品保护意识教育。

(6)负责在施工工作的施工队、班组任务单结算工作。

4. 项目预算员岗位职责

(1)负责项目经济收支把关。对合同、预算、定额行使管理职能。

(2)根据图纸编制工程预算、结算，根据变更签证、调价文件对预算进行调整。

(3)依据施工图纸，进行分部、分项、分层、分段预算，做好预测预控，按照基础、主体、装修进行量化考核、实物对比、两算对比。

(4)根据图纸会审、设计交底、图纸修改及时记录、调整。

(5)负责工程合同管理，对合同交底、合同变更、合同实施过程状态的评审、洽商记录、合同履约延期做好登记台账。

(6)按照图纸计算工程量，提前开具任务单并及时下达。

(7)负责工程分包、外委托、外加工的管理，建立收入与支出对比过录台账。

(8)负责预算文件和资料的控制，按照要求建立各项内业台账、报表。

5. 项目质检员岗位职责

(1)参与施工组织设计,编制质量计划。

(2)明确本工程的关键工序、特殊工序和质量管理点。对特殊工序、关键工序确定控制点、控制标准、控制措施、控制方法和责任人,并进行监督检查。

(3)编制分部工程、分项工程、隐蔽工程质量检查项目,对关键工序、特殊工序进行监控,填报监控记录。

(4)制定月度检查计划,对工程质量进行分项检验,签署质量评定。

(5)检查工程质量时,在实物明显部位用数据或记号做状态标识,不合格不得放行。

(6)执行质量否决权,对工序中不符合质量要求的有权提出整改,经复验纠正后方可施工,保证合格产品进入下道工序。

(7)对于质量不合格品应与工长配合标识、记录,并分析原因,提出纠正措施。

(8)配合工长落实操作班组自检、互检、交接检制度。

6. 项目安全员岗位职责

(1)按照安全检查标准,实施对基础上工地的监督控制。

(2)负责施工现场的安全管理,监督安全生产责任制、施工方案、安全交底、安全检查、安全教育、班前安全活动、特种工种作业持证上岗的落实。

(3)检查三宝(安全帽、安全带、安全网)、四口(电梯井口、楼梯口、预留洞口、通道口)的防护。

(4)控制阳台、楼层、屋面、临边防护,检查施工架子、塔式起重机、竖井电梯设施的搭设。

(5)在现场制定安全标志,布置总平面图,并按规定设置安全标志。

(6)监督施工用电的外电防护、接地零保护,对机械防护、开箱、现场照明设施进行定期检查,消除隐患。

(7)对违章指挥、违章蛮干有权制止,对检查出的安全隐患有权提出整改。

(8)负责民工的安全培训、安全教育。

7. 项目材料员岗位职责

(1)参与施工组织的设计、质量计划的编制。

(2)根据工程周计划及月计划安排材料进场,负责材料、大型工具的需用计划。

(3)顾客提供产品的控制,签订甲供物资双方协议书,负责进场物资的验证、储存和维护。

(4)负责现场物资、库房物资的标识、标卡,对钢筋、水泥、外加剂等双控物资进行追溯。

(5)执行限额领料制度,考核任务单,依据施工预算,建立分部、分项、分层主要材料消耗,收支对比量化考核。

(6)负责检验进货,检验进场材料、材质单、合格证、数量、品种、规格,对双控材料必须进行复试,合格后方可使用。

(7)负责搬运、储存现场料具,并按平面图码放标准,控制材料区域场地平整、储存环境干净卫生。

(8)做好库房管理,库房要求整洁有序,管理制度上墙,危险品单独设库存放。

五、施工准备及部署

(一)施工准备

1. 技术准备

根据建筑特点和工程目标,我们在项目经理的组织下,于进场前期完成的工作有:

(1)基本工程测量。

(2)施工图的审阅和技术特点确认。

(3)与工程设计人的结合、交底。

(4)施工组织设计以及编制工作。

2. 物资准备

根据现场条件,需要在建设单位的配合下做好"三通一平"、办公住宿、水准点落位等几项准备工作。

(1)大型机械设备的准备。

(2)大型工具的准备。

(3)进场物资检验、试验标识的准备。

(4)现场生活办公用品的准备。

3. 人员准备

现场施工人员已配备完毕,可随时进入施工场地。

(二)施工部署

1. 总体部署

根据建设单位要求、资金供应状况、现场条件和施工技术要求,我们将本着"质量第一"的原则,按照施工图纸及建设单位的要求顺利完成单位工程。

由于该工程占地总面积大,且单层面积较大,但层数不多,所以,我们计划分两个流水段施工,即分两段流水作业。配备塔式起重机1台,竖井1架。在工期安排上加大插入力度,立体交叉施工。砌墙完成一部分后即插入内墙局部抹灰、管道安装等。确保提前于建设单位要求的时间10 d完成,即2012年6月20日交验。2011年7月8日开工;基础在8月中旬完成;主体框架在2011年年底完成;装修在2012年6月20完成并交验。

2. 劳动力的配置与组织

劳动力的配置与组织见表5-2。

表5-2 项目经理部专业班组分工表

序号	队伍名称	分工职能
1	防水施工班	屋面防水及卫生间防水的施工
2	安装施工班	给水排水施工、卫生洁具安装、电气暗配管及管内穿线、照明灯具及配电系统的安装、系统的调试、采暖系统的安装等
3	装修施工班	内外墙面的粉刷、顶棚吊顶、地砖铺设、木门及木构件的制作安装、铝合金门窗的制作安装、油漆涂料的喷刷等
4	辅助施工班	施工场地的准备、临时建筑的搭设、临时水电线路的敷设、施工现场道路的铺设、本工程建筑垃圾的清理、安全设施的修建、现场文明施工的维护、建筑材料及周转材料的装卸整理等

序号	队伍名称	分工职能
5	主体施工班	土方开挖及回填、基础工程的施工、主体结构的砌筑、模板制作及安装、钢筋成型及绑扎、钢筋混凝土预制构件的制作及安装、现浇混凝土的浇筑等

实行专业化组织，按不同工种、不同施工部位来划分作业班组。使各专业队伍从事性质相同的工作，提高其操作的熟练程度和劳动生产力，以确保工程质量、施工进度和安全文明施工。

由于本工程面积大、工期紧，项目经理部要综合组织协调施工，根据工程的实际情况，要求各专业施工队，按计划配备足够的劳动力；根据工程的实际进度，及时调配劳动力和各专业施工班组的进出场，对分包单位和劳动力实行动态管理。

3. 物资设备供应管理

物资采购依据合同所规定的总承包采购范围及本企业的《物资管理采购手册》，由本项目经理部负责统一集中采购，并对进场材料和设备进行检验和管理，以保证物资供应的质量和及时性。

(1)自供材料设备。由项目经理部根据设计图纸，提供详细材料、设备计划，由采购员按计划要求提供三家以上，且经评审合格的供应商交于建设单位、监理单位审核，确定材料供应商。由供货商负责组织供应，提供批量的出厂合格证和物资证明。项目经理部按计划组织验收，检验合格后方可准许使用。对确有疑问的材料进行退货，通知供应商限时更换。

(2)建设单位考察和确认由承包方供应的材料和设备。由建设单位进行材料供应厂商的考察，确定材料、设备的质量、价格、规格、型号等，在建设单位要求总包方供货的，本企业将认真按合同规定和建设单位的要求组织材料、设备的供应合同签订，项目经理部负责进场材料的检验及验收、保管、使用及安装。

(3)建设单位直接供应的材料、设备。在工程总控计划的指导下，建设单位按照工程的月度计划、季度计划及设备供应计划提前向项目经理部提供材料、设备的供应计划，并根据计划按时组织材料、设备进场。项目经理部根据计划要求，准备存放场地，并负责检验进场材料、设备及验收后的保管和使用、安装工作。

4. 施工组织部署

(1)项目经理部组织以土建结构为主，给水排水、强弱电、通风、空调、设备安装、消防及装饰工程配合施工，协调建设单位指定的分包单位配合施工。

(2)整个工程分为基础施工期、主体结构施工期、设备安装和装修施工期、设备调试期，各施工期通过平衡、协调、调度，紧密地组成一体。

(3)施工组织设计的主要内容有土建基础、结构施工、给水排水、通风采暖、消防、动力照明、电梯、弱电系统、综合布线、空调、装饰等。

(4)各分包单位，必须无条件服从施工总控计划。

(5)根据整个工程各部位工程量的大小及施工难易程度，以及其使用、交付时间，现场将布置一台臂长 45 m 的塔式起重机。待主体施工完毕后，再将其拆除。

本工程工期紧、任务重，我们决定将每天 24 h 划分成两个时间段，以时间段编制施工作业计划，安排劳动力和设备。为了保证施工能正常进行，并满足总控计划要求，在结构施工期间，对主体结构进行分段验收，初装修及安装工程的提前插入，形成多工种、多专业的主体交叉施工，可以缩短工期、减少投入。要求加强施工现场协调力度和总控计划的控制，与建设单位和监理密切配合，为分包提供便利的施工条件，以保证总控计划的实现。

5. 施工协调管理

（1）同设计单位之间的工作协调。

1）我们将与设计院联系，进一步了解设计意图及工程要求，根据设计意图，完善我们的施工方案，并协助设计院完善施工图设计。

2）主持施工图审查，协助建设单位会同设计师、供应商（制造商）提出建议，完善设计内容和设备、物资选型。

3）对施工中出现的情况，除按建筑师、监理的要求及时处理外，还应积极修正可能出现的设计错误，并会同建设单位、建筑师、监理及分包方按照总进度与整体效果要求，验收小样板间，进行部位验收、中间质量验收和竣工验收等。

4）根据建设单位的指令，组织设计方参加机电设备、装饰材料、卫生洁具等的选型、选材和订货，参加新材料的定样采购。

5）协调各施工分包单位在施工中需与建筑师协商解决的问题，协助建筑师解决各类问题，诸如多管道并列等原因引起的标高、几何尺寸的平衡协调工作，协助建筑师解决不可预测因素引起的地质沉降、裂缝等变化问题。

（2）与监理工程师工作的协调。

1）在施工全过程中，严格按照经发包方及监理工程师批准的"施工组织设计"进行质量管理，在分包单位自检和项目管理部专检的基础上，接受监理工程师的验收和检查，并按照监理工程师提出的要求予以整改。

2）贯彻项目管理部已建立的质量控制、检查、管理制度，并据此对各分包单位予以控制，确保产品达到优良，总包商对整个工程的产品质量负有最终责任，任何分包单位的工作失职、失误均视为本企业的失误，因而杜绝现场施工分包单位不服从监理工作的不正常现象的发生，使监理工程师的一切指令得到全面的执行。

3）所有进入现场的成品、半成品、设备、材料、器具均主动向监理工程师提交产品合格证或质保书，按规定使用前需进行材料复试，主动提交复试结果报告，使所用的材料、设备不使工程造成浪费。

4）按部位或分项工序检验的质量，严格执行三检制，上道工序不合格，下道工序不施工，使监理工程师能顺利开展工作。对可能出现的工作意见不一致的情况，遵循"先执行监理的指导，后予以磋商统一"的原则。在现场质量管理工作中，应维护好监理工程师的权威性。

（3）协调方式。

1）按总进度计划制定的控制节点，组织协调工作会议，检查本节点实施的情况，制定、修正、调整下一个节点的实施要求。

2）由本企业的项目经理部项目经理负责主持施工协调会。一般情况下，以周为单位进行协调由建设单位、监理、设计参加的会议。

3）由项目施工员负责主持每日与专业班组的施工协调会，发现问题及时解决，确保施工质量、施工进度、安全及文明施工，保证工程顺利进行。

4)项目经理部以周为单位，提供工程简报，向建设单位和有关单位反映通报工程进展情况及需要解决的问题，使有关方面了解工程的进展情况，及时解决施工中出现的困难和问题。根据工程进展，我们还将定期召开各种协调会，协助建设单位协调与社会各业务部门的关系以确保工程的正常进行。由项目中各责任工程师，根据现场巡查的情况，随时对各分包单位进行协调，检查上一时间段施工计划的完成情况，以及对出现的问题的解决情况；落实下一时间段各项计划的安排情况及解决问题的预案和技术措施等。

六、主要施工方法

(一)基础施工

基础工艺流程：放线→静压桩施工→机械挖土方人工配合→混凝土垫层施工→承台、基础梁施工→砖基础施工→回填土。

1. 测量放线

场区平面控制网的测设原则：该工程占地面积大，且平面形状不规则，需在场区布设场区平面控制网。

(1)平面控制应先从整体考虑，遵循先整体、后局部、高精度控制低精度的原则。

(2)布设平面控制网形首先应根据设计总平面图、现场施工平面布置图步设平面控制网。

(3)应在通视条件良好、安全、易保护的地方进行选点。

(4)桩位必须用混凝土保护，必要时用钢管进行围护，并用红油漆做好测量标记。

(5)场区平面控制网的布设及复测。

首先，根据设计总平面图及现场施工平面布置图，依据布设原则在场区适当位置上选点、造标埋石。基准点形式为半永久式，作为场区的首级控制。

其次，待基准点基本稳定后，组织人员进行第一次测量。测量依据规划部门提供的规划红线进行。

最后，在基准点使用一周之前进行复测。复测采用同样的仪器，复核线路大致相同，人员固定，即所谓的"三固定"原则下测量各基准点的第二次成果，与第一次成果进行比较，在点位误差允许的范围内取其平均值作为该基准点的最或然值，作为场区的首级控制。

(6)建筑物各单元的平面控制网。首级控制网布设完毕后，应依据总图定位条件及相关基础轴线的平面尺寸关系，采用极坐标放线法，定出各单元基础外轴线交点之坐标，建筑物平面控制网悬挂于首及控制网上，待所有点位放样完毕后，迁站到各轴线交点进行角度及距离校核。

经校核无误后，根据平面尺寸的关系，对其轴线进行加密。为了便于控制及施工，一般建筑物平面控制网都布设成向基坑内偏轴线 1 m 的位置上。

(7)平面控制网的等级和精度要求。根据《工程测量规范》(GB 50026—2007)来要求控制网控制网的等级和精度。

2. 土方工程

该工程为静压桩基础，要考虑桩机械的作业面，在最外侧桩的外边线向外侧加宽 3.5 m，以满足桩机械的施工条件。基坑深约 2 m，基坑面积大，采用机械挖土，1∶1 大放坡，一步挖至承台下皮。在开挖过程中，要随时测量槽底标高，槽底 150 mm 由人工处理，防止超挖扰动槽底。槽下如发现异常，及时与建设单位、监理联系，按设计规定的方法进行地基处理。挖槽土禁止堆在槽边，堆土区至少在槽边 10 m 以外，由 20 t 自卸汽车运至建设单位指定地点。

3. 静压桩施工

(1)商品桩运到现场，要求堆放整齐，堆桩场地平整。根据桩强度，堆放高度不超过五层，管桩按支点的位置放在垫枕上，层与层之间用垫木隔开，每层垫木放在同一水平面上，各层垫木在同一垂直线上。堆垛时，必须在两侧打好防止滚垛的木楔，垫木不得用软垫木、腐朽木。

(2)管桩倒运。应轻吊轻放，严防碰撞，起吊点符合规范要求，起吊时钢索与桩的夹角应大于 45°。

(3)预检。我公司工作人员将在压桩前对进场的桩进行预检，外观有质量问题的桩不予便用。现场起桩、堆桩及起吊时应轻吊轻放，禁止互撞或与其他物体碰撞。临时堆放层数不超过三层。

(4)每根桩根据轴线进行测放，并经监理复核后方可施工，并做好样桩保护工作。

(5)桩机就位前施工员和班组必须进行桩位复查，凡误差＞20 mm 应重新检测，待校正后方可施工。施工时必须控制桩的垂直度。

(6)静压桩前和电焊接桩前要用两台经纬仪在桩的相邻两面作垂直度观察，确保桩身垂直。

(7)送桩时，经纬仪跟踪调整送桩器垂直度，其垂直度偏差值应＜0.5%。

(8)施工时按有关规定，严格做好各项记录。记录必须及时、真实、齐全、清晰，要求逐项填写。

(9)桩位水平位置控制。

1)打桩前保持场地平整，送桩孔及时回填，打桩机配两根水平尺以确保打桩平稳，校对桩位准确后，再移机上位。插桩前，对样桩再次用仪器进行检查，确保桩位无偏差，桩尖对准样桩，参照经纬仪调桩至竖直方可压桩。

2)现场桩位定位常用小木桩(或钢筋)、撒白灰来表示桩位。由于这种方法在打压桩过程中，周转场地土被挤压，原标定的桩位常常发生移动，因此每根桩施工前要校核，以防桩位水平位移。

(10)桩身垂直度控制。在打桩过程中，如果桩身不垂直，会导致偏心受压而使桩身断裂，且加大桩水平位置偏差。因此，施工将采取如下措施：机台操作员按桩机竖直悬针调平桩机，指挥员参照两台经纬仪(架在桩身机相邻两个方向桩长 2 倍处)及垂球指挥调下桩身，使偏差不超过 0.5%，并随时接受检查，接桩时上下节桩的中心线必须在同一铅垂线上。上下两节桩之间因制桩施工的允许误差而出现的间隙需用垫铁填实、焊牢。

(11)电焊接桩。接桩时，上下节桩必须接直、接牢。上下节桩的中心线偏差不得大于 2 mm。桩接头焊接前，应用钢丝刷清理上、下桩节的端头板，坡口处应刷至露出金属光泽。焊接时，宜先在坡口圆周上对称点焊 4～6 点，待上、下桩节固定后拆除导向箍，再分层施焊，施焊宜对称进行。焊接层数宜为三层，且不得少于两层，内层焊渣必须清理后再施焊外一层。焊好后的接头应自然冷却，才可继续沉桩，自然冷却不应小于 8 分钟，严禁水冷和焊好即沉。

(12)桩顶标高控制。施工前在场地周围建筑物上设置控制点，用水准仪测出自然地坪标高，每根桩必须按图纸有关数据由两人分别进行计算和复核，准确计算出送桩深度。确认无误后，方可标于送桩器上，确保桩顶标高的偏差在允许规范内。

4. 承台及基础梁施工

(1)钢筋工程。本工程钢筋现场制作，所有进场钢筋在抽样复试合格后进行使用。工艺流程：钢筋下料→钢筋制作→弹钢筋线→钢筋就位绑扎→垫细石混凝土垫块。钢筋制作必须由专业技术人员进行操作，剪断折弯确保钢筋尺寸制作质量。承台主筋铺设前必须在垫层上弹出主筋位置线及承台边线，必须保证主筋位置正确、下皮筋的间距，钢筋接头在同一截面处的受拉不超过25%，受压不超过50%。绑扎连系梁钢筋时应在垫层上弹出主筋位置线，在主筋上画出箍筋位置，主筋在搭接绑扎时，绑扎不少于3道，箍筋与主筋绑扎时，箍筋开口交叉布置不得在同一方向，并保证135°弯钩，且满足抗震要求，严格控制钢筋搭接锚固长度及骨架的大小尺寸。

主筋铺设前必须在垫层上弹出主筋位置线及地梁边线，为保证主筋位置正确，上皮筋在绑扎时用钢筋凳子支撑，间距2 m，梅花状。为保证上下皮钢筋的间距，钢筋接头在同一截面处的受拉不超过25%，受压不超过50%。

(2)模板工程。本工程基础部位采用钢模，为了保证工程结构和构件的形状尺寸及相互位置的正确，应用钢管、木方等加固牢靠，模板缝用海绵条塞严，以防漏浆，用1∶2.5水泥砂浆抹严，防止漏浆、烂根。模板表面与混凝土的接触面需涂刷隔离剂，保证混凝土的表面光洁度。支模前在垫层上弹好底地板边线，并检查基层是否清理干净以及水、电、各种管线及埋件是否安装完毕，确保其安装完毕后，方可合模。检查柱、地梁的位置是否正确。

1)承台模板：钢管、木方加固，立面横管分四层加固，竖管间600 mm，每侧设置双排地锚管，外侧地锚用于上口的斜撑和下口顶撑，间距1 000 mm。因考虑到浇筑时承台下部受力较大，所以利用内侧地锚作支撑，以大楔加固底口，承台上口用钢丝锁紧，以保证承台几何尺寸的正确无误与承台节点整齐。

2)柱、地梁模板：地梁支模前，先检查柱和地梁的外边线尺寸，正确无误后方可支模，以钢管、木方、木楔加固，支模时要注意柱的垂直度，随时用经纬仪修正，支模完毕后，挂通线保证柱的顺直。在柱脚处抹1∶2.5水泥砂浆，防止混凝土振捣时漏浆。

基础柱柱支模前，先检查柱外边线尺寸是否正确无误，柱模采用钢模板支设，以钢管、木方、木楔加固，柱箍间距为500 mm。支模时注意柱的垂直度，随时用经纬仪修正，支模完毕后，挂通线保证柱的顺直。在柱脚处抹1∶2.5水泥砂浆，防止混凝土振捣时漏浆。

(3)混凝土工程。基础混凝土全部采用商品混凝土，且采用混凝土输送泵浇筑、机械振捣。混凝土原材料的各项质保资料应齐全、有效，资料员检验合格后做存档用。包括水泥、石子、砂子、水及外加剂等。

振捣方法：混凝土的振捣采用行列式或交错式，插入式振捣器振实混凝土移动间距不大于振捣器作用半径的1.5倍，每一振点的振捣时间应使混凝土表面呈现浮浆和不再沉落为宜，振捣时不允许碰撞钢筋、模板、水电管埋件等。在振捣上层混凝土时，应插入下一层混凝土中5 cm，以保证良好的整体性，混凝土浇筑厚度是振捣器作用部分长度的1.25倍。对于浇筑完毕后的混凝土，12 h内覆盖保温材料，养护时间不得小于7 d。

5. 回填土

采用粉质黏土回填，每层厚30 cm。回填时，设专人拣拾杂草等杂物。采用冲击夯进行夯实，需达到设计要求的地耐力。回填土顺序按每个边相对两侧同时进行。严禁采用建筑垃圾土或淤泥土回填。回填土前应将坑内积水、杂物等清理干净。

(二)主体工程施工

本工程采用的施工方法为柱、梁模板分次支模，柱板模板支设完成后，浇筑柱的混凝土，再支梁板模板，绑梁板钢筋，浇筑梁板混凝土。

标准层工艺流程：放线→绑柱、墙筋→支柱、墙模→柱混凝土浇筑→支梁、板模板→绑梁板钢筋→梁、板混凝土浇筑→养护。

1. 钢筋工程

(1)工艺流程。材质进场检验三证→加工制作成型→现场保管→弹线→绑扎安装(水电配合)→验收。

(2)操作要点。

1)钢筋进场：进场的钢筋要对其外观及力学性能进行检验，每批进场钢筋要检验其出厂合格证，并做复试，复试合格后并把试验报告送到现场方可使用。

2)钢筋加工及现场保管：钢筋在加工前，钢筋的表面需保持洁净，无油污、泥污和浮皮铁锈等，在使用前清除干净。钢筋加工要按图纸及设计要求进行制作和验收。加工成型的钢筋进入现场时应注意防水防锈。钢筋区为硬地面，四周设排水沟，成品钢筋全部放于钢筋架格之上。

(3)钢筋的绑扎。钢筋绑扎前由项目工程师按施工图、规范等对管理人员和操作班组进行详细的技术交底。

1)柱钢筋的绑扎。

①柱钢筋绑扎的工艺流程：套箍筋→搭接绑扎或焊接竖向钢筋→对角主筋画出箍筋间距线→绑筋。

②柱主筋的绑扎：本工程绑柱钢筋按设计要求的间距计算箍筋数量，并严格控制柱截面尺寸。将箍筋套在下层伸出的柱主筋之上，然后立柱子筋，柱筋接头采用电渣压力焊连接(符合规范规定)。接头的位置要相互错开，接头在受拉区不大于50%，接头位置要设在受力较小处，同一根钢筋不得有2处接头。

③柱箍筋的绑扎：在立好的柱子竖向钢筋上，用粉笔画出箍筋间距，然后将已套好的箍筋向上移动，由上向下进行缠扣绑扎。角筋部位用双钢丝扣，柱箍筋端头应弯成135°，平直部分不小于$10d$，柱保护层垫块要绑在主筋外皮上，并呈梅花状。

2)梁板钢筋的绑扎。

①梁板钢筋绑扎工艺流程：支梁底模→放梁箍筋线→穿主梁下层纵筋→穿次梁下层纵筋→穿主梁上层纵筋→主梁箍筋按间距画线绑牢→穿次梁上层纵筋→次梁箍筋按间距画线绑牢→绑梁柱节点加密箍筋→梁帮模板安装及楼板底模安装→弹楼板底筋纵横间距网格线→绑楼板底层纵横筋→水电水平管路安装→楼板盖筋(负弯矩受力筋)绑扎。

②梁主筋的绑扎：在梁两侧画箍筋间距摆放箍筋后穿梁下层纵筋和上层纵筋，框架梁上部纵向钢筋贯穿中间节点，梁下部纵筋伸入节点的锚固长度及伸过中心的长度符合设计要求，设计无要求的按规范规定的锚固长度执行。

梁柱节点钢筋绑扎前对各方向钢筋上下位置进行统一、合理的布置，避免随意穿插。

③梁箍筋的绑扎：梁上层纵筋与箍筋交接点用套扣法绑扎，转角处用双扣正反方向交

错绑扎，箍筋弯勾为 135°，平直段长度为 10d，梁端第一个箍筋在支座边 50 mm 处。梁主筋为双排排列时，两排主筋之间要垫直径大于 25 mm 短钢筋，箍筋接头要交错布置在两根架立筋之上，保护层垫块间距为 800～1 500 mm，对角交错设置。

④直径 20 mm 以上的钢筋接头采用电渣压力焊，电渣压力焊的施工方法见基础施工部分。

3) 电渣压力焊接头。

①工艺流程：接通焊接电源→将钢筋上提 2.5～3.5 mm 引燃→延时或提升再下送→端部和钢板熔化→迅速顶压。

②操作要点。

③预埋件钢筋埋弧压力焊焊接应符合规范。

④生产过程中，引弧、维弧、顶压等环节应密切配合；保持焊接地线的接触良好，随时清除电极钳口的铁锈和污物，及时修整电极槽口的形状，保证焊接质量。

⑤安装焊接夹具和钢筋：夹具下钳口应夹紧于下钢筋端部的适当位置，一般为 1/2 焊剂罐高度偏下 5～10 mm，以确保焊接处的焊剂有足够的掩埋深度。

⑥上钢筋放入夹具钳口后，调准上夹头的起始点，使上下钢筋的焊接部位位于同轴状态，方可夹紧钢筋。

⑦试焊、做试件、确定焊接参数。当复试报告合格后即可批次作业。

⑧引弧过程、电弧过程是电渣压力焊预热形成熔池的过程，操作人员应把挖好开关，控制焊接电流的回路和电源。输入回路时间须参阅焊接参数。

⑨电渣过程、挤压断电过程是通过电渣压力焊使两根母材连接一体的关键过程，使钢筋接触面熔化，用挤压力将两根钢筋挤压成一根，并排出熔渣，同时断电。

2. 模板工程

(1)模板工艺流程。按图纸尺寸做模板拼装小样→备模进场→验收→码放→放线→支模→加固→校正→验收→准备混凝土浇筑。

(2)一般要求。

1)模板的材料、模板支架材料的材质符合有关专门规定。

2)模板及其支架要能保证工程结构和构件各部分的形状尺寸和相互位置的正确。有足够的承载能力、刚度和稳定性，能可靠地承载浇筑混凝土的自重和侧压力，以及在施工过程中所产生的荷载。并且构造简单、装拆方便、并便于钢筋的绑扎、安装和混凝土浇筑、养护的要求。模板的接缝不得漏浆。

3)模板与混凝土的接触面应涂隔离剂。对油质类等影响结构或妨碍装饰工程施工的隔离剂不予采用。严禁隔离剂沾污钢筋与混凝土接槎处。

(3)柱模板。采用木模板，结合本工程特点，柱分别梁板一次支模，分两次浇筑，柱支模时采用定型模板支设梁柱节点，使质量问题得到控制。

1)柱模安装工艺流程：放线→柱根清理→搭架子→柱模安装→安柱箍加固→水平栏杆→锁定→预检。

2)安装要点。

①竖向模板和支架的支承部分，在首层施工应加设垫板，且基土坚实并设排水措施。

②模板及其支架在安装过程中，设置防倾覆的临时固定设施。用脚手管搭设三脚架进行预防。

③现浇钢筋混凝土梁、板跨度大于或等于 4 m 时，模板起拱。

④固定在模板上的预埋件和预留孔洞不得遗漏，安装牢固且位置准确。柱模安装主要采用木模拼装，先弹出柱子的中心线及四周边线，按照放线位置，先安装四个角柱，用经纬仪校正、固定、拉通线，一排排安装并校正中间各柱。柱子模板安装完成后，用水平杆和斜杆对架子进行加固。

(4)梁板模板安装。

1)工艺流程。搭支撑及操作架子→量标高→架管，调整木方→装梁底模→检查→柱脖模板安装→梁侧模→梁垫块→调直加固→检验。

2)根据建设单位提供的施工图，结合工程的自身特点，本工程的楼板模板采用竹模板。

①施工放线：在搭设架子前进行放线工作，即将柱墙边线、控制线、主梁投影线投放在楼板上。

②搭设施工架子：按线搭设，每个梁的交叉点立一根定尺立杆，以备架设钢管及木方。先搭架子，搭架子前在地面上铺通长 5 mm 厚脚手板于立杆下面。第一道距地 20 cm，以上每 1.2 m 立一道立杆，且上下垂直。上绑水平杆，用水准仪找平，控制梁底标高，满红架子上绑排木(10 cm×10 cm)，木方间距不大于 1.2 m，作为木模龙骨。按设计标高调整支柱的标高，然后铺梁底模，拉通线找直，梁底起拱。起拱高度为跨度的 2‰。梁底支设完毕后，绑扎钢筋，经检查钢筋合格后，安装梁侧模，用木模时，长度不合模数时，用 5 cm 厚木模做调整，调整模设置在跨中位置，以保证梁柱节点整齐。梁的侧模用连系角模，由 U 形卡连接，采用帮夹底的方法，梁的两个底夹自粘胶带封条。

③立杆间距 800 mm 梁帮加固，用 φ48 钢管和拉杆栓加固，梁帮内侧设支顶杆，间距 800～1 000 mm 一个，梁帮加固点水平间距为 600～800 mm。

④在梁帮外侧，梁板腋角处设斜顶杆，间距为 600～800 mm。安装后校正梁中线标高、断面尺寸，将梁模板的内杂物清净，并垫好钢筋保护层垫块，下预埋件。

⑤因本工程板厚不一致，支板模梁模检验合格后，分别按各自板厚调整标高。

⑥为保证梁板、阴角整齐，在施工中板模不得受压。

⑦板模采用竹面模板，板地面抄平调整，将标高线画在钢筋上，并将标高线上反 100 cm 画线作为拉线检查模板。

3)质量控制要点。

①模板的配制：模板材料使用木模板。模板进场后，要严格挑选使用，模板光滑、平整，不得扭曲变形，表面不得有节疤、缺口等。按规格和种类分别堆放，使用前刷隔离剂，防止粘模。

模板在支设前，要按图纸尺寸对工程的支模部位做拼装小样方案，确定模板的拼装方法，配合相应的加固系统，保证刚度、强度及稳定性，并且为了保证梁柱节点的位置，不漏浆、不产生错位，梁柱接槎处需平整。

模板在支设时要引用样板，经检查合格后方可实施于整体工程，并确保整体工程的质量符合工艺标准的要求。

②模板检查控制：保证各部位截面尺寸和各节点位置的正确，做到不缩模、不胀模、不变形。模板拼缝严密，U 形卡齐全，不得漏浆，对重复使用的模板，设专人清理、修整，柱模板支设后，用经纬仪找直，保证柱的垂直度。

保证模板支设架子具有足够的强度、刚度和稳定性，能可靠地承受混凝土浇筑的重量、侧压力及施工过程中产生的所有荷载，梁支模根据跨度按规定要求起拱。拆模时，保证构件棱角不受损坏、不变形，有良好的养护措施，不出现裂缝。模板经三方检验合格并填写质评资料后方可进行下道施工工序。

3. 主体混凝土工程

(1)采用商品混凝土，泵送至楼上工作面的方法浇筑。

(2)混凝土原材料的各项资料应齐全、有效，资料员检看合格后作为存档。包括水泥、石子、砂子、水及外加剂等。

(3)浇筑前对地基有干土或木模应浇水湿润。对模板内杂物、积水等进行专人清理，且堵严模板一切孔洞及缝隙。

(4)查看模板及钢筋是否符合设计要求，并对问题进行更改。混凝土浇筑的自由倾落高度不大于2 m。在浇筑混凝土柱或墙体前先浇筑50～100 mm符合设计的砂浆。浇筑高度超过3 m时采用串筒或溜槽，以防混凝土离析。混凝土振捣用的振捣棒插入间距不大于作用半径的1.5倍。振捣棒不直接接触模板，且距模板不大于0.5倍振捣棒作用半径，每层混凝土振捣插入下层混凝土50 mm即可。混凝土振捣棒应快插慢拔，且不能撬动钢筋。浇筑过程中派专人负责钢筋，预留孔洞等的复位，且安排专人查看模板及支架，一旦发生问题及时解决。混凝土的浇筑需留施工缝时，提出指定位置，保证施工缝在梁板跨中的1/3处。单向板可留置在短边的任何位置，且梁缝留为直槎。

(5)柱、墙混凝土分层浇筑，每个浇筑层的厚度应根据振捣方法，柱、梁、板结构为150 mm，配筋密的结构为150 mm。浇筑混凝土时，混凝土应不产生离析现象。混凝土自高处倾落时，其自由倾落度不应超过2 m；超过2 m时，应沿串筒或溜槽下落。

(6)为了保证结构良好的整体性，浇筑混凝土时应连续进行，如必须间歇时，一般情况下不应超过2 h，如超过2 h混凝土已初凝，则应待混凝土的抗压强度不小于1.2 MPa/mm² 时，才能允许继续浇筑。

(7)用振捣器振捣混凝土时，不允许碰撞钢筋、模板、水电管线和预埋件。插入式振捣器的振捣方法，一种是垂直振捣，即振捣棒与混凝土表面垂直；一种是斜向振捣，即振捣棒与表面成40°～50°角。操作时要快插慢拔，在振捣过程中，宜将振捣棒上下略为抽动，以使上下振捣均匀密实。在振捣上一层混凝土时，应插入下一层混凝土中5 cm左右，以消除两层之间的接缝，同时在振捣上层混凝土时，要在下层混凝土初凝前进行，插点要排列均匀，可采用"行列式"或"交错式"的次序移动，不应混乱，以免漏振。每次移动位置的距离应不大于振捣棒作用半径(一般为30～40 m)的1.5倍，要掌握好每一插点振捣的时间，时间过短则不宜捣实，过长则可能便混凝土产生离析现象。一般每点的振捣时间以20～30 s为宜，应视混凝土表面呈现水平，不再下浮分出现气泡，表面浮出灰浆为准。平板式振捣器，是放在混凝土表面上进行振捣的工具，适用于振捣楼板，其有效振捣深度为20～30 cm。对于过厚的混凝土，需分层浇筑、分层振捣，每层厚度不宜超过20 cm，平板振捣器的移动方向应顺着电动机转动的方向慢慢向前移动。振捣速度及遍数应根据混凝土的坍落度及浇筑厚度而定，在混凝土停止下沉并向上泛浆或表面已平整并均匀出现浆液时，即可转移振捣位置。

(8)浇筑混凝土时，要随时检查模板、钢筋及水电管线、预埋件、预埋孔洞和插铁等有无走动、移位、变形和堵塞等现象，并重点检查楼板负筋的位置是否准确，如发现问题，应在已浇筑的混凝土初凝前，修整完好后再继续施工。

(9)浇筑柱子混凝土时，应先在底部浇一层 3～5 cm 的水泥浆或与混凝土内部成分相同的水泥砂浆，然后分层浇筑混凝土(每层厚度不超过 50 cm)、分层振捣，并灌至施工缝处，中间不得停歇。当混凝土浇筑临近施工缝时，上面有一层相同厚的水泥砂浆应加入一定数量与原混凝土相同粒径的洁净石子，再进行振捣，要掌握好标高，防止超高。当柱子与梁同时浇筑时，在柱子混凝土浇筑到大梁底时，应停歇 1～2 h，防止柱顶与梁底接缝处的混凝土出现裂缝。

(10)在浇筑立柱时，浇筑至一定高度后可能积聚大量浆水，造成强度不均匀，宜在浇筑到一定高度时，适当减少混凝土配合比的用水量。

(11)楼梯段混凝土自下向上浇筑，应先振实混凝土，达到踏步位置时，再与踏步混凝土一起浇筑，连续向上推进，并随时用木抹子将踏步上面抹平。

(12)梁板的施工缝留直槎或企口式接槎，不留坡槎。在梁上施工缝处用木板，在板处应放置与板厚相同的木方，中间均应按照钢筋位置留有切口，以通过钢筋。

(13)在施工缝处继续浇筑已硬化的槎时，先清除水泥薄膜和松动石子及软弱混凝土层，而后充分湿润并冲洗雨干净，再浇筑一层符合设计的素水泥浆或水泥砂浆。

(14)主体框架后浇带的处理：主体混凝土结构较长，后浇带施工是保证结构质量的关键，采用整体支撑、连续支模、整体拆模、局部保留的方法进行施工将后浇带处模板与相邻模板设计成既为整体又相对独立的体系。浇筑混凝土时模板、架体同时受荷，变形、变位一致。模板拆除时，不拆后浇带处架体，不动模板，保持与相邻混凝土的紧密连接，待龄期满足时，再浇后浇带混凝土。使后浇带混凝土与相邻混凝土的接缝严密、平整。

(15)混凝土养护措施：混凝土浇筑后，应及时进行养护。混凝土表面收光后，先在混凝土表面覆盖一层塑料薄膜。气温较高的天气，可进行不间断浇水养护，养护过程设专人负责。养护期不少于 7 d。

4. 砌体工程

(1)工艺流程。清理施工面放线→剔焊墙拉结筋埋件→试摆砖排模数立皮数杆→砌筑水暖电配合施工→砌筑到设计标高→验收放线、剔墙拉结筋埋件：根据框架施工时所放的 1 m 控制线，与建筑物四角轴线进行验线，符合要求之后放砌体轴线及门窗洞口线，经工长验线合格之后，试摆砖排模数，立皮数杆。

在放线清理施工面的同时，剔除墙拉结筋埋件，并且要单面焊 10d 连接，当墙体埋件位置不准时，考虑到剔除柱箍筋会对柱产生不良影响，因此用电锤打眼。浇筑与柱混凝土同等强度等级的素水泥砂浆并堵严、挤密来处理拉结筋与柱连接的施工方法，拉结筋长度为 1 000 mm，上下皮保护层为 15 mm 厚。

(2)砌筑。

1)砌体在施工时严格浇水湿润，当天气干燥炎热时要提前 1 d 喷水湿润。

2)皮数杆的设置：结合本工程特点，房间开间小皮数杆设置在门窗洞口及墙体交接处。

3)砌筑方法：首层砌筑时在—0.06 m 处做 6 mm 厚防潮层，1：2.5 水泥砂浆加水泥用量 5％防水粉，并在水泥终凝前抹压 3 次，走光找平，然后方可砌筑。

4)砌筑时采用随铺灰随砌筑的施工方法，在施工中要遵守"反砌"原则，即混凝土小砌块底面朝上砌于墙体上，并且要上下皮砌块对孔，错缝搭砌。始砌时应从外墙角及定位砌块处开始砌筑，墙体的转角和内处墙交接处要同时砌筑，严禁内外墙分砌，在施工中严禁留直槎。砌体在砌筑时用无齿锯割半头砖，保证不破坏砌块的质量。

5）灰缝的控制：在施工中水平灰缝为 11～15 cm 厚，采用铺灰砌筑，垂直灰缝采用批灰和加灰相结合的砌筑方法。在施工中严禁用水冲浆灌缝，更不得采用石子、木楔等物垫塞灰缝砌筑。砌筑时应随砌随清理灰缝表面，随砌高度不应大于 4 皮砖，勾缝采用原浆压缝与墙面齐平。水平灰缝不得低于 90%，垂直灰缝不得低于 85%。在砌筑中，水平与垂直缝不得有瞎缝、裂缝、透明缝等。

6）施工洞口与临时间断处：砌体的临时间断处采用从墙面砌筑 200 mm 长的凹凸直槎，沿墙高每隔 600 mm 设 2φ6 拉结筋，埋入灰缝中从留槎处标算每边为 600 mm。砌体的施工洞口，其侧边离交接处的墙面不小于 700 mm，并且在顶部设置墙厚×120 mm 高内放 4φ12 钢筋混凝土过梁，每边离洞口边不得小于 240 mm，并沿洞口高度每 600 mm 设 2φ6 拉结筋伸入墙内 600 mm，洞口留置宽度为 1 000 mm，填砌时所用砂浆强度等级要比原设计要求提高 1 级。

7）砌体节点处理：砌体第一层砖采用浇筑 C20 细石混凝土或烧结普通空心砖砌筑，高度为 150 mm，最上一皮为烧结普通砖斜砌（角度＞60°）进行后砌并用砂浆堵严塞实。在留洞口与柱交接处尺寸小、不合模数时采用烧结普通砖与砌块混砌。在门窗洞口侧采用烧结普通砖与砌块组砌，并沿高度上下 400 mm 设木砖，中间均匀设置 2 块并刷防腐漆。

8）与水电安装队的配合：在施工时，水电队设专人下电线管及水暖管埋件，并标出位置，在水暖埋件处浇筑 C20 细石混凝土振实。

9）在窗口下皮处考虑窗台板与主体的整体性，在此处做 6 mm 厚，内放 φ6 钢筋网片的钢筋混凝土带。

（3）技术质量措施。

1）材料的检验：水泥必须具备三证，即出厂合格证、进场复试单及生产许可证，具备后方可使用。水泥出厂超过 3 个月或对水泥质量有怀疑时，在使用前应进行复试，并按试验结果使用。砖的控制：砖进入现场要有产品试验、检验合格证，并且及时由专职人员进行验收。砖堆放场地应平整、坚实，并且设有排水设置，砖到现场后要按规格、强度、等级分别堆放，堆放高度不宜超过 1.6 m。在堆放时设循环道，运输时轻拿轻放，运输高度不得超过车顶面一皮整砖的砌块高度。

2）施工过程控制：在施工中砌体轴线由专职放线员进行放线，工长验线合格后方可砌筑。在砌筑中要样板引路，并且应坚持自检、互检、交接检，在每道工序施工完成后，由民工队自检后方可报工长，进行检验合格后报监理验收，并且及时将资料归档。在砌筑前要检验 50 线合格后，方可砌筑，以保证门窗洞口尺寸一致。砌筑前由工长负责向民工队以书面和口头形式进行技术交底并监督实施，质检员指导监督。

砌体在砌筑完毕后，严禁剔凿，更严禁沿墙体在水平方向及斜向剔凿，以保证砌体的整体性。雨期施工时，混凝土砌块用塑料布或苫布遮盖，并且雨后外墙要停止施工，并采取塑料布遮盖，再次施工时要由质检员复核砌体垂直度，检验合格后方可再砌筑。砌体在施工时尺寸及位置的允许偏差值应由质检员及工长负责检查及验收。

5. 现浇预应力混凝土空心楼盖施工

现浇预应力混凝土空心楼盖施工工艺流程如图 5-1 所示。

（1）钢筋加工及安装。

1）钢筋制作应在钢筋棚配料、下料、对接、弯制、编号、堆码。结构中钢筋采用电弧焊连接。钢筋下料前应核对图纸，核对无误后方可下料。

图 5-1　预应力空心板施工工艺流程图

2）绑扎钢筋前，先在模板表面上用粉笔按图画出钢筋的间距及位置。先安装定位钢筋，再安装箍筋，用定位钢筋固定好箍筋后，再穿主筋。然后，按图纸要求的间距逐个分开，先绑扎纵向主筋，后绑扎横向钢筋。纵向主筋（通长筋）接头采用电弧焊工艺，焊缝长≥10d（d 为钢筋直径）；焊接时应由中间到两边，对称地向两端进行，并应先焊下部，后焊上部，每条焊缝一次成形，相邻的焊缝应分区对称地跳焊，不可顺方向连续施焊。焊接接头或绑扎接头应错开布置，对于钢筋采用焊接接头，搭接长度一律为 35d（d 为钢筋直径）；接头长度区内受力钢筋接头面积不超过该接头断面面积的 50%。对于钢筋采用绑扎接头，两接头间距>1.3 倍搭接长度，接头长度区内受力钢筋接头面积不超过该接头断面面积的 25%。绑扎梁顶面负弯矩钢筋的每个节点均要绑扎，所有主筋（纵向方向）下和腹膜、翼缘侧面均应放置塑料垫块，塑料垫块的厚度应满足设计保护层的要求。

3）对于影响下一步施工的钢筋，暂不进行绑扎或安放，待侧模安装好后再装放剩余的钢筋。

（2）混凝土浇筑。

1）混凝土浇筑施工工艺流程，如图 5-2 所示。

2）混凝土配合比要求。

空心板混凝土为高强度混凝土，拌制混凝土必须严格执行设计配合比，拌制混凝土的原材料必须选择符合规范规定和配合比要求的原材料。板混凝土强度等级为 C30，混凝土配合比设计时需考虑如下几点：

①水泥。水泥的选用一般考虑其对混凝土结构强度、耐久性和使用条件的影响。对楼板用 C30 混凝土，所选用的水泥不宜超过 550 kg/m³，水泥与混合材料的总质量不超过 2 600 kg/m³，外加剂的掺量不宜超过水泥质量的 10%。

②骨料。含泥量、粉屑、有机物质和其他有害物质

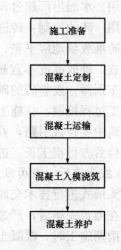

图 5-2　混凝土浇筑施工工艺流程

不得超过设计规定的数值，骨料应具有良好的级配以获得水泥用量低、混凝土强度高、和易性好的组合。根据混凝土结构的要求，选用粗骨料为 5～10 mm 和 10～20 mm 两级配碎石，以 1：1 掺配。

③温度措施。夏季施工时，需采用砂石料降温以控制混凝土的出仓温度，同时对混凝土的运输和浇筑过程分别采取降温措施，减少混凝土水分的损失。对于夏季施工的板，要求避开炎热的中午，施工应放在下午，以防因温度过高引起收缩裂缝。

3)板混凝土的一般要求。

①混凝土缓凝时间：不小于 19 h。

②混凝土强度等级：C30。

③入模坍落度：12～14 cm。

④4 d强度：达到设计强度85％以上；7 d强度：达到设计强度的100％。

⑤拌制的混凝土应均匀，其流动性、和易性要好。

⑥采用同品牌水泥，使混凝土外观颜色一致。

4)混凝土入模浇筑。

①混凝土浇筑沿板梁方向，采用一端向另一端分节分层的阶梯推进浇筑。

②混凝土浇筑前的准备工作。

在混凝土入模前应做好以下准备工作：

a. 对模板、钢筋、锚具等进行检查，并做好记录，符合设计和施工规范要求后方可浇筑。检查混凝土浇筑所用的机具及备用件是否准备齐全。

b. 混凝土浇筑施工操作人员是否到位，各组人员应包含布料、混凝土振捣、混凝土找平三小组。

③混凝土布料振捣。按照预先制定的浇筑顺序，严格按 30～50 cm 分层布料，同时应控制好混凝土的振捣工作。侧面和底面采用 ϕ30 插入式振捣器振捣，顶面振捣采用 ϕ50 插入式振捣器。混凝土振捣注意事项如下：

a. 振捣时插入下层混凝土 5 cm 左右，不可漏振、欠振或过振，每一处振动完毕后应边振动边缓慢提出振动棒。

b. 应避免振动棒碰撞模板和钢筋、严禁碰撞预应力管道，严禁用振捣棒振动钢筋"赶料"和"拖料"。

c. 混凝土振捣时，在预应力锚板位置处钢筋密集，要加强混凝土振捣，使混凝土密实，确保预应力张拉安全。

④混凝土标高控制及收面。严格控制标高在规范和设计范围以内，以满足板面铺装层厚度要求，同时也是控制板线形的必要因素。在浇筑混凝土前，采用钢筋焊设标高控制点。为了良好控制板梁高度的情况，控制点应在预压测量观测点位置均匀布设，其中间位置可以用拉线方式或长铝合金刮尺进行控制。

混凝土浇筑后，找平处理应注意以下事项：

a. 浇筑混凝土时，混凝土内如有杂质，要及时进行清除并做好收面处理。

b. 当浇筑顶板混凝土时，要严格控制板梁顶面标高，标高严格控制在规范和设计范围以内，以满足桥面铺装层厚度要求。

c. 板梁顶混凝土的表面应压实抹平，进行两次"收面"，并在其初凝前作拉毛处理，以便与上层找平层良好连接，并防止表面裂纹的产生。

d. 混凝土浇筑快结束时，复测板梁顶标高，严格控制标高和坡度，不宜出现正误差，使混凝土顶标高满足规范要求。

（3）混凝土养护。

1)采用不褪色的土工布覆盖蓄水养护，使混凝土表面随时保持湿润。

2)养护时间不得少于 7 d，混凝土终凝后即可开始养护。

3)夏季施工时应加强养护，对成型混凝土进行遮盖并浇水养护。

（4）施工注意事项。

1）混凝土拌制严格按照配合比来拌制，由商品混凝土站控制。

2）搅拌所用机械为强制式搅拌机，搅拌时间控制为 120 s，搅拌起算时间为加水完成后。在搅拌完成后混凝土的拌合物应均匀，颜色一致、和易性好，不得有离析和泌水现象。

3）对所使用的砂、石原材料进行含水量的检测，及时调整搅拌时的掺水量，确保拌和好的混凝土符合配合比的设计要求。

4）施工必须有备用的发电机，以防断电引起施工的中断。

5）振捣时应注意管的位置。

6）模板固定一定要牢固，防止变形跑模。

7）保证外露结构混凝土表面美观的措施。

①对整个楼板混凝土结构采用同厂、同品种、同强度等级的水泥和相同的配合比，保证混凝土表面颜色一致。

②采用性能优秀的外掺剂和外加剂，以及优化混凝土配合比等先进技术，消除混凝土表面的泛砂、气泡等现象，使混凝土表面保持光洁。

③模板接缝保持在 2 mm 之内，并保持接缝整齐划一。

8）混凝土的防裂缝措施。

①干缩裂缝：干缩裂缝产生的主要原因是混凝土浇筑后养护不及时，表面水分散失过快，造成混凝土内外不均匀收缩，引起混凝土表面开裂；同时，如果使用了含泥量大的粗砂配制的混凝土，也容易产生干缩裂缝。

②温度裂缝：温度裂缝是由于混凝土内部和表面温度相差较大而引起，深进和贯穿的温度裂缝多是由于结构降温过快、内外温差较大、混凝土受到外界的约束而出现的裂缝。

9）预应力筋张拉。预应力筋张拉时严格按照双控指标进行控制，张拉所用千斤顶和油表必须经具备相关资质部门标定，且必须配套使用。

6. 屋面防水卷材工程

（1）施工工艺流程。基层清理→聚氨酯底胶配制→涂刷聚氯脂底胶→特殊部位进行增补处理（附加层）→卷材粘贴面涂胶→卷材晾胶→基层表面涂胶→晾胶→铺贴防水卷材→排气压实、接收头处理→做保护层。

（2）技术要点。

1）卷材施工前必须将其在施工位置上放置 0.5 h 以上，使卷材放松，消除任何原因产生的应力痕迹。

2）粘贴时应彻底排除与基层之间的空气，使其粘结牢固。

3）铺贴平面与立面相连的卷材时，应先铺贴平面，然后由下而上铺贴，并使卷材紧贴阴角，不允许有空鼓的现象存在。同时，应避免卷材在阴阳角处接缝，卷材的接缝必须离开阴阳角 200 mm 以上。

4）卷材接缝边缘必须做密封处理，所有卷材的收头部位必须做密封处理。

5）伸缩缝处施工应断开，以免产生防水层撕裂。

6）接槎应粘贴牢固且不松动，卷材搭接应符合规范要求。

（3）操作工艺。

1）基层清理：施工前将验收不合格的基层上的杂物、尘土清扫干净。

2）聚氨酯底胶配制：聚氨酯材料按甲：乙＝1：3（质量比）的比例配合，搅拌均匀即可进行涂刷施工。

3）涂刷聚氨酯底胶：在大面积涂刷施工前，先在阴角、管根等复杂部位均匀涂刷一遍聚氨酯底胶；然后，用长把滚刷大面积按顺序涂刷，涂刷底胶厚度要均匀一致，不得有露底现象。涂刷的底胶经 4 h 干燥，手摸不粘时，即可进行下道工序。

（4）特殊部位增强处理。

1）增补剂涂膜：聚氨酯涂膜防水材料分甲、乙两组分，按甲∶乙＝1∶1.5 的质量比配合并搅拌均匀，即可在地面、墙体的管根、伸缩缝、阴阳角等部位，均匀涂刷一层聚氨酯涂膜，作为特殊防水薄弱部位的附加层，在管根、阴阳角两侧涂刷的宽度不应小于200 mm，涂膜固化后即可进行下一工序。

2）附加层施工：设计要求中的特殊部位，如阴阳角、管根，可用三元乙丙卷材铺贴一层处理。在管根、阴阳角两侧铺贴宽度不小于 200 mm。

（5）铺贴卷材防水层。

1）铺贴前在基层面上排尺弹线，作为掌握铺贴的标准线，使其铺设平直。

2）卷材粘贴面涂胶：将卷材铺展在干净的基层上，用长把滚刷蘸 CX-404 胶涂匀，应留出搭接部位不涂胶。晾胶至干燥不粘手为准。

3）基层表面涂胶：底胶干燥后，在清理干净的基层面上，用长把滚刷蘸 CX-404 胶均匀涂刷，涂刷面不易过大，然后晾胶。

4）卷材粘贴：基层面及卷材粘贴面在已涂刷好 CX-404 胶的前提下，将卷材用 φ30，长1.5 m 的圆芯棒（圆木或塑料管）卷好，由二人抬至铺设端头，注意用线控制，位置要正确，粘结固定端头，然后沿弹好的标准线向另一端铺贴，操作时卷材不要拉太紧，并注意应沿标准线方向进行，以保证卷材搭接宽度。粘贴后应立即滚压排气。

①操作中排气：每铺完一张卷材，应立即用干净的滚刷从卷材的一端开始横向用力滚压至另一端，以便将空气排出。

②滚压：排除空气后，为使卷材粘结牢固，应用外包橡皮的铁辊滚压一遍。

③卷材不得在阴阳角处接头，接头处应间隔错开。

④接头处理：卷材搭接的长边与端头的短边 100 mm 范围，用丁基胶粘剂，粘结前将甲、乙组分料，按 1∶1 质量比配合，搅拌均匀，用毛刷蘸丁基胶粘剂，涂于搭接卷材的两个面，待其干燥 15～30 min 即可进行压合，挤出空气，不许有皱折，然后用铁辊滚压一遍。凡遇有卷材重叠三层的部位，必须用聚氨酯嵌缝膏填密封严。

⑤收头处理：防水层周边用聚氨酯嵌缝，并在其上涂刷一层聚氨酯涂膜。

（6）保护层。防水层铺贴完成后，应按设计要求做好保护层，一般平面为水泥砂浆或细石混凝土保护层；立面为砌筑保护墙或抹水泥砂浆保护层，外做防水层的也可贴有一定厚度的板块保护层。抹砂浆的保护层应在卷材铺贴时，表面涂刷聚氨酯涂膜稀撒石碴，以利于保护砂浆层粘结。

防水层施工不得在下雨、大风天气进行，施工的环境温度不得低于 5 ℃。

7. 脚手架工程

外墙采用双排脚手架，内墙支模采用满堂脚手架，内墙砌筑采用单排脚手架，中庭共享空间采用双排脚手架挂立网。

（1）工艺流程。基础处理→撒白灰线→按线铺板→摆管→立杆→架体搭设→拉锚固点→挂安全网。

（2）搭设方法。

1）脚手架所使用的工具：脚手管使用外径为 48 mm，壁厚为 3.5 mm 的高频焊接钢管，材质为 ϕ235 钢，钢管不许使用气焊、电焊切割，且不许打孔，脚手架节点连接处使用直角扣件、旋转扣件及对接扣件。

2）脚手架搭设前先将地面平整夯实，然后在地面上铺设通长厚木板（或脚手板）。脚手架立杆为单立柱，立柱下装有底座。

3）脚手架的搭设：

①脚手架基础完成后，搭设脚手架。脚手架的步距为 1.5 m，离地面 200 mm 处设置大、小横杆各一道，立杆行距为 1.5 m，排距为 1.2 m，立柱交叉间隔用不同长度的钢管，相邻立柱的对接接头位于不同高度上。脚手架超过 30 m 时，脚手架底部设立双立柱，双立柱用旋转扣件连接形成整体共同受力。脚手架的搭设是先立立柱，立柱架设的顺序为先立里侧立柱，后立外侧立柱。立立柱时需做临时固定，立柱立好后即架设大、小横杆，当第一部大、小横杆架设完毕，且做好固定后再搭设第二部脚手架。同时，在立柱外侧的规定位置应及时设置剪力撑，剪力撑的设置应与脚手架的向上架设同步进行。

②脚手架的小横杆，上下步交叉设置于立杆的不同侧面，立柱的接长用对接扣件，大小横杆与立柱连接采用直角扣件，剪刀撑和斜撑与立杆和大横杆的连接采用旋转扣件，剪刀撑的纵向连接采用旋转扣件，不用对接扣件，所有扣件的紧固都要符合要求，用力矩扳手实测要达到 40～70 N·m，安装扣件时所有扣件的开口都要朝外。

③搭设脚手架时，每完成一步都要及时校正立柱的垂直度以及大、小横杆的标度和水平度，使脚手架的步距、行距、排距始终保持上下一致。

4）脚手架与建筑物结构的连接，节点的处理。

①锚固点的位置设置：水平方向每 4～5 m 设置一点，垂直方向每层建筑物均需要设置。

②锚固点的做法：连接杆使用 ϕ48 钢管，长度为 1 000 mm 左右，一端用直脚扣件与脚手架内侧立杆锁紧，另一端亦用直角扣件与埋入建筑物结构内的一段约 40 mm 的 ϕ48 的铜管扣紧。

③连接点应尽量位于立杆与大小横杆的连接处附近。

（三）装修工程施工

1. 内墙抹灰

（1）施工准备。

1）材料选用：除对进场材料的质量进行严格把关外，还应有双控材料的复试资料（只有复试合格后方可使用）。

2）机具选用：对操作人员所使用阴阳角工具的要求应一致。

3）进行内墙面作业应在屋面及上层地面已经完工后并且门窗垂直、方正，调整完毕穿墙管，暗装电线盒等施工完毕后方可施工。

（2）工艺流程。墙面清理→局部钉钢板网→墙面浇水湿润→刷水泥界面剂→吊垂直找方打点冲筋→抹底子灰→抹面层。

（3）操作要点。

1）墙面清理：抹灰前清理掉墙面上所有污物、灰皮、浮石、灰尘等。并于主梁及柱混凝土土墙处钉一道钢板网，要求钢板网牢固平整。

2）墙面浇水：抹底子灰前一天，要对墙面进行浇水湿润，刷一道水泥界面剂浆，以保证粘结牢固。

3）吊垂直、找方：在靠近门口阴阳角等处采用 2 m 靠尺板吊垂直、找方，打点抹灰，采用"日"字冲筋法冲筋，保证墙面垂直度、平整度满足规范要求。

4）底子灰：打底子灰采用聚丙烯抗裂砂浆打底扫毛，从上而下进行，抹成的灰应比两边的标筋稍厚。然后用刮杠靠住两边的标筋，由下向上刮平，再用木抹子补灰搓平，门口护角外包 20 mm 水泥砂浆护角（护角使用统一工具）。

5）抹面层：待找平层六至七成干时，浇水湿润，抹混合砂浆罩面，压实赶光，厚度不应大于 2 mm。

（4）质量措施。

1）由施工工长进行检查控制，在内层抹灰前，对施工人员进行书面技术交底，由工长和质检员组织操作人员提前做好样板间，实行样板间实物交底，从基层处理到工艺标准与施工质量要求都应统一。

2）组织操作人员按规范及交底内容进行自检、互检并做记录，然后工长对此要逐项进行检查，由质检员进行过程控制，经检查合格后方可进行下一道工序的施工。

3）对关键部位的要求：由工长及质检员共同把关检查。

①"日"字形冲筋：从楼地面向上返 20 cm 冲横筋一道，从楼屋顶向下返 20 cm 冲横筋一道，上下两道之间再冲一横筋，冲筋宽度为 5 cm，阴阳角两侧 20 cm 处各冲竖筋一道，使每一面墙的筋形成一个"日"字形。

②窗框与缝隙：组织施工人员确定专人对缝隙进行堵塞处理，由质检员进行过程控制，确保框口缝隙填塞密实，不能出现裂缝。包含电气专业、孔洞盒槽部位的控制，确保盒槽的位置尺寸准确一致，边缘光滑整洁，穿墙套管的墙面尺寸统一，且偏差保证为"零"（出墙尺寸定为 5 cm，且应在抹灰前必须下好，不得事后补下）。

③门口两侧处的垂直要求：由工长及质检员共同把关，严格把挖操作工艺，确保此处垂直度检查为"0"。包含门护角做法，护角采用 1：2 水泥砂浆做护角，护角宽度为 2 cm。

2. 顶棚抹灰

（1）施工准备。同内檐抹灰，并在内檐抹灰及屋面防水层完工后开始施工，楼板地面所有剔凿活及地面水、暖、电、套管下齐完工后，方可进行顶棚抹灰。

（2）工艺流程。弹水平线→浇水湿润→刷结合层→抹底子灰→抹纸筋灰面层。

（3）操作要点。

1）弹水平线：按抹灰层厚度用粉线包在四周墙上弹出水平线，作为控制抹灰层厚度的基准线与立墙与顶棚的阴角线。

2）浇水湿润：在已处理好的基层上提前一天浇水湿润，要求水要浇透。

3）刷结合层：在已湿润好的基层上刷一层 TG 胶素浆，要求刷匀、刷满。

4）抹底子灰：在刷满的结合层面上，随即抹 13.5 mm 厚 1：1：6 水泥砂浆打底找平，操作上用力抹压，使底子灰与结合层粘结牢固后拉线找平，木抹子补灰找平，搓毛。

5）抹纸筋灰面层：待底灰找平层六至七成干时，先检查其平整度，合格后再罩面。两遍交活，要求薄而平，厚度不应超过 2 mm。

（4）质量措施。

1)此项工程由主管工长与质检员共同把关，由工长向操作人员进行技术交底。

2)严格控制砂浆配合比，砂浆采用统一搅拌配制，明确砂浆配合比，对原材料应进行复试，检查不符合规范要求的材料一律不准使用。对所有计量器具应定期送检，保证其准确性，从而保证砂浆配比的准确。

3)对结合层的要求：由质检员进行过程控制，做到结合层涂刷得均匀一致，没有漏刷，各抹灰层之间及抹灰层与基层之间的粘结应牢固，无脱层、空鼓，面层无爆灰和裂缝等缺陷，发现不合格处立即铲除返工。

4)严格控制天棚抹灰的平均厚度，保证控制在15 mm以内，并控制电气孔口平面尺寸的准确。

5)天棚抹灰允许偏差与检验方法，以项目工长与质检员共同把关检查(注：同内墙抹灰)。

6)天棚交活后严禁在楼面凿洞，天棚上的预埋件不得随意敲动、挪位和损坏。

3. 楼地面瓷砖施工

(1)工艺流程。清理基层→刷水泥素浆结合层→冲筋→装档→弹线→铺砖→拨缝→灌缝→养护。

(2)操作要点。

1)将基层清理干净，把表面灰浆皮铲除、扫净后均匀洒水，然后用扫帚均匀洒水泥素浆(水灰比为0.5)。

2)找方正时，在当日抹好的找平层上拉控制线(在完全硬化的找平层上弹控制线)。

3)在水泥砂浆尚未初凝时即铺瓷砖，从里向外沿控制线进行，铺好后在瓷砖上垫木板，人站在木板上修理四周的边脚。

4)地漏、管沟等处周围的瓷砖要预先试铺，做到与管口镶嵌吻合。瓷砖面层要整间一次镶铺开连续操作。

(3)质量措施。

1)镶铺瓷砖时要按水平线镶铺，严格控制标高。

2)在同一房间使用长宽相同、颜色一致的瓷砖。

3)铺瓷砖前刮的水泥浆需防止风干，且薄厚均匀。

4)施工时注意保护厕浴间地面防水层，穿楼板的管洞要堵实并加套管。

4. 地面花岗石、大理石施工

(1)工艺流程。试拼→弹线→试排→基层处理→铺砂浆→铺花岗石→灌浆、擦缝→打蜡。

(2)操作要点。

1)正式铺设前，对每一房间的花岗岩板块，按图案、颜色、纹理试拼。试拼后按两个方向编号排列，然后按编号摆放整齐。

2)在房间的主要部位弹互相垂直的控制十字线，用以检查其与控制板块的位置。然后在房间的两个相互垂直的方向铺两条干砂。其宽度大于板块，厚度不小于3 cm。

3)根据图纸要求将板块试排好。

4)正式铺设时，根据水平线，定出地面找平层的厚度，拉十字线，铺找平层水泥砂浆。砂浆从里向门口处摊铺，铺好后刮大杠、拍实，用抹子找平，其厚度适当高出根据水平线定的找平层厚度。铺设时先里后外，即先从远离门口的一边开始，按照试拼编号，依次铺砌，逐步退至门口。铺前将板块预先浸湿且阴干后备用，在铺好的干硬性水泥砂浆上先试铺合适后，翻开石板，在水泥砂浆上浇一层水胶比为 0.5 的素水泥浆，然后正式镶铺。

5）在铺砌后 1～2 昼夜进行灌浆、擦缝。灌浆 1～2 h 后用棉丝团蘸原稀水泥浆擦缝，与地面擦平。

（3）质量措施。

1）混凝土垫层表面用钢丝刷清扫干净，浇水湿润并扫一遍素水泥浆，找平层最薄处不得少于 2 cm。

2）在房间抹灰前必须找方后冲筋，并且花岗石地面相互沟通的房间按同一互相垂直的基准线找方，严格按控制线铺砌。

3）平整偏差大于 ±0.5 mm 的剔出，不予使用。

4）在工序安排上，先完成花岗石地面以外的房间地面。过门处花岗石板与地面同时铺砌。

5）在镶贴踢脚板时，要拉线加以控制。

5. 内墙刮腻料

（1）基本要求。

1）施工环境应清洁干净，待大装修工程完工后再进行涂料施工，且温度不低于 10 ℃，相对湿度大于 60%。

2）涂刷前，涂刷表面必须干燥。

3）遇有大风、雨、雾等天气不可施工。

4）腻子要牢固，不可粉化、起皮、裂纹，腻子干燥后，应打磨平整、光滑，外墙、厨房、卫生间应使用耐水性能好的腻子。

（2）操作工艺。基层清理→刷、喷胶水→填补缝隙，局部刮腻子→墙面裂缝处理→满刮腻子。

1）基层清理。混凝土及抹灰表面的浮砂、尘土、疙瘩要清扫干净，粘附着的油污处应用脱胶剂彻底清除，老旧墙面的涂料、腻子需清理掉，然后用清水冲刷干净。

2）刷（喷）建筑胶水或清漆。混凝土墙面在刮腻子前应先刷（喷）一道胶水或用清漆封底。以增强腻子与基层表面的粘结力，刷（喷）时应均匀，不得有遗漏。乳胶水质量配合比为清水∶乳胶＝5∶1。

3）填补缝隙，局部刮腻子。用石膏腻子将缝隙及坑洼不平处找平。应将腻子填实抹平，并把多余的腻子收净，待腻子干后用砂纸磨平，并及时把浮尘扫净。如还有坑洼不平处，应重新用腻子补平。石膏腻子配合比为石膏粉∶乳胶液∶纤维素水溶液＝100∶45∶60，其中纤维素水溶液的浓度为 3.5%。

4）墙面裂缝处理。裂缝处应用嵌缝腻子填平，上糊一层玻璃网格布或绸布条，用乳液将布条粘在裂缝上，粘条时，应把布拉直、糊平。刮腻子时，要盖过布的宽度。

5）满刮腻子。对于中级刷（喷）浆可满刮大白腻子（普通喷浆没有此道工序），高级刷（喷）浆可满刮两到三遍大白腻子。操作时要往返刮平，注意上下左右接槎，两刮板间应刮净，不能留有腻子。每遍腻子干燥后用砂纸打光磨平，慢磨慢打，线角分明，磨完后应将浮尘扫净。如涂刷带颜色的浆，则腻子中要掺入适量的颜料。腻子可用成品防潮腻子。施涂前应将基层的缺棱掉角处用 1∶3 水泥砂浆修补，表面的麻面及缝隙处需用腻子填补齐平。

①先进行刮腻子打磨，使墙面颜色一致。

②同一墙面应用同一批号，每遍涂料不宜过厚，涂层应均匀，颜色一致。

6. 吊顶安装工程

(1)施工准备。

1)材料准备：根据设计要求组织材料进场。

2)施工工具准备：铝材切割机、无齿切割机、电锤、正反手电钻、电线盘、水平尺、墨斗、壁纸刀。

(2)施工工艺。

1)基层处理：吊顶工程进行前，墙面应已施工完毕，边龙骨安装部位应平整光滑，楼底板顶部应没有结构缺陷。如有问题及时处理，处理完毕后方可开始吊顶工程。

2)弹线定位：根据设计要求，将龙骨及吊点位置弹在楼面上，把龙骨标高弹在墙上，龙骨标高用水准仪找平，根据结构 1 m 线进行。依据设计本工程吊点布置为 $\phi8$ 吊杆，间距 1 200 mm 双向。

3)安装吊杆及吊挂：将市场所售的 $\phi8$ 膨胀螺栓打入吊点洞中上紧、拧牢，再将事先预制的 $\phi8$、一端有带孔角钢、一端丝扣焊牢固的吊杆放入，并拧牢固。丝扣一端上好吊卡，以备挂龙骨。

4)安装边龙骨：根据已弹好的标高线安装边龙骨。边龙骨用 $\phi6$ 塑料胀管，固定于结构墙面，其间距为 500 mm。

5)安装主龙骨(U 形、T 形)：吊杆及吊挂安装好后，再安装主龙骨，安装主龙骨时接头处用接件连接牢固，相邻两个主龙骨接头要错开。

6)安装次龙骨(U 形、T 形)：根据罩面板的类型、规格、尺寸进行定尺截取，安装时用模规米尺控制龙骨间距。

安装方法：对于 U 形龙骨，在分段截开的次龙骨上用薄钢板剪，剪出连接耳，在连接耳上打孔 $\phi3.2$，安装时，将连接耳弯成 90°角。在主龙骨上相同的部位钻同口径小孔，用 $\phi3.2 \times 8$ 铝拉铆钉固定。对于 T 形龙骨，依据饰面板的规格尺寸，选定承插式次龙骨。

7)龙骨调整：吊顶龙骨的骨架形成后，用拉线调整的方法将龙骨调整至设计标高的位置，中间按要求 0.5% 走拱，以保证水平。检查各连接部件是否牢固，经检查合格后进入下一道工序。

8)安装罩面板：对于普通石膏板及水泥加压板，可采用自攻螺钉攻入石膏板与龙骨连接，自攻螺钉攻入板面 2 mm，饰面装修时腻子需刮平，并强调接缝处理；矿棉吸声板、防水石膏板等块材采用平安法；其他类型的罩面板依据详细设计确定。

7. 铝合金门窗

(1)工艺流程。弹线找规矩→确定墙厚方向的安装位置→安装铝合金窗披水→防腐→就位和临时固定→与墙体固定→嵌缝→安装五金配件。

(2)操作要点。

1)确定墙厚方向安装位置时，如外墙厚度有偏差，原则上要以同层房间的窗台板外露宽度一致为准，窗台板伸入铝合金窗下 5 mm 为宜。

2)根据找好的规矩，安装铝合金窗，并及时将其吊直找平，同时检查其安装位置是否正确。无问题后，用木楔临时固定。与墙体固定时，铁角至窗角的距离应不大于 180 mm，铁角间距应小于 600 mm。

(3)质量措施。

1)铝合金门窗及其附件质量必须符合设计要求和有关标准规定，按抽样订货后对门窗做封样以备验收，进货时若与样品不符坚决退货，不予验收。

2)铝合金门窗安装的位置、开启方向必须符合设计要求。

3)铝合金门窗的安装必须牢固；预埋件的数量、位置、埋设及连接方法必须符合设计要求。

4)铝合金窗框与非不锈钢紧固件的接触面之间必须做防腐处理；严禁用水泥砂浆作为门窗框与墙体之间的填塞材料。

8. 外墙喷涂涂料

(1)工艺流程。基层处理→配料→面层涂料施工。

(2)操作要点。

1)对已抹好水泥砂浆的基层表面，认真检查有无空鼓、裂缝，对空鼓、裂缝必须剔凿修补好，干燥后方可喷涂。

2)配料：将若干桶涂料倒在一个特制的大槽内，将其拌和均匀，根据喷涂面积的大小随拌和随使用。

3)面层涂料的施工(喷涂法)。喷涂时空压机的压力应保持在 0.5～0.8 MPa。将涂料装入专用的喷斗内，喷涂时以喷成雾状为好。要连续、均匀地喷涂，保证不漏喷、不流坠。涂层不应过厚，以盖底、色匀为好，喷涂二遍成活。

9. 外墙贴砖

(1)作业条件。

1)外架子(高层多用吊篮或吊架)应提前支搭和安设好，多层房屋最好选用双排架子或桥架，其横竖杆及拉杆等应离开墙面和门窗口角 150～200 mm。架子的步高和支搭要符合施工要求和安全操作规程。

2)阳台栏杆、预留孔洞及排水管等应处理完毕，门窗框扇要固定好，并用 1∶3 水泥砂浆将缝隙塞实。铝合金门窗框边缝所用的嵌塞材料应符合设计要求，且应塞堵密实，并事先粘贴好保护膜。

3)按面砖的尺寸、颜色进行选砖，并分类存放备用。

4)大面积施工前应先放大样，并作出样板墙，确定施工工艺及操作要求，并向施工人员做好交底工作。样板墙完成后必须经质检部门鉴定合格，之后还要经过设计、甲方和施工单位共同认定，方可组织班组按照样板墙要求施工。

(2)操作工艺。

1)工艺流程。基层处理→吊垂直、套方、找规矩→贴灰饼→抹底层砂浆→弹线分格→排砖→浸砖→镶贴面砖→面砖勾缝与擦缝。

2)基层为混凝土墙面时的操作方法。

①基层处理：首先将凸出墙面的混凝土剔平，对大钢模施工的混凝土墙面应凿毛，并用钢丝刷满刷一遍，再浇水湿润。如果基层混凝土表面很光滑时，亦可采取"毛化处理"法，即先将表面尘土、污垢清扫干净，用 10%的火碱水将板面的油污刷掉，随之用净水将碱液冲净、晾干，然后用 1∶1 水泥细砂浆与内掺水重 20%的 108 胶，喷或用笤帚将砂浆甩到墙上，其甩点要均匀，终凝后浇水养护，直至水泥砂浆中的疙瘩全部粘到混凝土光面上，并有较高的强度(用手掰不动)为止。

②吊垂直、套方、找规矩、贴灰饼：当建筑物为高层时，应在四大角和门窗口边用经纬仪打垂直线找直；当建筑物为多层时，可从顶层开始用特制的大线坠绷铁丝吊垂直，然

后根据面砖的规格尺寸分层设点、做灰饼。横线则以楼层为水平基准线交圈控制，竖向线则以四周大角和通天柱或垛子为基准线控制，且全部应是整砖。每层打底时则以此灰饼作为基准点进行冲筋，使其底层灰做到横平竖直。同时要注意找好凸出檐口、腰线、窗台、雨篷等饰面的流水坡度和滴水线（槽）。

③抹底层砂浆：先刷一道掺水重10％的108胶水泥素浆，之后立即分层分遍抹底层砂浆（常温时采用配合比为1∶3水泥砂浆）。第一遍厚度宜为5 mm，抹后用木抹子搓平，隔天浇水养护；待第一遍六至七成干时，即可抹第二遍，厚度为8～12 mm，随即用木杠刮平、木抹子搓毛，隔天浇水养护，若需要抹第三遍时，其操作方法同第二遍，直至把底层砂浆抹平为止。

④弹线分格：待基层灰六至七成干时，即可按图纸要求进行分段分格弹线，同时亦可进行面层贴标准点的工作，以控制面层出墙尺寸及其垂直、平整。

⑤排砖：根据大样图及墙面尺寸进行横竖向排砖，以保证面砖缝隙均匀，符合设计图纸的要求，注意大墙面、通天柱子和垛子要排整砖，以及在同一墙面上的横竖排列，均不得有一行以上的非整砖。非整砖行应排在次要部位，如窗间墙或阴角处等，同样要注意一致和对称。如遇有突出的卡件，应用整砖套割吻合，不得用非整砖随意拼凑镶贴。

⑥浸砖：釉面砖和外墙面砖镶贴前，首先要将面砖清扫干净，且放入净水中浸泡2 h以上，取出并待表面晾干或擦干净后方可使用。

⑦镶贴面砖：镶贴应自上而下进行。若高层建筑采取措施，可分段进行。每一分段或分块内的面砖，均为自下而上镶贴。从最下一层砖下皮的位置线先稳好靠尺，以此托住第一皮面砖。在面砖外皮上口拉水平通线，作为镶贴的标准。

在面砖背面宜采用1∶2水泥砂浆或1∶0.2∶2＝水泥∶白灰膏∶砂的混合砂浆镶贴，砂浆厚度为6～10 mm，贴上后用灰铲柄轻轻敲打，使之附线。再用钢片开刀调整竖缝，并用小框通过标准点调整平面和垂直度。

另一种做法是用1∶1水泥砂浆加掺水重20％的108胶，在砖背面抹3～4 mm厚粘贴即可。但此种做法中，其基层灰必须抹得平整，而且砂子必须用窗纱筛后使用。

另外，也可用胶粉来粘贴面砖，其厚度为2～3 mm，若用此种做法，其基层灰必须更平整。

如要求釉面砖拉缝镶贴时，面砖之间的水平缝宽度用米厘条控制，米厘条用贴砖用砂浆与中层灰临时镶贴，米厘条贴在已镶贴好的面砖上口处。为保证其平整，可临时加垫小木楔。

女儿墙压顶、窗台、腰线等部位平面也要镶贴面砖时，除流水坡度符合设计要求外，应采取顶面面砖压立面面砖的做法，预防向内渗水，引起空裂；同时还应采取立面中最低一排面砖必须压底平面面砖，并低出底平面面砖3～5 mm的做法，让其起滴水线（槽）的作用，防止尿檐而引起空裂。

⑧面砖勾缝与擦缝：面砖铺贴拉缝时，用1∶1水泥砂浆勾缝，先勾水平缝再勾竖缝，勾好后要求凹进面砖外表面2～3 mm。若横竖缝为干挤缝，或小于3 mm者，应用白水泥配颜料进行擦缝处理。面砖缝勾完后，用布或棉丝蘸稀盐酸擦洗干净。

3）基层为砖墙面时的操作方法。

①抹灰前，墙面必须清扫干净并浇水湿润。

②大墙面和四角、门窗口边弹线找规矩，必须由顶层到底一次进行，弹出垂直线，并决定面砖出墙尺寸，分层设点、做灰饼。横向线则以楼层为水平基线交圈控制，竖向线则

以四周大角和通天垛、柱子为基准线控制。每层打底时则以此灰饼作为基准点进行冲筋，使基底层灰做到横平竖直。同时注意，要找好突出檐口、腰线、窗台、雨篷等饰面的流水坡度。

③抹底层砂浆：先把墙面浇水湿润，然后用 1∶3 水泥砂浆刷约 6 mm 厚一道，紧跟着用同强度等级的灰与所冲的筋抹平，随即用木杠刮平、木抹搓毛，隔天浇水养护。

④～⑧操作步骤同基层为混凝土墙面的做法。

七、玻璃幕墙

(1)工艺流程。弹分格轴线→立柱安装→横梁安装→其他主要附件安装→玻璃幕安装。

(2)操作要点。

1)立柱先与连接件连接，然后连接件再与主体预埋件连接，最后进行调整固定。

2)同一层的横梁安装由下向上进行。安装完一层的高度时，应进行检查、调整、校正、固定，使其符合质量要求。

3)每块玻璃下部设不少于两块弹性定位的垫块，玻璃幕墙四周与主体结构之间的缝隙需采用防火的保温材料填塞。内外表面用密封胶连续封闭，接缝严密、不漏水。

(3)质量标准。

1)观感检验。

①明框幕墙框料应横平竖直；单元式幕墙的单元拼缝或隐框幕墙分格玻璃拼缝应横平竖直、缝宽均匀，并符合防火设计要求与规范。

②玻璃的品种、规格、颜色与设计相符，整幅幕墙玻璃应色泽均匀；不应有析碱、发霉和镀膜脱落等现象。

③玻璃的安装方向正确。

④幕墙材料的色彩与设计相符并均匀，铝合金料不应有脱膜现象。

⑤装饰压板表面平整，没有肉眼可见的变形、波纹或局部压砸等缺陷。

⑥幕墙的上下边及侧边封口、沉降缝、伸缩缝、防震缝的处理及防雷体系应符合设计要求。

⑦幕墙隐蔽节点的遮封装修应整齐、美观。

⑧幕墙不得渗漏。

2)抽样检验。

①铝合金料及玻璃表面不应有铝屑、毛刺、油斑和其他污垢。

②玻璃应安装或粘结牢固，橡胶条和密封胶应镶嵌密实、填充平整。

③钢化玻璃表面不得有刮痕。

八、水暖电安装施工

1. 上水、下水施工

(1)上水。

1)工艺流程。安装准备→预制加工→给水引入管安装→管道试压→管道防腐保温→立管安装→支管安装→管道试压→管道防腐保温→管道冲洗。

2)施工方法。

①在设计图纸注明的管道位置放线，开挖和疏通管沟至设计深度。如设计无要求时，室外进户埋深应大于 0.7 m，并顺通预留孔洞和进行套管安装。

②沿管跨走向逐一标出各节点中心，实测各管段长度，绘制实测小样图，按小样图进行管道预制。

③管子的切割宜采用手锯或砂轮锯，切割长度应根据实测小样图并结合各连接件的具体尺寸确定。

④用手锯锯管时，锯口应平整并锯至管底，不能出现扭断或折断，管口断面不得变形；用砂轮锯断管时，应清除管子断面处的飞边、毛刺。

⑤管子套丝应根据管子不同的管径分 2～3 次套制完成，螺纹应清楚，表面不得有毛刺或乱丝。断扣的总长度不得大于全长的 10%。

⑥柱形和锥形管子螺纹的中心线，应与管子的中心线相重合，但对几何尺寸要求严格的部位，例如连接各设备、器具和对坡度而言，管子螺纹中心线允许有一个不大于 3°的夹角，但在基面螺纹顶峰处的管壁减薄，不得大于管子壁厚的 15%，镀锌管在套定丝头后，应马上清除丝头上的铁屑，擦净套丝头时的机油，然后在丝头部位刷一遍防锈漆，防止丝头锈蚀。

⑦套好丝扣后将所需零件带入丝扣，试验其松紧度（一般带入 3 扣左右为宜），在丝扣处抹填料，用手带上零件，然后用管钳将零件上至松紧适度且外露丝扣 2～3 扣，清除丝头填料并擦净，然后进行编号并放到适当位置等待调直。

⑧镀锌管不得焊接，也不准使用黑料。

⑨在上好零件管段的丝扣处抹铅油，连接两段或数段，连接时不能只顾甩口方向，还要照顾到管子的弯曲度，相互找偏，然后再将未调管段上的甩口方向转至合适的部位并保持其正直。

⑩在管段连接后、调直前，必须按施工草图复核管径，检验其甩口方向和变径位置是否正确。

⑪管道调直要放在调直架上或调管平台上，一般两人操作，一人在管道的端头目测弯曲部位，一人在弯曲部位用手锤敲打，边敲边观看，直到调直为止。

⑫有阀门连接的管段，调直时应先把阀门盖卸下来。再次敲打阀门处的垫头，以防震裂。

⑬镀锌管不得加热调直。

⑭调直时一般不得将管道打成坑瘪，如有坑瘪时，其程度不能超过管外径的 5%预制后管道，且节点误差不得大于 5 mm。

3）操作要点。

①预制完的管道应严格按图纸进行防腐处理。当设计无要求时，埋地镀锌管道一般使用三油二布五层做法。

②进行水压试验。当设计无规定时，室内给水管道试验压力不应小于 0.6 MPa。生活饮用水和生产、消防合用的管道，试验的压力应为工作压力的 1.5 倍，但不能超过 1 MPa。且在 10 min 内压力降低值不大于 0.05 MPa，然后将试验压力降到工作压力，以无渗漏为合格。

③水压试验合格后及时修补管道连接处的防腐。

④填堵内隔墙基础的管子孔洞并覆土夯实管沟。

⑤连接各层间立管并随时稳装穿楼板套管和立管卡具，管道套管应比管径大 2 号，一

般房间立管穿楼板时，钢套管底部应与粉饰后的楼板相平，底部应高出地面 10 mm，并应封堵管道与套管之间的间隙，要求环缝均匀。管道穿过厨房、卫生间等易积水的房间楼板，顶部应高出地面 30 mm，钢套管内壁应做防腐处理，立管卡具应随做随装。管道卡具安装前必须做防腐处理，给水立管管卡安装层高小于或等于 5 m，每层必须安装一个，若层高大于 5 m，则每层不得少于 2 个管卡，安装高度距地面 1.5～1.8 m，2 个以上管卡应匀称安装，同一幢号管卡安装必须一致。

⑥支管安装应在土建底子灰抹完后进行，沿管道小样图走向、高度、依次稳装支管卡具。卡具要布置合理，尽量放在支管返弯处，连接各支管并随时封堵各甩口，并固定支管，一般卫生器具给水配件的安装高度，除设计明确规定外，一般均按规范要求施工。

4)质量措施。

①镀锌管丝头松紧要适度，上好管件后丝头应外露 2～3 扣。

②镀锌立管穿卫生间、浴室、楼板处套管应高出地面 3 cm，并形成馒头状阻水圈。

③室内给水镀锌管安装应符合相关要求。

④各敞露管口需装临时管堵。

⑤管道安装后应及时稳装支架，并将临时支撑或钢丝清除。

⑥管道安装后应及时封堵预留孔洞，防止管道移位或有杂物由上层落下，污染管道。

5)与土建配合。向土建有关施工人员详细了解建筑结构的情况，如有关建筑尺寸、标高、施工程序和施工方法，并确定给水工程与土建工程的施工和具体配合措施。

(2)下水(PVC 管)。

1)工艺流程：安装准备→预制加工→下水排水管道安装→闭水试验→立管安装→支管安装→闭水试验。

2)施工方法。

①锯管长度应根据实测并结合各连接件的尺寸，逐层确定，锯管工具宜选用细齿锯和割管机等工具。断口应平整且垂直于轴线，断面处不得有任何变形。接口处应用中号板锉锉成 15°～30°的坡口，坡口厚度宜为管壁厚度的 1/3～1/2，一般不得小于 3 mm，坡口锉完后应将残屑清除干净。

②管材或管件在粘合前应用棉纱或干布将承口内侧和插口外侧擦干净，使被粘结面保持清洁，无尘砂与水弯，当表面沾有油污时需用棉纱蘸丙酮等清洁剂擦净。

③配管时，应将管材与管件承口试插一次，在其表面划出标记，管端插入承口的深度不得小于规定要求。

④用油刷蘸胶粘剂，涂刷被粘接插口外侧及粘接承口内侧时，应轴向涂刷，动作迅速、涂刷均匀，且涂刷的胶粘剂应适量，不得漏涂或涂抹过厚。涂刷胶粘剂时应先涂刷承口，后涂刷插口。

⑤承插口涂刷胶粘剂后应立即找正方向，将管子插入承口，使其准直，再加挤压，应使管端插入深度符合所划标记，并保证承插口的直度和接口位置。还应静待 2～3 min，防止接口滑脱，预制管段节点间误差不大于 5 mm。

3)操作要点。

①当埋地管为铸铁管时，底层塑料管插入其承口部分的外侧，应先用砂纸打毛，插入后麻丝填嵌均匀，以石棉水泥捻口。不得用水泥砂浆，操作时，应注意防止塑料管变形。

②PVC 排水管道安装一般应自下而上进行，先安装立管，后安装横管。

4)立管安装。按设计要求设置固定支架或支撑件后，再进行立管吊装。当设计无要求时，立管外径为 50 mm 的应不大于 1.5 m，外径为 75 mm 及以上的应不大于 2 m。安装立管时一般先将管段吊正，再安装伸缩节。安装伸缩节时必须按设计要求的位置和数量进行安装，当设计无要求时，层高不大于 4 m 时应每层安装一个伸缩节，当层高大于 4 m 时应根据设计伸缩量的要求进行安装。安装伸缩节时，管端插入部位做好标记后平直插入伸缩节承口的橡胶圈中，用力应均匀，不可摇挤，避免橡胶圈顶歪，安装完毕后随即将立管固定。

5)横管安装。一般应先将预留好的管段用钢丝临时吊挂，查看无误后再进行粘结。粘结后应迅速摆正位置，按规定校正其坡度，用木楔卡牢接口，拆除临时钢丝，横管支撑件的间距要准确。

6)质量标准。

①PVC 排水管安装必须加装伸缩节。

②PVC 排水管道在安装过程中的甩口部位应加临时封堵。

③PVC 排水管道安装应在土建抹灰后进行施工。

④PVC 排水管道安装应符合《建筑排水硬聚氯乙烯管道施工及验收规程》中的要求。

7)与土建配合。管道穿越楼板孔洞，土建补洞时应严密捣实，立管周围应做高出原墙 10～20 mm 的阻水圈，严禁接合部位发生渗水现象。

(3)铸铁排水。

1)工艺流程。安装准备→管道预制→下水排水管安装→闭水试验→灌水试验。

2)操作工艺。按设计图纸注明的管道位置放线，挖和疏通管道沟至设计深度，并核实预留孔洞的位置和进行有特殊要求的套管安装。

凡穿过基础的现浇混凝土楼板、墙、现浇混凝土墙管部位的管孔，均需在土建施工时配合预留。

管道安装前需进行防腐处理，直埋下水铸铁管。当设计无特殊要求时，应刷两遍沥青或沥青漆，明装的排水铸铁管应刷两遍防锈漆，涂刷要均匀、无遗漏。

按实测的小样图配管，承插下水铸铁管接口采用水泥接口，水泥接口是以麻绳、硅酸盐水泥为材料，在承插接口内填塞打实，保证接口严密，并具有一定弧度的一种连接方法。

①承插铸铁管对口前，应清除承口内的杂物，对口时应留 1～2 mm 伸缩间隙，承口的环形间隙要求均匀一致。

②将麻绳拧成麻股，用捻凿塞入接口内，麻股长要超过管子长度的 1/5，麻股的直径应视环隙大小而定。通常要求各圈的麻股接头互相搭接，然后用手铧和捻凿将麻股打实，打完麻的深度一般为承口深度的 1/3。

③麻打好后，将水泥和好，水泥强度等级不能低于 32.5 级，水泥和水的质量比一般为 9：1，应随用随和，和好的湿灰的放置时间不应超过 1 h。

④水泥和好后分层填入接口，并分层用手捶和捻凿打实，打实程度可视砂表面发黑、灰色或感到手锤对捻口的反弹力增大而确定。打灰层数一般为 4～6 层，承口周围间隙应均匀，灰口表面低于承口外沿 3～5 mm。

⑤再次检查并清理管腔后进行铺管，并依次连接管口，安装后的排水管应有坡度，管道坡度应符合有关规定。

⑥埋地排出横管一般接至基础外 1 m，如有台阶或其他建筑物应接出台阶外 300 mm，

排水排出管穿基础处管顶上部的净高不小于150 mm。

⑦排水管、横管及排出管端部的连接必须采用两个45°弯头或弯曲半径不小于4 d的90°弯头。

⑧埋地管道安装后，应用管堵堵塞排水系统总出口，向系统注入清水至排水口上平，作隐蔽工程闭水试验。当满水15 min后见降补灌后静置5 min，液面无下降且各接口无渗漏现象即为合格，用水试验合格后可还土。

⑨管沟回填土。管顶上部500 mm以内不得回填直径大于100 mm的块石和冻土，500 mm以上部分回填块石和冻土不得集中，需用机械回填。机械不得在管沟上行走，管沟回填土应分层夯实，机械夯实分层不应大于300 mm，人工夯实每层不应大于200 mm，管子工作坑的回填必须仔细夯实。

⑩排水管道的吊卡或管头应固定在承重结构上，横管固定间距不得大于2 m，民用住宅管长度大于或等于60 mm时必须安装一个固定件，排水立管应安装固定卡具，立管固定间距为3 m，层高小于或等于4 m时立管可安一个固定卡具，立管底部的弯管处应设置支墩，管卡安装高度距地面的距离为1.5～1.8 m，两个以上管卡应匀称安装，同一幢号管卡安装高度必须一致。

3)质量措施。

①打口所用的素灰湿度要适中，不能过湿或过干。

②排水铸铁管的安装工程中，甩口部位应临时封堵。

③管道安装后应及时稳装支架，并将临时支撑或钢丝清除。

④管道安装应及时封堵预留孔洞，防止管道位移或杂物由上层落下，造成污染。

⑤室内排水铸铁管安装应符合《建筑给水排水及采暖工程施工质量验收规范》(GB 50242—2002)中的规定。

4)与土建配合。了解建筑尺寸、标高、施工程序和方法，并确定排水工程与土建工程施工配合措施，留好孔洞。

(4)消防。

1)工艺流程。安装准备→预制加工→消防导管安装→立管安装→支管安装→消火栓、箱安装→管道试压→管道防腐→管道冲洗。

2)施工方法。

①按设计要求安装消防用水管道。

②埋地管道应做防腐处理。

③按实测小样图配管并进行安装。

④消火栓之间的距离应保证两个消防水枪的充实水柱同时达到室内任何一点，消火栓通常安装在消火箱内，消火栓安装高度为栓口中心距地面1.20 m，栓口出水方向朝外，与设置消防箱的墙面相互垂直，消火栓中心距消防箱侧面为140 mm，距离内表面100 mm(栓口中心也可距地面1.10 m，按设计要求确定)。

3)操作要点。

①室内消防栓系统与地下给水管连接前必须将室外地下给水管冲洗干净，其冲洗水量应达到消防时的最大设计流量。

②室内消防栓系统在交付前应将室内管道冲洗干净，其冲洗量应达到消防时的最大设计流量。

③进行水压试验时，最低不小于 1.4 MPa，其压力保持 2 h 且无明显压力下降即为合格。

4）质量措施。

①敞露管口须装临时管堵。

②管道安装后应及时稳装支架，并将临时支撑和钢丝清除。

③管道安装后应及时封堵预留孔洞，防止管道位移或杂物由上层落下污染管道。

④消防管道安装应符合《建筑给水排水及采暖工程施工质量验收规范》（GB 50242—2002）的规定。

5）与土建配合。了解建筑结构情况，确定消防管道与土建施工配合措施，留好孔洞。

2. 电气安装及调试工程

工艺流程：穿代线→扫管→放线→穿线→接头→摇测→通电调试。

（1）扫管。穿线前应将管内清扫干净，使用带布清扫简单异物。其方法是将钢丝（带线）穿通后在管一端把布条固定在钢丝上，由另一端拉出，往返清扫数次，直至干净为止。

（2）穿线。穿线时要检查管口、护口是否齐全，缺则补齐，然后查看导线型号、规格、绝缘等级是否与设计相符。无误后将导线放开并抻顺，在导线端部削去绝缘层，再把线芯绑在钢丝上，从另一端拉出，遂管进行。然后进行线头压接，接头选用定型压接帽压接。

（3）线路摇测。线路在未接设备及负荷前进行摇测，摇测前对该摇测线路的分支端部进行绝缘包扎，必须检查线路接线，使其完全正确，确认线路导电体无对地现象后方可进行摇测。

（4）通电调试。线路绝缘摇测合格后，做通电调试工作。通常正常的工作电压进行线路调试，使用试灯检查线路是否正确开关控制线路是否正确，确定线路能够正常工作。

（5）线色使用。三相电中，ABC 线色对应黄色、绿色、红色，N 为零线，线色对应淡蓝色，PE 为保护零线，线色对应黄绿双色线，过线为白色。

（6）质量措施。

1）不同回路、不同电压和直流与交流的导线，不能穿在同一根管道内。

2）管内穿线不允许有接头、背扣、拧花等现象。

3）保护零线不得窜接，必须压接后，电线供电气使用（有汇流排除外）。

（7）本专业与土建配合。

1）穿线施工不得损坏抹灰后的墙面。

2）接头后将线接头盘入盒内，用纸封堵后，防止脏污损坏。

3）开关的安装及要求。照明开关按钮向下为开，向上为关，有标志的应向下。接线牢固可靠，安装间应将预埋墙内的盒、箱用毛刷清扫干净，不得留有杂物。导线不得剪得过短，应留有一定的富余量，便于检修及更换，一般不短于 12～15 cm。如有两个以上开关在相线的联接，应用压接帽或开关固定联接。

4）插座安装。安装前应用毛刷将内部清扫干净。接线顺序为左火右零、上为接地，相线为黄、绿、红，零线为淡蓝，PE 为黄绿双色。

5）灯具安装。一般要求高度低于 2.5 m 应加保护地线。

①嵌入式日光灯的安装方法。灯具的长度应根据吊顶的结构做相应的调整，使用灯具的长度能与顶板模数一致，达到美观为宜。每条日光灯固定于吊顶。

皮管长度不能超过 1.5 m，如过长应用明管卡子固定，嵌入式灯带的安装方法同样如此，吊点应每隔四套灯具加一吊点固定。明装日光灯带长度为 10 m，应在两端及每隔四套灯具加一防晃支架。

防晃支架应用不小于∟30×3 角钢制作，除设计有要求外，成排成行的日光灯带应与桥架固定成一体，在桥架内应敷设一条专用 PE 线，使每套灯具都能各自接地。

②运行。

a. 送电前的检查及摇测。外观检查有无破折及拆改迹象，低压绝缘部位是否完整，导电接触面连接是否紧密，接线及相序排列是否正确，固定螺钉牢固，垫片与螺杆应合理。摇测绝缘阻、质线、绝缘及相绝缘。

b. 标志位置，并注明回路编号及线径动向。

③试灯。

a. 顺序为先支路再回路拆摇测，无误后方可送电试灯。

b. 全部试灯完毕后应进行 24 h 连续亮灯。以检测接头绝缘及整定值的匹配和产品的质量。

6)附属设备安装。其他设备根据产品说明、设计图纸和基本操作安装，要求其平稳、牢固。

3. 采暖管道安装

由于管径较大，要求先布置托吊卡，宜采用靠墙用槽钢做托架，锅炉房中要根据具体环境用梁做吊点，用槽钢做龙门架，距地管道做短脚支架，间距合理。为了保证焊接质量，焊缝达到一定焊接的管口必须切坡口。施焊时两管口间要留一定的间距，一般是管厚度的30%，焊内底不超过管壁内表面，更不允许在内表面产生焊瘤。

检查时，焊缝处无纵横裂纹、气孔、夹渣，外表面无残渣、弧坑和明显焊瘤。焊缝宽度约盖过坡口 2 mm。

(1)试压。按照设计要求进行管道打压，要求管道焊缝、法兰连接处严密、无渗漏。

(2)清洗。在设备勾头前、管道打压合格后，对管道进行全面清洗。一端与自来水相连后，开启循环泵，在管壁最低点泄水，直至出水洁净为止，用棉纱布擦抹无杂质。

(3)调试运转。首先对系统冲水。通过软水器，将自来水软化后注入全系统，由接点压力表调整定压膨胀缸，确定系统压力，开启循环泵(在调试前对水泵应填满填料，对阀门加油润滑)。注意叶轮顽转方向，叶轮与泵壳不应相碰。在管道给水循环一段时间后，再由有经验的专业人员操作点炉，温度由低向高缓慢冲温，直至达到设计温度。

(4)管道防腐保温。管道及支架要刷二遍防锈漆，保温要求管道美观、平直、厚度均匀，弯头处光滑无棱角，缠两遍塑料布，缠绕结实、均匀整齐。

质量标准：施工全过程按照 ISO9002 国家标准执行，质量按国优标准执行。

1)采暖管道工艺流程。①钢套管预埋→楼板孔洞预留→②主干管安装→检查甩口位置→主干管打压、冲洗→③拉垂线预埋穿楼板套管、卡具→排管安装→检查甩口标高及封堵→④暖气片组对、打压→暖气片就位→⑤锁活→⑥系统打压→降压充水保护→供热运行。

2)采暖管道的孔洞预留。

①根据设计图纸绘制预埋、预留小样图，送至建设单位、监理单位。设计审签后，由专业人员指导施工队伍分层、分部完成。

②地下进出户管室外甩口要严格进行封堵，避免管内进入泥砂。并在室外做好甩口标记。

③穿梁、剪力墙钢套管预埋，要以土建给定的平线或以 500 线为依据，在梁底垫块放好后再进行。套管要与梁筋点焊牢固，保证钢套管的中心线一致，预埋套管的坡度，要与将来的管道坡面一致。

④楼板预留孔要严格按小样图施工，纵向的孔洞按参照物，保证中心线一致。拔预留孔洞套管的时间要掌握好。

3）采暖管道的安装。

①采暖管道采用的管，要同质连接。焊接管安装前先刷一道防锈漆。

②丝扣、连接扣数量合理，不乱扣，无齿锯断管后要洗口，丝头填料采用一道底漆，再上麻线铅油，填料要饱满，上料松紧度要适宜，外露丝扣要符合规范要求。

③导管、立管的安装采用预制方法。管道配管调直后做好标记，把配件拆下重新上牢固，并编号、打捆，便于快速安装，立排管按楼层实际标高测量。

④立管安装保证其垂直度，采取先拉垂线、装稳卡具，后装管道的方法进行。

⑤穿楼板套管要保持整体性，按实际楼板加地面装修量，配制要与楼板筋点焊牢固，套管与管之间要填充油麻，卫生间套管安装后应距地面 3 cm，并做水泥馒头墩，穿墙套管按抹灰墙面的厚度配制，并从中间断开，便于墙面找平。

⑥各类卡具在安装前要先刷一道防锈漆，采暖导管采用吊卡（吊棍要穿楼板）或角钢托卡，暖排管采用单、双排定型卡具，距地标高一致。

⑦按图纸设计要求压力的 1.5 倍，分部进行水压试验和管道冲洗，并做好试验报告记录。

⑧暖气片安装，按规范要求安装炉钩或炉卡，保证统一的距墙尺寸，应装稳，并保证其协调牢固。装稳前明露部分各刷一道防锈银粉，灯叉弯锁活，上下支管煨制要一致，保持支管与灯叉弯的水平度一致。

（5）给水排水主要部位施工。

1）预留孔洞，根据设计院孔洞位置图进行绘制，预留、预埋草图，经建设单位、施工单位以及监理三方审签后实施，由给水排水专业人员进行检验核实登记。

2）排水管道采用 PVC 管，施工前进行孔洞核实。根据技术要求，每层加伸缩节，主体施工配合立管、水平管预留，待土建卫生间条件具备后出苗子封口，做好尺寸，核查检查记录，所有卡具采用专用管卡，保证管道卡具配套统一。

九、各分项工程交叉施工的协调

1. 结构施工与粗装修的交叉施工

解决装修总工期紧张的关键在于必须采取粗装修提前插入的原则，以保证精装修有充裕的时间。要充分体现结构快、粗装修早插入、精装要紧张的原则，在有工作面的情况下组织实施。为遵循上述原则，采用分段施工的方法，如主体结构框架施工至七层时即可插入围护砌筑工程施工，外立面也可及时插入单元装配式幕墙施工，以便安装和抹灰工作可以插入。采取分段验收的方法，可保证粗装修早插入，精装修跟上的原则得以实施。结构施工与粗装修工程有很多交叉矛盾，施工中要注意解决这些矛盾。

（1）工作面交叉。粗装修插入后要与结构工作面适当隔离，并划分区域，有一定的独立性，避免过多的干扰。应以不影响结构施工为原则。

（2）安全防护设施方面的交叉。在粗装修工作面上，部分防护设施可能会妨碍施工。在此情况下可申报现场总监请求临时拆除，施工完成后再予以恢复。严禁私自拆除必要的防护设施，以结构施工安全为原则。

2. 粗装修与水电安装的交叉施工

粗装修与水电通风安装之间的交叉施工，一直是工程施工中最尖锐的交叉矛盾，装修工作与水电安装交叉工作面大、内容复杂，如处理不当将出现相互制约、相互破坏的不利局面，土建与水电的交叉问题是一切交叉中的重点，必须重点解决。解决此矛盾的原则如下：

(1)水电安装进度必须服从总包单位的进度计划，选择合理的穿插时机，要在总包单位的统一指挥下施工，使整个工程形成一盘棋。

(2)明确责任，正确划分利益关系。

(3)建立固定的协调制度。

(4)一切从大局出发，互谅互让。土建要为水电通风安装创造条件，水电通风安装要注意对土建成品及半成品的保护。

3. 内外装修的交叉施工

进入装修阶段，内外装修也存在许多交叉点，但总体遵循的原则如下：先外后内，内装修要为外部装修提供条件和工作面。在此期间，外墙装修始终处于网络计划中的关键线路上。因此一切内部工作都要为外装修让路。

十、技术质量保证措施

(一)技术管理措施

根据规划部门给定的红线及总平面图、施工图进行放线。放线前认真审核图纸，并根据实地情况做出详细的放线方案，然后按放线方案实施。放线由专职测量员进行，放线仪器必须经检定合格，并有标识。

(1)为便于施工，对测量放线定位用轴线定位桩进行保护控制(钢筋头、钢钉或木桩定位)，用经纬仪、钢尺定出建筑物的轴线桩，再引测出轴线的控制桩，绘制出放线测量的平面布置图，并做记录，将定好的控制桩点用混凝土浇筑。为防止碰撞和丢失，用短铁管圈挡，做好明显标记。放线完毕后，经工长、项目经理进行自检复验，做放线记录，会同建设单位、监理单位报规划部门进行复验。复验合格方可进入下道施工工序。

(2)水准点的引测及水准桩的留设。根据图纸提供的水准点数据，计算出该建筑物水准点(及室内±0.000 m)的数据，认定规划局所提供的原始水准点的位置，保证新引测建筑物水准点数据的准确性。用水准仪塔尺在施工现场引测出施工所用的水准点，由于该建筑物较大，所以可在施工现场设 3 个水准点，但水准点必须在同一水平上，为避免误差尽量使用同一水准点。并应保证水准点不发生沉降和位移。水准桩的做法：桩柱 200 mm×200 mm，桩柱长 $L=2\,500$ mm，地面下埋深为 1 m，地上留 1.5 m，基础 500 mm×500 mm×200 mm (混凝土)，回填 3∶7 灰土，分步夯实，每步 200 mm，水准桩埋设完成后，测量时，把引测的高程用射钉做标记，并做红色油漆标注、编号、绘图，记录入档。

(3)建筑物的轴线控制和建筑物的整体垂直度控制。在建筑物内每层都要设定垂直控制点，楼角用经纬仪随时观测其垂直度，保证工程主体完成后，其垂直度偏差在规范要求的允许范围内。

每一结构层在拆除模板后及时在柱子、墙上弹出轴线和＋50 线。

(4)建筑物的沉降观测。根据图纸要求，主楼底板浇筑完并且凝固后，安设临时观测点进行第一次观测。以后，结构每升高一层，将临时观测点移上一层并进行观测，直至±0.000 层。再按规定埋设永久观测点，每施工一层，观测一层，直至主体完工。装修时每进行一次沉降观测，竣工后的观测为第一年测 2～3 次，第二年测 3 次，第三年后每年一次，直至下沉稳定(由沉降时间的关系曲线决定)为止。

(二)质量保证体系及措施

1. 质量保证体系及质量规划

(1)按 GB/T 19002－ISO9002 标准模式进行项目管理，建立质量保证体系。质量保证体系运行图如图 5-3 所示。

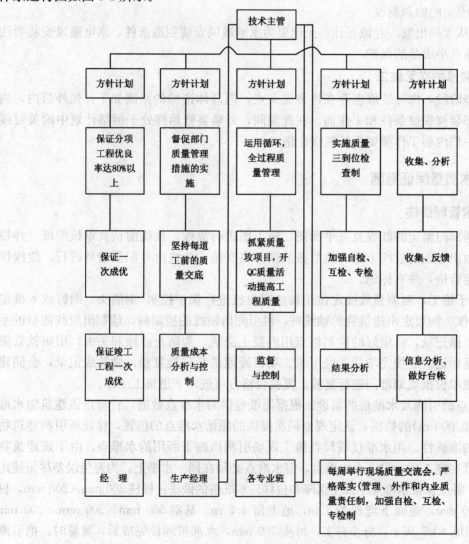

图 5-3　质量保证运行图

(2)实行目标管理，编制《项目质量计划》，将质量目标分解落实到人。

(3)坚持自检、互检、交接检的"三检制"优良传统。

(4)完善质量管理办法，保证质量体系正常运转。

1)由分公司技术质量科与项目工地签订质量达标合同书，做到奖惩分明。

2)由分公司技术质量科派驻工地专职质量检查员。

3)分公司技术质量科定期对项目质量工作进行检查。

4)公司技术质量部不定期对项目质量工作进行抽查。

公司、分公司的专职质量检查员负责收集、整理和传递质量动态信息。项目经理在质量异常的情况下，及时进行调整，纠正偏差，以保证工程质量满足建设单位的需要。公司、分公司两级质量部门在项目质量管理工作中出现足以影响实现质量目标的偏差或倾向时，有权勒令其停工整改，并根据所造成后果的严重程度对项目管理人员及劳务分包队伍进行处罚。

2. 过程控制

(1)技术交底。技术交底的目的是使参与项目施工的人员了解担负的施工任务的设计意图、施工特点、技术要求、质量标准，应用新技术、新工艺、新材料、新结构的特殊技术要求和质量标准等(从而建立技术负责制、质量责任制，加强施工质量检验、监督及管理)。交底的主要要求：以设计图纸、施工规范、工艺规程和质量检定验评标准为依据，编制技术交底文件，突出交底重点，注重可操作性，以保证质量为目标。

(2)隐蔽验收。凡被下道过程所掩盖、包裹而无法再进行质量检查的工序过程、分项过程，由工长组织隐检，填写隐检报告单交质检员检查验收，及时向建设单位(监理)提出隐检报告，并督促其及时完成隐检工作。一般项目隐检由建设单位、监理单位共同验收，关键项目由公司质量部门、建设单位会同设计院及监督部门共同验收把关。

(3)重要工序。找出质量关键预控点，指定措施、标准、工艺，按标准先做样板间，进行质量预控，确保工程质量。特殊过程，包括关键工序、新工艺操作，公司技术质量科需到现场检查、把关，参与交底和实施，确保措施有效贯彻，工程质量有保证。特殊工序、关键工序、操作工艺应执行公司作业指导书。

(4)本工程关键工序和特殊工序的确定及监控要点。施工技术管理人员应在作业前对作业人员进行详细的书面技术交底。监控其执行情况，并做好监控记录。坚持下道工序许可证制度。

1)本工程关键工序：测量放线、钢筋工程、模板工程、混凝土工程。

①测量放线：必须制定放线方案，由工长负责实施。并由项目经理亲自验线，复验后交建设单位、监理单位验收，最后交规划单位验线，签字后再进行施工。

②钢筋工程：做好材料的验收，除对钢筋外观进行检查外，进场的钢筋必须有出厂合格证(物理性能、化学成分检验报告)，并在现场取样试验合格后方准使用。钢材、钢筋焊接的操作者要持证上岗，每个操作者均需先做试件，试件合格者方准施焊。③模板工程：做好模板设计工作，对柱、梁、板、梁柱节点、梁板节点均做专项设计。

2)特殊工序：特殊工序的操作者及监控人需经过培训考核，合格并持证的专业人员使用受控设备和经批准的方案进行连续监控。工长、质检员跟踪检查记录，施行超点检查和超标准控制。

(5)交叉配合施工。土建之间或土建安装工种之间需要配合施工时，按流程进行。由需要配合的工长提前提出配合要求，条件具备后进行交接检查，再进行配合施工。配合施工的过程与交接检查，需要交接方在上级技术负责人或工程调度人员的参加、监督下进行。

并分别填写检查记录。

3. 检验和试验

本工程现场试验业务受公司中心试验室监督指导，送检试验项目，由现场抽样员取样，建设单位（监理）参加验证，试验过程或部位检验和试验的控制，应遵循公司质量体系文件及试验室工作控制程序的有关规定。

(1)建筑材料试验和施工试验是按程序规定的建筑材料及施工半成品、成品进行性能测试的工作。试验的目的是检查其质量情况，以便作出材料是否可用、施工试验项目是否符合质量要求及是否继续施工的决策。

(2)按国家规定，建筑材料、设备及构件供应的单位应对供应的产品质量负责。在原材料、成品、半成品进场后，除应检查是否有按国家规范、标准及有关规定进行的试（检）验记录外，还要按规定进行某些材料的复试，无出厂证明或质量不合格的材料和构、配件以及设备，不得使用。

(3)进行试验的原材料及制品有水泥、钢筋、钢结构的钢材及产品、焊条、焊剂及焊药、砖、砂、石、外加剂、防水材料等。

(4)材料及施工试验按下列程序进行：填报委托单、进行必试项目和要求项目的试验、填写试验记录单、计算与评定、填写试验报告、复核签章、登记建账、签发试验报告。

4. 检验、试验设备的控制

现场设专职计量员一名，负责对检验、试验设备的检验检定，确保施工过程的各个工序，使用合格的受控设备。计量器具配备有清单及检定证书复印件；仪器有标识，有标准记录，有动态管理记录；检测器具有标识。

5. 采购

执行公司发布的物资采购管理程序和设备购置控制程序，由供应科从合格分供方档案中选择能确保履行合同要求的分供方。

6. 产品标识和可追溯性

材料员负责对验证后的材料、构件成品、半成品标识。工长负责隐蔽工程和分项分部工程标识以及质量验评、签字确认。项目工程师组织有关部门对本工程标识。企业技术负责人组织检验评定，经监理工程师核验签字，并将有关评定资料交予当地工程质量监督部门核验。对隐蔽工程和重要、特殊的购进及过程产品保证其可追溯性。

7. 不合格品的控制

对工程中采购、进货、过程检验或建设单位发现的不合格品，项目副经理、项目工程师组织有关部门对其进行标识、隔离、评审和处置，并书面通知操作层人员，防止误用或进入下道工序。

8. 纠正预防措施

对实际或潜在的不合格因素，由项目工程师及时提出，项目副经理组织，采取纠正和预防措施。

对容易出现质量通病的工序，重点分析所用材料、工艺生产设备、操作规程、操作技术等。按公司的相关文件予以预防。

9. 搬运、贮存、包装、防护和交付

(1)对重要和特殊物资，项目经理在搬运前应对搬运方法、运输装备、性能、运行路

线、安全操作规定向作业人员进行技术交底。

（2）项目工程师制定竣工验收前已完成工程的保护措施和办法，工长对已完工工序采取措施，设专人对重要工序进行防护，避免后续工序对上道工序的破坏。

（3）对即将完成或已完成的房间，要及时封闭。由专人负责管理钥匙。班组交接时，要对成品情况进行登记，如有损坏要查清责任。

（4）严格按工序施工，先上后下，先湿后干，先管道试压后吊顶，严格防止漏水污染地面。装修完工后，各工种的高凳架子、台钳等工具，在原则上不许再进房间。

10. 职工素质保证

（1）选拔一支重质量、善管理的项目管理队伍。

（2）坚持先培训、后上岗和持证上岗制度。

（3）坚持干什么学什么，对技术精益求精，使大多数职工一专多能，使技术人员在施工的各工序、各环节发挥骨干作用。

（4）定期举行技术考核、比武、岗位练兵、鼓励业务技术。职工素质与工资晋升、职称晋升，技师考评挂钩。

11. 内部质量审核

对项目质量体系运行效果及产品质量，由公司定期组织审核，为质量体系进一步完善提供依据。

12. 质量记录及工程技术资料

工程技术资料是施工中的技术、质量和管理活动记录，也是工程档案的形成过程。按各专业质量检验评定标准的规定及实施细则，全面、科学、准确地记录施工及试（检）验资料，并按规定积累、计算、整理、归纳，手续必须完备，用以评定单位工程的质量等级，移交建设单位及档案部门，不得有仿造、涂改、后补等现象。

13. 服务

公司对竣工工程应进行 2~3 次回访，听取建设单位的意见。对施工安装所造成质量缺陷，由项目经理负责，及时进行修缮。对缺陷形成的原因及纠正措施作出记录，为改进积累经验。工程回访、保修、服务、重点对质量通病及特殊过程质量加强调查研究，制定可行而必要的措施。

（三）质量通病预防措施

为了预防质量通病，制定下列管理措施和施工操作措施。

1. 健全组织，落实工程创优责任

为实现创优目标，建立了一套以项目管理为轴心、主工长负全责、关键岗位设专人的质量管理组织体系，做到层层分解有措施，人人定岗有制度，具体抓好以下三个层次：

（1）实行栋号工长负责制：选取有管理水平、有施工经验的工长担任工长，对工程质量负全责，具体做到"五有、两经常、一及时"。五有即：有对民工的质量技术交底，有质量保证措施，有施工日志，有质量检查纪录，有与经济挂钩的质量达标合同书。两经常即：经常到操作面帮助民工解决影响施工质量的疑难问题，经常请驻地监理工程师检查指导工程质量，虚心听取意见。一及时即：发现图纸问题及时与设计人员取得联系，确定解决方案。通过实行主工长负责制，提高了工长的责任心，加强了质量管理的自觉性。

（2）器材管理层，落实材料质量验收制：砂、石、钢筋、水泥是构成整个建筑物的基本材料，施工材料的质量直接影响着工程质量。因此工程质量不是简单的业务管理、数字管理，重要的是质量管理。在施工中，要求器材管理人员制定进场材料质量验收制度，对进现场的钢筋、水泥、砌块等按规范标准进行检验。具体做到四清楚、两不准。四清楚即：清楚砂子含水率、含泥量；清楚钢材的规格和含碳量；清楚水泥的出厂日期、强度等级；清楚各种材料的检验结果，并将送检时间、送样结果登记入账，随时为工长提供材料使用信息。两不准是：没有质检报告的材料不准发放；质量不合格的材料不准进场。

(3)抓劳务操作层，落实作业岗位责任制：为了保证劳务队伍的操作质量，除加强对操作者进行质量技术交底外，还要建立以分包队、各档档长、关键部位操作者为骨干的质量管理小组，制定落实操作岗位责任制，每个操作者在操作前需做到三个知道，即：知道质量标准、知道操作程序、知道检验方法。在操作中做到三定：操作工作面实行定人、定岗、定责；由工长确定施工部位和所负责任；完成任务后，各劳务队实行人名、数据、评定结果三上墙制度。

通过抓三层次入手，强化质量管理组织保证体系，使每个参建人员有章可循、有责可尽，杜绝责任不清的现象发生。

2. 施工操作措施

(1)确定工程的关键工序与质量控制点，共以下几项：

1)地下工程质量控制。

2)主体工程质量。

3)外墙贴砖。

4)楼地面镶贴施工。

5)装饰细部的特色。

6)屋面工程。

7)水暖电工程。

(2)在地下及主体工程施工中主要控制混凝土施工。对以下六道工序进行逐个分析，制定措施，分别控制：①定位放线；②混凝土制备；③钢筋选购（合格分供方）钢筋加工（焊接）；④模板选择；⑤架子搭设；⑥混凝土浇筑和养护。

(3)做到8线、5准。

8线：①绝对标高线；②结构定位线；③模板双道控制线；④混凝土墙柱中心线；⑤楼梯踏步控制线；⑥室内50线；⑦垂直度控制线；⑧门窗套口线。

5准：①定位准；②预埋预留准；③钢筋位置准；④混凝土断面尺寸准；⑤层高准。

(4)在面砖镶贴施工中首先确立质量目标（标准）。

1)粘结牢固，面砖不出块空，无一脱落，无一破砖。

2)排列合理美观，协调统一。

3)颜色一致，确保建筑风格。

4)控制措施：结合建筑物外观造型，用计算机排列布缝。

弹出基准线，将底灰全部做完，依布砖方案，弹出各层、各部分的区域控制线，依次施工。针对不同形式门窗、装饰物等绘制排砖图，用以实施。制定施工工艺，制定作业指导书，确定质量标准。针对作业队伍多、操作手法不一、施工部位不同的情况做好培训，统一工艺、统一标准。规定技术评定规则，现场交底、统一制作面砖勾缝专用工具，对所有检验工具进行统一标定和校准。施工中认真贯彻执行"三自""三检"制，即自检、自控、自评，自检、互检、交接检。

为保证底灰与墙面基层的粘接强度，采用 JU—1 界面剂。

从底子灰开始设置变形缝、温度缝，即每一层楼在竖砖处设一断缝，后用防水塑性砂等填充，面砖镶贴在同部位设温度变形缝，表面仍用同一勾缝法处理。保证面砖在结构变形、温度变化时不起鼓、不脱落且保持外檐整体效果。选砖应设专人在同条件下、同时间内，对砖进行规格、颜色的挑选，保证砖的颜色一致、规格准确。保证建筑物外檐面砖的质量和效果。运用我们创造的多种面砖施工方法，即"分隔法""冲筋填空法""对称法"等施工。具体方法如下：

①"分隔法"：对整体墙面进行区域性分割，把独立性的装饰进行分解并单独处理，便于把握区域内的整体效果和质量。也便于施工人员的管理和控制。

②"冲筋填空法"：为保证墙面垂直平整、缝隙均匀统一。在每层镶贴时，先贴竖向砖和柔性缝两侧的砖使之形成"巾"。以此，将墙面平整垂直控制在标准内，再镶中间部分。大面砖时依"巾"而镶，有效地保证了质量标准。

③"对称法"：对于对称形的结构进行双向共同排砖布缝，同时对称施工，解决单向施工易出现的不统一问题。

(5)楼地面地砖镶贴的控制措施。为保证达到创优标准，第一是从选材入手，即在镶贴前，对地砖进行颜色、规格的挑选。第二是预排试拼，绘制排布图，编号分类存放，确定质量标准，均上"0"误差控制。第三是精选施工队伍，挑出技术能手，集中做样板间并找出规律。研究对策，制定操作工艺方法和易发生问题的解决办法。

为达到创精品的目标，从底子灰开始控制，由责任工长对每一楼层的水平度进行全面检测，定出控制标高的基准点和基准线，然后分区域进行控制，使底子灰完成后不出现高低差，为镶贴面层打好基础。

镶贴面砖依基准点挂纵横双道线控制，按"0"误差进行把关。施工过程中，工长、质检员共同且随时进行检查，实现一点一查(基准板块)，一线一验(镶一条形成筋)，一片一收(一间房完成后立即验收)，形成从点到线到面到每层楼进行连续性控制，达到拼缝平整顺直、宽窄一致、纹路清晰、颜色均匀、平整度误差小于 1 mm 的水平，创出石材地面的精品。

(6)内檐抹灰及细部的做法。内檐工程有普通抹灰、面砖、石材混装墙面。抹灰墙面与外檐瓷砖内贴的相接处不易处理，对此我们采取"区域封闭法"。使用 PVC 塑料条将瓷砖区进行周圈封闭，解决毛边及裂缝问题，观感效果好，形成工程的特色。

楼梯底一般抹灰作出边缘喷头即可，但楼梯清洗免不了用水，容易造成使用污染，影响楼梯间效果。为此，采用 PVC 型材，做滴水槽，使其上下贯通而且封闭，提高使用功能水平，美化楼梯间环境。

管道穿墙也是一个不易解决、影响美观的问题。采用环形石膏装饰线的办法进行封堵，其美观适用，小办法可解决大问题。

(7)屋面工程做法。

1)选择材料，复试，取得可靠数据。选择有较高资质的专业施工队伍施工。

2)确定总包单位的监管办法和制度，与施工方签订保证协议，促进双方的责任落实。施工中我们注重九个关键部位的控制：卷材防水层尽端收头，保证其严密封闭、不起翘。出入口处、收水口处、檐口处做好附加层。管子根、墙根、设备根部做好局部强化处理、涂膜施工。每道工序完成后进行全面检验，对气孔、起泡、破损等现象进行处理，合格后进行下道工序。

3)实现工程做法的特点有：根据强制性标准屋面设排气孔，采用 $\phi40PVC$ 管，按不大于 $36\ m^2$ 设置。特别是在屋面边缘处设端位排气孔，使保温层中的气体形成环流系统，从而确实保证其功能。

4)屋面工程防水做到多道设防、整体封闭、功能完备，实现预期效果，屋面无一渗漏。

(8)机电工程。根据建筑物系统多(共十二个系统)、预溜槽道多，各种管道穿墙、板安装多的情况，采取以下措施：

1)认真编制水电专业的施工方案，确定关键工序和控制点。

2)按照建筑物的形式，进行二次设计。绘制布管平面图和局部剖面图，使管线布局更加合理，以指导施工。

3)在吊顶内管道安装中采用水管道充压保护措施，达到一次交验合格。

4)做到施工管理资料和质评质保、工程部位三同步，且真实可靠。为做到水电工程万无一失，我们确定土建让位于水电的策略，即三不干：水电不完活，土建先不干；水电不检测完，土建不干；水电不达标，土建不干。

给水电机电工程以充分的时间和充分的工作面确保土建工程施工后不再有水电返工的情况。

(四)新材料、新工艺

(1)采用电渣压力焊连接粗直径钢筋技术。

(2)地下及屋面采用新型防水材料。

(3)推广使用施工管理、预算编制、施工方案编制软件。

(4)采用竹胶模板、早拆支撑体系支设模板。

(5)采用新型节能的墙体材料。

(6)水、电管路采用 PVC 等管材。

十一、安全管理措施

(一)施工现场安全管理

(1)施工现场的项目工程负责人为安全生产的第一责任者，成立以项目经理为主，有主工长、施工员、安全员、班组长等参加的安全生产管理小组的安全管理网络。

(2)建立安全值班制度，检查监督施工现场及班组安全制度的贯彻执行并做好安全值日记录。

(3)建立健全的安全生产责任制，有针对性地进行安全技术交底、安全宣传教育、安全检查，建立安全设施验收和事故报告等管理制度。

(4)总分包工程或多单位联合施工工程总包单位应统一领导和管理安全工作，并成立以总包单位为主、分包单位参加的联合安全生产领导小组，统筹协调管理施工现场的安全生产工作。

(二)施工现场安全要求

(1)开工前根据该工程的概况特点和施工方法等编制安全技术措施，必须有详细的施工平面布置图与道路临时施工用电线路布置、主要机械设备位置，办公、生活设施的安排均符合安全要求。

(2)工地周围应有与外界隔离的围护设置，出入口处应有工程名称以及施工单位的名称牌、施工现场平面图和施工现场安全管理规定，使进入该工地的人注意到醒目的告示。

(3)施工队伍进场必须进行安全教育，即三级教育，安全教育主要包括安全生产思想知识技能三个方面教育，通过教育使进场新工人了解安全生产方针、政策和法规。经教育考试合格后方可上岗。从事特种作业的人员必须持证上岗，且经国家规定的有关部门进行安全教育和安全技术培训并经考核合格，得操作证者，方可独作业。

(4)施工现场设置安全标识牌危险部位还必须悬挂按照《安全色》(GB 2893—2008)和《安全标志及其使用导则》(GB 2894—2008)规定的标牌，夜间坑洞处应设红灯示警。

(5)作业班组人员必须按有关安全技术规范进行施工作业，各项安全设施脚手架、塔式起重机、安全网施工用电洞口等搭设及其防护设置完成后必须组织验收合格后方可使用。

(6)根据住房和城乡建设部颁发的《建筑施工安全检查标准》(JGJ 59—2011)，建立健全、安全的管理技术资料，提高安全生产工作和文明施工的管理水平。

(三)脚手架工程

脚手架是建筑施工中不可缺少的临时设施，它随工程进度而搭设，工程完毕即拆除。因为是临时设施，所以往往忽视搭设质量，脚手架虽是临时设施，但基础主体、装修以及设备安装等作业都离不开脚手架，所以脚手架搭设设计是否合理，不但直接影响到建筑工程的总体施工，同时也直接关系着作业人员的生产安全，为此脚手架应满足以下要求。

(1)有足够的面积满足工人操作材料堆放和运输的需要。

(2)要坚固稳定，保证施工期间在所规定的荷载作用下或在气候条件影响下不变形，不摇晃、不倾斜，能保证使用安全。

(3)搭设脚手架前应根据建筑物的平面形式、尺寸高度及施工工艺确定搭设形式编制搭设方案。

(4)施工荷载，承重脚手架上的施工荷载不得超过 $1\,500\ \text{N/m}^2$，脚手架搭设完毕后，在投入使用前应由施工负责人组织架子班长安技人员和使用班组一起按照脚手架搭设方案进行检查验收，并填写验收记录和发现问题整改后的情况。脚手架搭设前应有交底并按施工需要分段验收。

(四)施工现场临时用电安全技术措施

1. 用电管理

为实现施工现场用电安全，首先必须加强临时用电的技术管理工作。施工现场临时用电要建立临时用电安全技术档案，对于用电设备在五台及五台以上或用电设备总容量在50 kW以上的应编制"临时用电施工组织设计"。施工现场的安装、维修及拆除临时用电设施必须由经过劳动部门培训、考核合格后取得操作证的正式电工进行操作。

2. 施工现场与周围环境

高压线路下方不得搭设作业棚、建造生活设施或堆放构件架具材料和其他杂物等，含脚手架的外侧与外电1～10 kV架空线路的最小安全操作距离不应小于 6 m，施工现场的机动车道与外架空线路交叉时，架空线路(1～10 kV)最低点与路面的垂直距离不应小于 7 m，塔式起重机臂杆及被吊物的边缘与 10 kV 以下架空线路水平距离不得小于 2 m。对于达不到以上最小安全距离的要采取防护措施，并悬挂醒目的警告指示牌。

3. 施工现场临时用电的线路

施工现场采用 TN-S 三相五线供电系统，工作零线和专用保护零线分开设置，在现场的电源首端设置耐火等级不低于三级的配电室，室内设低压开关柜，分成若干回路对现场进行控制，施工现场的电源支、干线采用 BLV 导线穿聚乙烯管和 XLV 电缆埋地敷设，敷设深度应不小于－60 cm。

4. 配电箱、开关箱

施工现场实行三级控制二级保护配电系统，设总控制柜→分配电箱→开关箱，在分配电箱和开关箱加装两级漏电保护器，施工现场采用 SL 系列建筑施工现场专用电闸箱，电闸箱安装要端正，牢固移动式电闸箱安装在坚固的支架上，固定式电闸箱安装距地距离为1.3～1.5 m，移动式电箱距地 0.6～1.5 m，每台设备要有各自的专用开关箱，必须实行"一机一闸"制，严禁用一个开关直接控制二台或二台以上用电设备，严禁分配电箱内直接控制用电设备。

5. 照明

民工食堂及宿舍必须采用 36 V 安全电压作为照明电源，照明灯具的金属外壳应做保护接零，单相回路的照明灯具距地面不应低于 3 m，室内照明灯具不得低于 2.4 m。

(五)施工现场防火

1. 施工现场防火要求

(1)施工现场平面布置图的施工方法和施工技术均应符合消防安全要求。

(2)施工现场应明确划分用火作业区域，易燃、可燃材料堆放或仓库等区域。

(3)施工现场道路应畅通无阻，夜间应设照明，加强值班巡逻。

2. 施工现场的动火作业必须执行审批制度

(1)一级动火作业由所在班组填写动火申请表和编制安全技术措施方案，经安全部门审查批准后方可动火。

(2)二级动火作业由所在班组填写动火申请表和编制安全技术方案，报本单位主管部门审查批准后方可动火作业。

(3)三级动火作业由所在班组填写动火申请表，经工地负责人批准后方可动火。

(4)焊工必须持证上岗，无证者不准进行焊割作业。

3. 建立健全防火制度

(1)建立健全消防组织和检查制度，制定防火岗位责任制。

(2)项目工地应建立系统消防组织。

(3)实行定期检查制度，发现隐患必须立即消除。

(4)加强管理，进行专业防火安全知识教育，提高职工的防火警惕性。

4. 项目工程治安防火领导小组责任制

(1)组长(项目经理)。

1)认真执行上级部门的各项治安防火管理制度和措施，明确职责，落实到人。

2)定期主持召开项目工地治安防火领导小组会议，根据施工部位制定治安防火措施，定期组织有关人员进行检查，研究并落实隐患的整治办法。

3)指定专人负责明火作业，审批临建搭设，坚持先审批后搭设的原则。

(2)副组长(工长)。

1)组长不在时履行组长职责。

2)在安排施工的同时,对治安防火进行交底。

3)负责组织对隐患的整理工作,负责开工前的防火交底和新进场人员的治安防火教育。协助保卫部门做好与民工队、外协单位的责任书签订工作。

(3)组员(保管员)。

1)对易燃易爆及化学危险品的采购、运输、保管、使用要有防火、安全管理措施。

2)对易丢失的物品要入库管理。

3)对危险物品的管理要经常进行自查、自改,落实防火措施。

4)对施工现场的各种工具、建筑材料,按平面图堆放。

(4)组员(经警)。

1)在保卫部门和项目经理的领导下,参与现场治安防火布局,落实治安防火管理制度。

2)负责对民工队、分包单位进行法制教育及现场治安防火管理制度的宣传。

3)检查明火作业审批手续的履行及作业措施的落实情况。坚持日自检,发现隐患及时汇报,对违纪、违章及时进行调解和处理。

4)坚守岗位,对出入各种物品、材料及外来人员进入施工现场要仔细过问。

(5)组员(班长)。

1)负责教育本班组民工遵纪守法,严格执行各项治安防火管理制度。

2)对招、雇来的人员要求其有三证,不得乱招乱雇。

3)负责本队的治安防火工作,发现问题及时上报,发现有闹事苗头要及时调解,杜绝打架及群殴事件的发生。

以上职责要认真贯彻、严格执行,确保项目工程安全无事故。

(六)施工项目安全组织管理

(1)实行"谁主管,谁负责"的安全工作项目经理负责制,并制定项目安全责任制,项目工程部设专职安全员。

(2)坚持"安全第一,预防为主"的方针,项目经理部在安全管理上应做到围绕安全管理目标做到目标,分解到人;安全领导小组责任到人;经济合同中安全措施落实到人。分项工程技术交底中做到安全施工交底针对性强、双方签字且手续齐全。每月进行一次全面普查,每周进行一次重点部位抽查。

做到检查中有如下记录:检查时的施工部位、检查内容、检查时间、参加检查人员、安全隐患内容、整改责任人、整改完成时间、整改结果。

经过三级(分公司、工地、班组)安全教育,操作人员方可进入本工程内施工,各分部分项工程施工前工长均对作业队进行安全技术交底,将书面安全技术交底签字归档。

项目工地做到安全标志明确、分布合理、三宝四口按规定使用,做到防护有效。

(3)特殊工种,如电工、焊工、机械操作工等均应进行专业培训后持证上岗。

(4)主体阶段在建筑物临时入口、竖井进料口上面搭防护棚。

十三、保证工期具体措施

本工程按计划保证按期完成主体结构封顶,这就需在投入一定劳动力和材料、机械的基础上进行流水施工，各道工序提前插入施工，确保工期。这就使得本工程要有相应的措施来保证进度与计划的完成。

（1）主导思想。本工程我们将集本公司全部力量进行施工，安排优秀项目经理作为本工程的总指挥，组织安排优秀的项目管理人员，进入现场分区域管理，统筹安排生产计划，周密组织施工生产。坚持每周生产调度会，按计划优质、合理地完成施工。

（2）确保人、料、具的供应。集中工具、材料和劳动力投入施工，协调内部生产、材料供应、机械、安全、技术、质量、运输等各部门工作，向本工程给予倾斜。把工程作为重点，协调参建人员落实施工计划，确保工期按计划实施。

（3）材料采购确保一次验收合格，大宗材料随购随验，保证工程所需材料一次达到质量标准。

（4）在施工方法上布置先进的施工方法，增加有效的施工技术措施。

（5）在工作时间上按常规计划进行，日夜兼程、空间占满、各工艺穿插施工。

（6）在管理制度上，现场应做到坚持"一会制度"、抓住"七个关键环节"。

坚持"一会制度"：坚持每周召开生产会（2～3 次）制度，及时部署和调整施工组织方案。

抓住"七个关键环节"：抓住总体施工布置的编定、分部分项工程计划的编定、制约进度的主要矛盾、工种工序的合理穿插配合、秋收期间劳动力的调整、形象部位的日落实及分包单位承包合同的奖惩兑现等环节。

十三、文明施工及环保措施

(一)文明施工措施

1. 宣传形式

现场临街进口一侧搭设门楼。门楼一侧设 4 m×6 m 的广告牌。进门处设五牌一图，其中施工现场平面图按施工阶段及时调整，内容标注齐全，布置合理。

现场悬挂标语，内容为企业承诺、企业质量方针、承建单位等。

会议室内悬挂荣誉展牌，悬挂一图十三板。各项管理制度、规范化服务达标标准、职业道德规范明示上墙。办公室清洁整齐，文件图纸分类存放。

2. 现场围墙

施工现场设置 2 m 高的围墙封闭，围墙用小砖砌筑，墙身顺直、表面整洁坚固。

3. 封闭管理

现场出口设大门、门卫室，有门卫制度。进入施工现场均佩带工作卡。项目管理人员统一着装、举止文明、礼貌待人，禁止讲粗话、野话。门口设置企业标志。

4. 施工场地

若有临建、占道，应提前绘图办理手续，工地办公室、更衣室、宿舍、库房等搭设整齐、风格统一。主要道路、办公、生活区域前做混凝土地面。现场门口设花坛、花盆。现场卫生有专人负责，工地不见长明灯、长流水。

5. 材料堆放

（1）现场所有料具按平面图规划，分区域、分规格集中码放整齐，插牌标识，大型工具一头见齐，钢筋垫起，禁止各种料具乱堆乱放。

(2)施工现场管理建立明确的区域分项责任制，整个现场经常保证干净整洁。落地灰粉碎过筛后及时回收使用。工程垃圾堆放整齐、分类标识、集中保管、不乱扔乱放。楼层、道路、建筑物四周无散落混凝土和砂浆、碎砖等杂物。现场 100 m 以内无污染物和垃圾。施工作业层日干日清，完一层净一层。

(3)水泥库高出地面 20 cm 以上，并做防潮层，水泥地面压光。

(4)易燃、易爆品分类并单独存放。

6. 治安综合治理

护场人员坚守岗位、加强防范，办公室要随手关门、锁门，水平仪、经纬仪等贵重仪器要妥善保管。

7. 生活设施

(1)现场设冲水厕所、淋浴间。设有食堂，食堂卫生符合要求，保证有卫生合格的饮用水。生活垃圾设专人负责，及时清理。

(2)淋浴间中上配热水，下有排水，干净整齐。

(3)食堂灶具、炊具、调料配备齐全，室内勤打扫，保持环境卫生。食堂设排水沟，排水沟用混凝土预制板覆盖，污水经沉淀后一律排入市政下水管道。

8. 保健急救

现场设保健急救箱，有急救措施和急救器材，医务人员定期巡回医疗，开展宣传活动，培训急救人员。

9. 社区服务

施工料具的倒运应轻拿轻放，禁止从楼上向下抛掷杂物。不在现场焚烧有毒有害物质。

10. 设备机具管理

(1)机械设备经常保养，保证其技术状况良好，做到漆见本色、铁见光，且不带病运转。设备进场办理检验手续，标识、编号齐全。机械员持证上岗，非机械工不准开动机械。机械棚内做混凝土地面，机械棚周围及施工现场设通畅无淤积的排水沟，排水沟采用砖砌水泥抹面，用混凝土预制板覆盖。混凝土搅拌、刷车等污水一律经沉淀后排入市政管道，做到周围干干净净。

(2)平刨、电锯、钢筋机械、电焊机、搅拌机安装后，先办理验收合格手续再行使用。

(3)平刨、电锯、钢筋机械、电焊机、搅拌机、潜水泵均做保护接零，安装漏保护器。

(4)平刨、电锯分别按有关规定安装护手安全罩、传动保护罩、分料器、防护挡板等。

(5)电焊机使用空气开关自动电源；气瓶使用的相互间距不小于 5 m，距明火间距不小于 10 m。

(6)无证司机不许驾驶现场翻斗车。

11. 加强教育

结合工地实际情况，有针对性地抓好职工的进场教育、安全教育，强化质量意识教育和遵纪守法、主人翁责任感等教育，做好班组队伍建设，坚持两个文明一起抓。

(二)环保措施

1. 现场管理措施

(1)工程施工前，对周边居民进行走访，了解居民意见，并提出切实可行的解决措施，确保周边居民的正常工作和生活。

(2)将施工现场临时道路进行硬化，浇筑150 mm厚的混凝土路面，以防止尘土、泥浆被带到场外。

(3)设专人进行现场内及周边道路的清扫、洒水工作，防止灰尘飞扬，保护周边空气清洁。

(4)建立有效的排污系统。

(5)合理安排作业时间，将混凝土施工等噪声较大的工序放在白天进行，在夜间避免进行噪声较大的工作，夜晚10点以后停止施工。并采用低声振捣棒，减少噪声对居民的影响。

(6)夜间灯光集中照射，避免灯光干扰周边居民的休息。

(7)散装运输物资，运输车厢须封闭，避免遗撒。

(8)各种不洁车辆离开现场之前，需对车身进行冲洗。

(9)施工现场设封闭垃圾堆放点，并定时清运。

(10)设置专职保洁人员，保持现场干净清洁。现场的厕所等卫生设施、排水沟及阴暗潮湿地带，应定期进行投药、消毒，以防蚊蝇、鼠害滋生。

2. 降噪声专项措施

(1)在现场内设3个噪声观测点，购买专业噪声测量仪，随时进行噪声测量。

(2)对主体工程采用吸声降噪板和密目网进行围挡。

(3)混凝土浇筑采用低噪声振捣设备。

(4)塔式起重机指挥配套使用对讲机。

(5)高噪声设备实行封闭式隔声处理。

(6)采用早拆支撑体系，减少因拆装扣件引发的高噪声。监控材料机具的搬运，轻拿轻放。

(7)主动与当地政府联系，积极和政府部门配合，处理好噪声污染问题，加强对职工的教育，严禁大声喧哗。

(8)应当实现围挡以及大门标牌装饰化、材料堆放标准化、生活设施整洁化、职工文明化，做到施工不扰民、现场不扬尘、运输垃圾不遗撒，营造良好的作业环境。

(9)现场应保持整洁，及时清理，要做到施工完一层清理一层，施工垃圾应集中存放并及时运走。

(三)雨期施工措施

(1)提前做好雨期施工的准备工作，备好雨期施工所需的防雨材料，准备好防雨仓库和防水料台。

(2)做好现场排水工作，现场设预制板覆盖的封闭式排水道，排水通道应保持随时畅通，设专人负责，要定期疏通。

(3)现场道路和排水结合施工总平面图统一布置安排，现场要保证做到道路循环、通畅和防滑。

(4)水泥按不同品种、强度等级、出厂日期和厂别分类垫高码放，雨期遵守"先收先发、后收后发"的原则，避免久存的水泥受潮。砖、砂石应尽可能大堆码放，四周注意排水。

(5)塔式起重机、外电梯、竖井架做好避雷接地。

(6)下雨时砌筑砂浆应减小稠度，并加以覆盖，下雨前新砌体和新浇筑的混凝土均应覆盖，以防雨冲。受雨冲刷过的新砌体应翻砌最上面两皮砖，大雨时停止砌砖。

(7)雨期混凝土施工时，注意根据砂浆的含水量及时调整加水量，若浇筑后下雨则要做适当覆盖，避免大雨淋坏混凝土表面，下雨当中要停止混凝土施工。

(8)雨前现浇混凝土应根据结构的情况和可能，考虑好施工缝的位置，以便在大雨来时随时停至一定的部位。

(9)室内抹灰尽量在做完屋面后进行，装修必须提前的应先做地面，并灌好板缝。沉降缝、留槎及各种洞口要及时封闭，室内顶棚抹灰应在屋面不渗漏的情况下施工。

(10)注意收听天气预报及天气趋势分析，随时做好施工及停工的准备。

十四、降低成本措施

(1)楼板采用早拆支撑支模，加快模板周转速度，减少模板购置量。

(2)采用电渣压力焊进行部分钢筋接头的施工，减少接头钢筋用量。

(3)对劳务队采取平方米包干的承包方法，人工费一次包死，限制清工发生。

(4)机械、大型工具、模板用完应及时清退，避免闲置。

(5)砌墙和抹灰时随干随清，落地灰及时回收利用。

(6)砌墙时严格控制墙体平整度，减少抹灰找平厚度。

(7)根据现场情况和气候条件，在情况允许的条件下可考虑大体积混凝土用蓄水法养护，节约草帘和塑料薄膜。

(8)备料有计算、有计划、有审批。做好各种工程变更、增项的签证。

(9)现场设一台粉碎机，落地混凝土、落地灰经粉碎后代替砂子抹灰使用。

十五、成品保护措施

(1)现场的标准水准点、基准轴线控制桩浇筑混凝土墩加以保护。

(2)回填土时，小车避免压撞已埋的排水管道，管道上先回填200 mm细砂以后再用木夯逐层夯实回填。

(3)绑扎钢筋时搭设临时架子，严禁蹬踩钢筋。

(4)往模板上刷脱模剂时，注意防止污染钢筋。

(5)混凝土浇筑时不得踩踏楼板、楼梯的弯起筋，不碰动预埋件和插筋。

(6)注意保护已浇筑楼板的上表面、楼梯踏步上表面的混凝土，在混凝土强度达到1.2 MPa后，才可在面上操作及安装支架和模板。楼梯踏步的侧模要待强度能保证棱角不因拆除模板而受损坏后再拆除。

(7)木门窗进场后放在防潮处妥善保存，码放时要垫平，靠放时要放正，防止变形。抹灰时铝合金门窗保持有保护膜。施工前除去保护膜时要轻撕，不可用铲刀铲。铝合金表面有胶状物时，使用棉丝蘸专用熔剂擦拭干净。

(8)木门框在小推车车轴高度包薄钢板或胶皮保护，防止撞坏。

(9)装饰用外架子严禁以门窗为固定点和拉节点，拆架子时注意关上所有的外檐窗。

(10)做地面时对地漏、出水口等加临时堵头，防止砂浆进入地漏等处造成堵塞。

(11)水泥地面上使用手推车时，必须包裹车腿。地面成活后铺锯末保护。

(12)楼梯踏步面板安装后表面加木板保护。运输各种材料时严禁从楼梯踏步上滚、滑、拉，以防破坏棱角。

（13）天棚的吊杆、龙骨不准固定在通风管道及其他设备上，其他专业的吊挂件不得吊于已安装好的龙骨架上。天棚石膏板在湿作业完成后再挂。水暖设备试压前要对管道的各接口严格检查，试压时各层均有人监视，避免水暖系统大量跑水污染其成品。

（14）水暖等各种穿墙孔洞均在装修抹灰前剔凿，避免出现后剔破坏成品的现象。

（15）安装好的管道不得用作支撑或放脚手板，不得踩踏，截门手轮安装时应卸下保存，交工时统一安装。禁止踩踏暖气片，喷浆时采取相应措施防止污染。

（16）洁具搬运、安装时防止磕碰，装稳后堵好洁具排水口，镀铬零件用纸包好。

（17）灯具、吊扇安装完毕后不得再次喷浆，防止器具污染。

（18）开关、插座安装时防止碰坏和污染墙面。

（19）每一道工序完成后、下道工序进入前要进行交接并做好记录，上道工序的成品被污染和破坏由破坏者承担经济责任。

（20）装修后期每层设专人看管，不许无关人员进入。

（21）工地成立成品保护领导小组，全面负责组织实施工地的成品保护制。

十六、劳动力计划表

工程施工阶段劳动力计划表见表 5-3。

表 5-3　工程施工阶段劳动力计划表

工种、级别	按工程施工阶段投入劳动力情况/人								
	基础	主体	屋面	楼地面	门窗	粉饰	电安装	水安装	收尾
钢筋工	30	30	5						
混凝土工	6	6		5					
木　工	40	40	5		20				
瓦　工	20	30	5	20		30			
架　工	10	10	10	2	4	10	2	2	
力　工	30	30	15	15	5	30	5	5	5
机械工	5	5	5	5	5	5			
电　工	4	15	2	2	2	2	5	5	2
水暖工	4	15	2	2	2	2		10	2

十七、主要施工机械设备计划表

主要施工机械设备计划表见表 5-4。

表 5-4　主要施工机械设备计划表

序号	机械或设备名称	型号规格	数量台	产地	额定功率/(kW·hp^{-1})	生产能力/(m^3·h^{-1})	计划进场日期
1	塔式起重机	QTZ40	1	山东	63	31.5 t	2017 年 7 月

序号	机械或设备名称	型号规格	数量台	产地	额定功率/(kW·hp⁻¹)	生产能力/(m³·h⁻¹)	计划进场日期
2	搅拌机	350	2	海城	33	350L	2017 年 7 月
3	钢筋切断机	40D	2	太原	4.4	40	2017 年 7 月
4	钢筋整形机	6—10	2	沈阳	4.4	6—40	2017 年 7 月
5	龙门架	门式	1	沈阳	33	30 m	2017 年 7 月
6	电焊机	30	2	沈阳	30/15 kV·A		2017 年 7 月
7	冲击夯	电动	2	大连	3		2017 年 7 月
8	运输车辆	自卸	4	长春		8 t	2017 年 7 月
9	经纬仪	S3	1	南京			2017 年 7 月
10	水准仪	正像	2	南京			2017 年 7 月
11	振捣器		4	沈阳	6		2017 年 7 月
12	电锯		2	沈阳	3		2017 年 7 月
13	翻斗车	1 t	1	大连		1 t	2017 年 7 月

十八、施工用水量计算

(1)因采用商品混凝土，现场只有混凝土养护、砂浆搅拌及生活用水，用水量小，且现场面积小于 5 hm²，故取消防用水量为施工现场用水量。即

$$用水量 Q = q_5 \times K_6$$

查表 $q_5 = 20$ L/s　　$K_6 = 1.1$

得

$$Q = 20 \times 1.1 = 22 \text{ L/s}$$

$$供水管径 d = 0.137 \text{ m} = 137 \text{ mm}$$

选择 150 mm 管径的供水管即可满足施工现场用水要求。

(2)施工用电量计算。

经计算：

$$P_1 = 402 \text{ kW}、P_2 = 268 \text{ kW}、P_3 = 1 \text{ kW}、P_4 = 3 \text{ kW}$$

$$P_总 = 1.1(402/0.65 \times 0.7 + 268 \times 0.6 + 1 \times 0.8 + 3 \times 1) = 597(\text{kW})$$

建议采用两台 325 kV·A 的变压器，即可满足施工现场用电要求。

(3)临时设施需用量。

$$办公 20 人 \times 4 \text{ m}^2/人 = 80(\text{m}^2)$$

$$宿舍 180 人 \times 2 \text{ m}^2/人 = 360(\text{m}^2)$$

$$食堂 180 人 \times 0.2 \text{ m}^2/人 = 36(\text{m}^2)$$

$$厕所 180 人 \times 0.2 \text{ m}^2/人 = 36(\text{m}^2)$$

合计为 512 m²。

十九、附图

(1)施工进度计划横道图(略)。

(2)施工现场平面布置图(略)。

参 考 文 献

[1] 中华人民共和国住房和城乡建设部.GB/T 50502—2009 建筑施工组织设计规范[S]. 北京：中国建筑工业出版社，2009.

[2] 中华人民共和国住房和城乡建设部.JGJ/T 188—2009 施工现场临时建筑物技术规范[S]. 北京：中国建筑工业出版社，2009.

[3] 中华人民共和国建设部.GB/T 50326—2006 建设工程项目管理规范[S]. 北京：中国建筑工业出版社，2006.

[4] 建筑施工手册编写组.建筑施工手册[M].4 版. 北京：中国建筑工业出版社，2003.

[5] 中国建设监理协会组织.建设工程进度控制[M]. 北京：中国建筑工业出版社，2004.

[6] 全国二级建造师职业资格考试用书编写委员会.建筑工程项目管理[M].3 版. 北京：中国建筑工业出版社，2011.

[7] 危道军.建筑施工组织[M].2 版. 北京：中国建筑工业出版社，2008.

[8] 李子新，汪金信，李建中，等.施工组织设计编制指南与实例[M]. 北京：中国建筑工业出版社，2006.

[9] 李红立.建筑工程施工组织编制与实施[M]. 天津：天津大学出版社，2010.

[10] 张玉威.建筑施工组织[M]. 北京：中国建筑工业出版社，2011.

[11] 程玉兰.建筑施工组织[M]. 哈尔滨：哈尔滨工业大学出版社，2012.